钢结构疑难问题精解精答

陈文渊　编著

中国建筑工业出版社

图书在版编目（CIP）数据

钢结构疑难问题精解精答 / 陈文渊编著. -- 北京：
中国建筑工业出版社，2024. 10. -- ISBN 978-7-112
-30363-2

Ⅰ. TU391-44

中国国家版本馆 CIP 数据核字第 20248N0K16 号

责任编辑：刘婷婷
文字编辑：冯天任
责任校对：张惠雯

钢结构疑难问题精解精答

陈文渊　编著

*

中国建筑工业出版社出版、发行（北京海淀三里河路 9 号）

各地新华书店、建筑书店经销

北京鸿文瀚海文化传媒有限公司制版

北京君升印刷有限公司印刷

*

开本：787 毫米×1092 毫米　1/16　印张：21　字数：494 千字

2024 年 12 月第一版　　2024 年 12 月第一次印刷

定价：**68. 00** 元

ISBN 978-7-112-30363-2

（43597）

前　　言

本书针对钢结构设计中的诸多疑难问题，选择一些有代表性的问题进行讲解。

本书是继《钢结构设计精讲精读》和《钢结构强制性条文和关键性条文精讲精读》之后，针对广大设计人员直接关注的问题所写的一本可以放在书架上的读本。

本书的主要阅读对象为结构设计人员、钢结构深化设计人员、备考一、二级注册结构工程师人员及审图人员。

通用规范自2022年1月1日起实施，所有条款均为强制性条文（书中简称新强条），所有现行规范中的强制性条文同时被废止（书中简称旧强条）。

发现问题、提出问题、分析问题、解答问题是研究一门功课的重要流程。

你是否曾在钢结构设计时遇到复杂问题而不得其解？是否曾对钢结构的相关知识感到困惑？现在，让我们一起进入"钢结构疑难问题精解精答"，为你解答那些困扰你的疑惑！

书中将对这些疑难问题进行精解精答，并提供实用的解决方案。笔者希望通过这个过程，帮助读者更准确地理解钢结构设计，提高读者的专业知识水平。同时，书中还会穿插一些关于钢结构的案例分析，帮助读者更好地理解实际应用中的问题。

许多人认为钢结构是一门复杂、难学、枯燥的科目，对学习钢结构有一种恐惧感。其实，掌握好以下两种方法就可以学好钢结构。

首先，要挤出一定的时间去专门学习。时间就像海绵里的水，你要是挤总还是有的，这是学习任何一门学问都必须要付出的。

其次，紧紧跟随。什么意思？不能傻学，成了书呆子，浪费时间，事倍功半。"跟随"就是找几本合适的书籍，规避了盲目埋头苦读的时间成本，将有用的知识直接拿来为我所用，站在别人的肩膀上快速成长。

所以，要想学习一门复杂的科目，"跟随"是很重要的。当跟随到一定程度，学习有了很大的收获，就可进入对掌握的知识运用自如的阶段。再经过不懈的坚持，对所学知识滚瓜烂熟，即可达到"超越"的境界。

善始善终，慎终如始，方能学有所获。相信笔者的三本拙著会对读者有所帮助。

陈文渊

于中国建筑设计研究院

2024年4月2日

邮箱：chen-wy@139.com

目　　录

第1章　术语、符号、主要规范及标准图集 ································· **1**

　1.1　钢结构术语 ··· 1

　1.2　钢结构符号 ··· 7

　1.3　主要规范、标准图集及其他 ··· 13

第2章　疑问及解答 ·· **14**

　2.1　轻钢屋面不上人活荷载如何取值？ ··································· 14

　2.2　如何考虑轻屋面雪荷载？ ··· 16

　2.3　为什么要考虑桁架半跨荷载的不利组合？ ····························· 19

　2.4　如何考虑轻屋面雨水荷载？ ··· 21

　2.5　高层钢结构中为何宜采用轻质隔墙和外挂幕墙？ ······················· 23

　2.6　什么情况下考虑冲击韧性的合格保证？ ······························· 26

　2.7　什么情况下考虑弯曲试验的合格保证？ ······························· 28

　2.8　什么情况下考虑硫、磷含量的合格保证？ ····························· 29

　2.9　什么是层状撕裂？ ··· 31

　2.10　什么情况下采用厚度方向性能钢板？ ································· 32

　2.11　什么情况下采用耐候钢？ ··· 33

　2.12　为什么钢材要有明显的屈服台阶？ ··································· 35

　2.13　钢材的设计用强度指标与钢材的力学性能强度指标是何关系？ ··········· 37

　2.14　为什么要限制钢材的屈强比？ ······································· 39

　2.15　为什么焊条或焊丝的型号和性能应与相应母材的性能相适应？ ··········· 41

　2.16　什么情况下采用低氢型焊条？ ······································· 43

　2.17　焊接残余应力如何影响构件承载力？ ································· 45

　2.18　焊后如何消除焊接残余应力？ ······································· 48

　2.19　节点设计中如何避免板件边缘在焊接中产生层状撕裂？ ················· 50

　2.20　哪种角焊缝易开裂？哪种角焊缝不开裂？ ····························· 53

　2.21　焊接节点容易发生脆性破坏的原因是什么？如何防止？ ················· 54

　2.22　为什么角焊缝的焊脚尺寸不应大于较薄焊件的1.2倍？ ················· 56

　2.23　为什么要限制侧焊缝的最大计算长度？ ······························· 57

　2.24　为什么要限制角焊缝的最小焊脚尺寸？ ······························· 58

2.25 为什么要限制角焊缝及断续角焊缝的最小计算长度？ ……………… 59

2.26 为什么对不小于 25mm 厚板件宜采用开局部坡口的角焊缝？ …… 61

2.27 为什么在角焊缝焊接接头中不宜将厚板焊接到较薄板上？ ……… 62

2.28 为什么可认为全熔透焊缝与母材等强？ ………………………………… 63

2.29 当不同强度的钢材连接时如何选择焊接材料？ …………………… 64

2.30 为什么应避免焊缝密集和双向、三向相交？ ……………………… 65

2.31 钢板的拼接焊缝有哪些要求？ ……………………………………………… 68

2.32 引弧板、引出板和背面衬板有何要求？ ………………………………… 70

2.33 什么是一级、二级、三级焊缝质量等级？ …………………………… 71

2.34 什么是 A 级、B 级、C 级焊缝检验等级？ …………………………… 72

2.35 什么是无损检测？ ……………………………………………………………… 73

2.36 超声波检测、射线检测、磁粉检测、渗透检测的原理是什么？ …… 74

2.37 超声波检测缺欠评定等级是如何划分的？ …………………………… 76

2.38 焊缝缺欠有哪几类？ …………………………………………………………… 77

2.39 焊缝质量等级与内部缺欠分级之间有何关系？ …………………… 80

2.40 焊缝质量等级遵循的原则是什么？ ……………………………………… 81

2.41 什么是消氢热处理和消应热处理？ ……………………………………… 82

2.42 什么是过焊孔？ ………………………………………………………………… 83

2.43 钢结构中有哪些焊接方法？ ………………………………………………… 85

2.44 为什么普通螺栓在抗剪计算中采用螺杆直径，而在抗拉计算中采用螺纹处的
有效直径？ …………………………………………………………………………… 87

2.45 如何计算普通螺栓在螺纹处的有效直径和有效面积？ ………… 90

2.46 借助填板连接的螺栓数目如何按计算增加 10%？ ……………… 91

2.47 采用搭接连接的螺栓数目如何按计算增加 10%？ ……………… 94

2.48 利用辅助短角钢进行连接的螺栓数目如何按计算增加 50%？ …… 96

2.49 焊接连接节点需要采用摩擦型高强度螺栓补强时如何考虑摩擦系数？ …… 97

2.50 什么是节点连接中焊接与栓接的兼容性和排斥性？ …………… 98

2.51 钢梁腹板采用高强度螺栓连接后承载力不足如何补强？ ……… 100

2.52 杆件连接处焊缝承载力不足如何补强？ …………………………… 103

2.53 为什么不得循环使用高强度螺栓？ …………………………………… 106

2.54 如何采用摩擦型高强度螺栓将简支梁按抗剪等强连接？ ……… 107

2.55 如何采用摩擦型高强度螺栓将框架梁按抗弯等强连接？ ……… 108

2.56 摩擦型高强度螺栓和承压型高强度螺栓有何区别？ …………… 110

2.57 如何利用孔型系数处理安装偏差问题？ …………………………… 111

2.58 什么是二阶效应系数？ …………………………………………………… 113

2.59 什么情况下采用一阶弹性分析？ ……………………………………… 115

2.60 什么情况下采用二阶 $P\text{-}\Delta$ 弹性分析？ …………………………… 117

2.61　如何获得二阶效应系数？ ·· 119

2.62　如何控制二阶效应系数？ ·· 120

2.63　节点构造重要还是计算分析重要？ ·································· 123

2.64　如何控制应力比？ ·· 125

2.65　如何选择阻尼比？ ·· 126

2.66　如何选择宽厚比等级参数 S1、S2、S3、S4、S5？ ············ 127

2.67　如何选择钢材质量等级？ ·· 130

2.68　什么是受压构件的临界力或临界应力？ ·························· 132

2.69　什么是整体失稳？ ·· 133

2.70　什么是局部失稳？ ·· 135

2.71　为什么《钢标》中没有受扭构件？ ·································· 136

2.72　为什么《钢标》中没有偏心受压构件？ ·························· 138

2.73　什么是局部稳定的屈服准则和等稳准则？ ······················ 146

2.74　如何利用腹板屈曲后强度？ ·· 147

2.75　销轴连接中耳板的设计属于局部稳定内容吗？ ················ 149

2.76　如何确定抗震性能化设计中的钢结构关键构件？ ············ 151

2.77　为什么对复杂的高层钢结构应采用至少两个不同力学模型进行分析？ ··· 152

2.78　钢结构抗震等级与混凝土结构抗震等级有何不同？ ·········· 153

2.79　如何初选钢梁截面？ ··· 155

2.80　为什么框架梁端部水平隅撑按构造考虑而竖向隅撑则按计算考虑？ ··· 157

2.81　为什么验算简支梁整体稳定性时要对计算长度进行放大？ ··· 160

2.82　哪种支座形式与简支梁稳定计算相符合？ ······················ 162

2.83　如何设计简支梁置于主梁上的节点？ ···························· 164

2.84　为什么焊接 H 型钢梁不宜太宽？ ·································· 165

2.85　如何考虑钢梁变标高处的节点构造？ ···························· 167

2.86　简支梁与主梁加劲板采用双面连接好还是单面连接好？ ····· 168

2.87　有悬臂梁段的框架梁好还是无悬臂梁段的框架梁好？ ········ 170

2.88　为什么连续跨次梁的每一跨都要按简支梁设计？ ············· 172

2.89　焊接 H 型钢梁腹板的最小厚度如何取值？ ······················ 176

2.90　箱形截面简支梁在什么情况下可不考虑整体稳定性？ ········ 178

2.91　对于大跨度箱形截面梁最容易犯的错误是什么？ ············· 179

2.92　不规范的箱形截面梁有哪些？ ······································· 180

2.93　设计大悬挑梁时应注意哪些因素？ ································· 181

2.94　如何初选桁架弦杆和支座斜杆主要截面？ ······················ 182

2.95　如何设置桁架支撑？ ··· 185

2.96　如何按拉杆工作制计算十字支撑？ ································· 187

2.97　双角钢桁架弦杆变截面时如何设计其节点？ ··················· 188

2.98　如何确定双角钢桁架中的节点板厚度？ ·· 189

2.99　如何考虑采用相贯焊接的管桁架节点中的焊接顺序？ ······················ 190

2.100　如何考虑桁架的高度？ ··· 193

2.101　桁架杆件的设计原则是什么？ ·· 194

2.102　如何初选钢柱截面和参数？ ··· 196

2.103　框架柱节点域有哪些特点？ ··· 199

2.104　为什么要禁止钢柱偏心受压？ ·· 201

2.105　箱形柱壁板的最小厚度如何取值？ ·· 205

2.106　如何设计插到地下室的钢骨柱？ ··· 207

2.107　为什么格构柱绕虚轴的换算长细比要比实际的长细比大？ ················ 209

2.108　格构柱分肢稳定性的设计原则是什么？ ·· 213

2.109　如何设计双肢格构柱？ ··· 214

2.110　如何设计四肢格构柱？ ··· 220

2.111　钢结构中的楼板类型有哪些？ ·· 226

2.112　为什么钢结构中的楼板不能考虑塑性内力重分配？ ························· 230

2.113　为什么要在梁式楼梯折板踏步上敷设一层混凝土构造层？ ················ 231

2.114　如何在钢结构中设置混凝土板式楼梯？ ·· 232

2.115　如何使楼梯柱避开柱间支撑的斜杆？ ··· 233

2.116　如何设计独立基础使钢柱嵌固端位于首层地面？一个传说很久的设计依据
　　　　是什么？ ··· 236

2.117　钢结构防腐保护的基本原理是什么？ ··· 240

2.118　为什么有防火涂料时应取消防腐面漆？ ·· 242

2.119　如何确定不易维护部位的防腐涂料厚度？ ····································· 243

2.120　钢结构防火保护的基本原理是什么？ ··· 244

2.121　膨胀型钢结构防火涂料和非膨胀型钢结构防火涂料有何区别？ ··········· 245

2.122　使用薄涂型防火涂料应注意哪些问题？ ·· 247

2.123　钢管混凝土构件需要设置防火保护层吗？ ····································· 248

2.124　如何考虑承载防火墙钢梁的耐火等级？ ·· 251

2.125　楼承板需要涂防火涂料吗？ ··· 252

2.126　为什么要强调钢结构的维护与保养？ ··· 254

第3章　钢结构设计图表 ··· **256**

3.1　手工电弧焊焊接接头的基本形式与尺寸 ··· 256

3.2　埋弧自动焊焊接接头的基本形式与尺寸 ··· 258

3.3　工地焊焊接接头的基本形式与尺寸 ··· 260

3.4　每厘米长直角角焊缝的承载能力表 ··· 262

3.5　角焊缝的构造要求 ··· 263

3.6 抗滑移系数和高强度螺栓预拉力 ·· 264

3.7 螺栓排列和施工操作尺寸 ·· 265

3.8 梁与梁和梁与柱采用螺栓铰接连接的参考尺寸 ·············· 266

3.9 梁与梁和梁与柱采用栓焊刚接连接的参考尺寸 ·············· 269

3.10 H 型钢杆件采用全螺栓刚接连接的参考尺寸 ·················· 272

3.11 Q235 钢材常用 H 型钢腹板抗剪的高强度螺栓个数 ········ 275

3.12 Q235 钢材常用 H 型钢腹板抗拉、抗压的高强度螺栓个数 ·· 276

3.13 Q235 钢材常用 H 型钢翼缘抗拉、抗压的高强度螺栓个数 ·· 277

3.14 Q355 钢材常用 H 型钢腹板抗剪的高强度螺栓个数 ········ 278

3.15 Q355 钢材常用 H 型钢腹板抗拉、抗压的高强度螺栓个数 ·· 279

3.16 Q355 钢材常用 H 型钢翼缘抗拉、抗压的高强度螺栓个数 ·· 280

3.17 常用热轧 H 型钢的规格及截面特性 ···························· 281

3.18 常用热轧 H 型钢承压加劲肋的宽度和最小厚度 ············ 283

3.19 热轧型钢的规格及截面特性 ·· 284

3.20 轴心受压构件的稳定系数 ··· 298

3.21 轴心受压构件的截面分类 ··· 303

3.22 部分城市冬季室外空气调节计算温度 ··························· 306

3.23 全国部分城市的极端最高气温和极端最低气温 ·············· 307

3.24 常用钢材的焊接材料选用匹配推荐表 ··························· 310

3.25 钢材的设计用强度指标 ·· 311

3.26 防腐蚀设计年限 ··· 312

3.27 大气环境腐蚀性分类 ··· 313

3.28 腐蚀性等级 ··· 315

3.29 除锈方法和除锈等级 ··· 316

3.30 涂料与除锈等级 ··· 317

3.31 钢结构表面防腐蚀涂层厚度 ·· 318

3.32 钢结构常用防腐涂料及涂层配套 ·································· 319

3.33 不同耐火等级建筑相应构件的燃烧性能和耐火极限 ········ 320

3.34 钢结构防火涂料的理化性能 ·· 321

3.35 钢结构防火涂料及涂层厚度 ·· 323

参考文献 ··· 324

第 1 章

术语、符号、主要规范及标准图集

1.1　钢结构术语

术语是通向一本书，获得里面知识的钥匙。熟悉术语是学习的基础方法。

1.1.1　《钢结构设计标准》GB 50017—2017 中的术语

1. 脆断

结构或构件在拉应力状态下没有出现警示性的塑性变形而突然发生的断裂。

2. 一阶弹性分析

不考虑几何非线性对结构内力和变形产生的影响，根据未变形的结构建立平衡条件，按弹性阶段分析结构内力及位移。

3. 二阶 P-Δ 弹性分析

仅考虑结构整体初始缺陷及几何非线性对结构内力和变形产生的影响，根据位移后的结构建立平衡条件，按弹性阶段分析结构内力及位移。

4. 直接分析设计法

直接考虑对结构稳定性和强度性能有显著影响的初始几何缺陷、残余应力、材料非线性、节点连接刚度等因素，以整个结构体系为对象进行二阶非线性分析的设计方法。

5. 屈曲

结构、构件或板件达到受力临界状态时在其刚度较弱方向产生另一种较大变形的状态。

6. 板件屈曲后强度

板件屈曲后尚能继续保持承受更大荷载的能力。

7. 正则化长细比或正则化宽厚比

参数，其值等于钢材受弯、受剪或受压屈服强度与相应的构件或板件抗弯、抗剪或抗压弹性屈曲应力之商的平方根。

8. 整体稳定

构件或结构在荷载作用下能整体保证稳定的能力。

9. 有效宽度

计算板件屈曲后达到极限强度时，将承受非均匀分布极限应力的板件宽度用均匀分布的屈服应力等效，所得的折减宽度。

10. 有效宽度系数

板件有效宽度与板件实际宽度的比值。

11. 计算长度系数

与构件屈曲模式及两端转动约束条件相关的系数。

12. 计算长度

计算稳定时所用的长度，其值等于构件在其有效约束点间的几何长度与计算长度系数的乘积。

13. 长细比

构件计算长度与构件截面回转半径的比值。

14. 换算长细比

在轴心受压构件的整体稳定计算中，按临界力相等的原则，将格构式构件换算为实腹式构件进行计算，或将弯扭与扭转失稳换算为弯曲失稳计算时，所对应的长细比。

15. 支撑力

在为减少受压构件（或构件的受压翼缘）自由长度所设置的侧向支撑处，沿被支撑构件（或构件受压翼缘）的屈曲方向，作用于支撑的作用力。

16. 无支撑框架

利用节点和构件的抗弯能力抵抗荷载的结构。

17. 支撑结构

在梁柱构件所在的平面内，沿斜向设置支撑构件，以支撑轴向刚度抵抗侧向荷载的结构。

18. 框架-支撑结构

由框架及支撑共同组成抗侧力体系的结构。

19. 强支撑框架

在框架-支撑结构中，支撑结构（支撑桁架、剪力墙、筒体等）的抗侧移刚度较大，可将该框架视为无侧移的框架。

20. 摇摆柱

设计为只承受轴向力而不考虑侧向刚度的柱子。

21. 节点域

框架梁柱的刚接节点处及柱腹板在梁高范围内上下边设有加劲肋或隔板的区域。

22. 球形钢支座

钢球面作为支撑面使结构在支座处可以沿任意方向转动的铰接支座或可移动支座。

23. 钢板剪力墙

设置在框架梁柱间的钢板，用以承受框架中的水平剪力。

24. 主管

钢管结构构件中，在节点处连续贯通的管件，如桁架中的弦杆。

25. 支管

钢管结构中，在节点处断开并与主管相连的管件，如桁架中与主管相连的腹杆。

26. 间隙节点

两支管的趾部离开一定距离的管节点。

27. 搭接节点

在钢管节点处，两支管相互搭接的节点。

28. 平面管节点

支管与主管在同一平面内相互连接的节点。

29. 空间管节点

在不同平面内的多根支管与主管相接而形成的管节点。

30. 焊接截面

由板件（或型钢）焊接而成的截面。

31. 钢与混凝土组合梁

由混凝土翼板与钢梁通过抗剪连接件组合而成的可整体受力的梁。

32. 支撑系统

由支撑及传递其内力的梁（包括基础梁）、柱组成的抗侧力系统。

33. 消能梁段

在偏心支撑框架结构中，位于两斜支撑端头之间的梁段或位于一斜支撑端头与柱之间的梁段。

34. 中心支撑框架

斜支撑与框架梁柱汇交于一点的框架。

35. 偏心支撑框架

斜支撑至少有一端在梁柱节点外与横梁连接的框架。

36. 屈曲约束支撑

由核心钢支撑、外约束单元和两者之间的无粘结构造层组成不会发生屈曲的支撑。

37. 弯矩调幅设计

利用钢结构的塑性性能进行弯矩重分布的设计方法。

38. 畸变屈曲

截面形状发生变化，且板件与板件的交线至少有一条会产生位移的屈曲形式。

39. 塑性耗能区

在强烈地震作用下，结构构件首先进入塑性变形并消耗能量的区域。

40. 弹性区

在强烈地震作用下，结构构件仍处于弹性工作状态的区域。

1.1.2 《高层民用建筑钢结构技术规程》JGJ 99—2015 中的术语

1. 高层民用建筑

10 层及 10 层以上或房屋高度大于 28m 的住宅建筑以及房屋高度大于 24m 的其他高层民用建筑。

2. 房屋高度

自室外地面至房屋主要屋面的高度，不包括突出屋面的电梯机房、水箱、构架等高度。

3. 框架

由柱和梁为主要构件组成的具有抗剪和抗弯能力的结构。

4. 中心支撑框架

支撑杆件的工作线交汇于一点或多点，但相交构件的偏心距应小于最小连接构件的宽度，杆件主要承受轴心力。

5. 偏心支撑框架

支撑框架构件的杆件工作线不交汇于一点，支撑连接点的偏心距大于连接点处最小构件的宽度，可通过消能梁段耗能。

6. 支撑斜杆

承受轴力的斜杆，与框架结构协同作用以桁架形式抵抗侧向力。

7. 消能梁段

偏心支撑框架中，两根斜杆端部之间或一根斜杆端部与柱间的梁段。

8. 屈曲约束支撑

支撑的屈曲受到套管的约束，能够确保支撑受压屈服前不屈曲的支撑，可作为耗能阻尼器或抗震支撑。

9. 钢板剪力墙

将设置加劲肋或不设加劲肋的钢板作为抗侧力剪力墙，是通过拉力场提供承载能力。

10. 无粘结内藏钢板支撑墙板

以钢板条为支撑，外包混凝土墙板为约束构件的屈曲约束支撑墙板。

11. 带竖缝混凝土剪力墙

将带有一段竖缝的钢筋混凝土墙板作为抗侧力剪力墙，是通过竖缝墙段的抗弯屈服提供承载能力。

12. 延性墙板

具有良好延性和抗震性能的墙板。本处特指：带加劲肋的钢板剪力墙，无粘结内藏钢板支撑墙板、带竖缝混凝土剪力墙。

13. 加强型连接

采用梁端翼缘扩大或设置盖板等形式的梁与柱刚性连接。

14. 骨式连接

将梁翼缘局部削弱的一种梁柱连接形式。

15. 结构抗震性能水准

对结构震后损坏状况及继续使用可能性等抗震性能的界定。

16. 结构抗震性能设计

针对不同的地震地面运动水准设定的结构抗震性能水准。

1.2 钢结构符号

1.2.1 《钢结构设计标准》GB 50017—2017中的符号

1. 作用和作用效应设计值

F——集中荷载；

G——重力荷载；

H——水平力；

M——弯矩；

N——轴心力；

P——高强度螺栓的预拉力；

R——支座反力；

V——剪力。

2. 计算指标

E——钢材的弹性模量；

E_c——混凝土的弹性模量；

f——钢材的抗拉、抗压和抗弯强度设计值；

f_v——钢材的抗剪强度设计值；

f_{ce}——钢材的端面承压强度设计值；

f_y——钢材的屈服强度；

f_u——钢材的抗拉强度最小值；

f_t^a——锚栓的抗拉强度设计值；

f_t^b、f_v^b、f_c^b——螺栓的抗拉、抗剪和承压强度设计值；

f_t^w、f_v^w、f_c^w——对接焊缝的抗拉、抗剪和抗压强度设计值；

f_f^w——角焊缝的抗拉、抗剪和抗压强度设计值；

f_c——混凝土的抗压强度设计值；

G——钢材的剪变模量；

N_t^a——一个锚栓的受拉承载力设计值；

N_t^b、N_v^b、N_c^b——一个螺栓的受拉、受剪和承压承载力设计值；

N_v^c——组合结构中一个抗剪连接件的受剪承载力设计值；

S_b——支撑结构的层侧移刚度，即施加于结构上的水平力与其产生的层间位移角的比值；

Δu——楼层的层间位移；

$[v_Q]$——仅考虑可变荷载标准值产生的挠度的允许值；

$[v_T]$——同时考虑永久和可变荷载标准值产生的挠度的允许值；

σ——正应力；

σ_c——局部压应力；

σ_f——垂直于角焊缝长度方向，按焊缝有效截面计算的应力；

$\Delta\sigma$——疲劳计算的应力幅或折算应力幅；

$\Delta\sigma_e$——变幅疲劳的等效应力幅；

$[\Delta\sigma]$——疲劳允许应力幅；

σ_{cr}、$\sigma_{c,cr}$、τ_{cr}——分别为板件的弯曲应力、局部压应力和剪应力的临界值；

τ——剪应力；

τ_f——角焊缝的剪应力。

3. 几何参数

A——毛截面面积；

A_n——净截面面积；

b——翼缘板的外伸宽度；

b_0——箱形截面翼缘板在腹板之间的无支撑宽度；混凝土板托顶部的宽度；

b_s——加劲肋的外伸宽度；

b_e——板件的有效宽度；

d——直径；

d_e——有效直径；

d_0——孔径；

e——偏心距；

H——柱的高度；

H_1、H_2、H_3——阶形柱上段、中段（或单阶柱下段）、下段的高度；

h——截面全高；

h_e——焊缝的计算厚度；

h_f——角焊缝的焊脚尺寸；

h_w——腹板的高度；

h_0——腹板的计算高度；

I——毛截面惯性矩；

I_t——自由扭转常数；

I_w——毛截面扇形惯性矩；

I_n——净截面惯性矩；

i——截面回转半径；

l——长度或跨度；

l_1——梁受压翼缘侧向支撑间距离，螺栓受力方向的连接长度；

l_w——焊缝的计算长度；

l_z——集中荷载在腹板计算高度边缘上的假定分布长度；

S——毛截面面积矩；

t——板的厚度；

t_s——加劲肋的厚度；

t_w——腹板的厚度；

W——毛截面模量；

W_n——净截面模量；

W_p——塑性毛截面模量；

W_{np}——塑性净截面模量。

4. 计算系数及其他

K_1、K_2——构件线刚度之比；

n_f——高强度螺栓的传力摩擦面数目；

n_v——螺栓的剪切面数目；

a_E——钢材与混凝土弹性模量之比；

a_e——梁截面模量考虑腹板有效宽度的折减系数；

a_f——疲劳计算的欠载效应等效系数；

a_i^{II}——考虑二阶效应框架第 i 层杆件的侧移弯矩增大系数；

β_E——非塑性耗能区内力调整系数；

β_f——正面角焊缝的强度设计值增大系数；

β_m——压弯构件稳定的等效弯矩系数；

γ_0——结构的重要性系数；

γ_x、γ_y——对主轴 x、y 的截面塑性发展系数；

ε_k——钢号修正系数，其值为 235 与钢材牌号中屈服点数值的比值的平方根；

η——调整系数；

η_1、η_2——用于计算阶形柱计算长度的参数；

η_{ov}——管节点的支管搭接率；

λ——长细比；

$\lambda_{n,b}$、$\lambda_{n,s}$、$\lambda_{n,c}$、λ_n——正则化宽厚比或正则化长细比；

μ——高强度螺栓摩擦面的抗滑移系数；柱的计算长度系数；

μ_1、μ_2、μ_3——阶形柱上段、中段（或单阶柱下段）、下段的计算长度系数；

ρ_i——各板件有效截面系数；

φ——轴心受压构件的稳定系数；

φ_b——梁的整体稳定系数；

ψ——集中荷载的增大系数；

ψ_n、ψ_a、ψ_d——用于计算直接焊接钢管节点承载力的参数；

Ω——抗震性能系数。

1.2.2 《高层民用建筑钢结构技术规程》JGJ 99—2015 中的符号

1. 作用和作用效应

α——加速度；

F——地震作用标准值；

G——重力荷载代表值；

H——水平力；

M——弯矩设计值；

N——轴心压力设计值；

Q——重力荷载设计值；

S——作用效应设计值；

T——周期；温度；

v——风速。

2. 材料指标

c——比热；

E——弹性模量；

f——钢材抗拉、抗压、抗弯强度设计值；

f_c^b、f_t^b、f_v^b——螺栓承压、抗拉、抗剪强度设计值；

f_c^w、f_t^w、f_v^w——对接焊缝抗压、抗拉、抗剪强度设计值；

f_{ce}——钢材端面承压强度设计值；

f_{ck}、f_{tk}——混凝土轴心抗压、抗拉强度标准值；

f_{cu}^b——螺栓连接板件的极限承压强度；

f_f^w——角焊缝抗拉、抗压、抗剪强度设计值；

f_t——混凝土轴心抗拉强度设计值；

f_t^a——锚栓抗拉强度设计值；

f_u——钢材抗拉强度最小值；

f_u^b——螺栓钢材的抗拉强度最小值；

f_v——钢材抗剪强度设计值；

f_y——钢材屈服强度；

G——剪切模量；

M_{lp}——消能梁段的全塑性受弯承载力；

M_{pb}——梁的全塑性受弯承载力；

M_{pc}——考虑轴力时，柱的全塑性受弯承载力；

M_u——极限受弯承载力；

N_E——欧拉临界力；

N_y——构件的轴向屈服承载力；

N_t^a——单根锚栓受拉承载力设计值；

N_t^b、N_v^b——高强度螺栓仅承受拉力、剪力时，抗拉、抗剪承载力设计值；

N_{vu}^b、N_{cu}^b——1 个高强度螺栓的极限受剪承载力和对应的板件极限承载力；

R——构件承载力设计值；

V_l、V_{lc}——消能梁段不计入轴力影响和计入轴力影响的受剪承载力；

V_u——受剪承载力；

ρ——材料密度。

3. 几何参数

A——毛截面面积；

A_e^b——螺栓螺纹处的有效截面面积；

d——螺栓杆公称直径；

h_{0b}——梁腹板高度，自翼缘中心线算起；

h_{0c}——柱腹板高度，自翼缘中心线算起；

I——毛截面惯性矩；

I_e——有效截面惯性矩；

K_1、K_2——汇交于柱上端、下端的横梁线刚度之和与柱线刚度之和的比值；

S——面积矩；

t——厚度；

V_p——节点域有效体积；

W——毛截面模量；

W_e——有效截面模量；

W_n、W_{np}——净截面模量；塑性净截面模量；

W_p——塑性截面模量。

4. 系数

α——连接系数；

α_{max}、α_{vmax}——水平、竖向地震影响系数最大值；

γ_0——结构重要性系数；

γ_{RE}——承载力抗震调整系数；

γ_x——截面塑性发展系数；

φ——轴心受压构件的稳定系数；

φ_b、φ_b'——钢梁整体稳定系数；

λ——构件长细比；

λ_n——正则化长细比；

μ——计算长度系数；

ξ——阻尼比。

1.3　主要规范、标准图集及其他

1.3.1　主要标准

《钢结构设计标准》GB 50017—2017（简称《钢标》）；

《钢结构焊接规范》GB 50661—2011（简称《焊接规范》）；

《钢结构工程施工质量验收标准》GB 50205—2020（简称《钢结构验收标准》）；

《碳素结构钢》GB/T 700—2006（简称《碳素钢》）；

《低合金高强度结构钢》GB/T 1591—2018（简称《高强度钢》）；

《厚度方向性能钢板》GB/T 5313—2023（简称《Z 向钢》）；

《建筑结构用钢板》GB/T 19879—2023（简称《建筑结构钢》）；

《高层民用建筑钢结构技术规程》JGJ 99—2015（简称《高钢规》）；

《组合结构设计规范》JGJ 138—2016（简称《组合规范》）；

《工业建筑防腐蚀设计标准》GB/T 50046—2018（简称《工业防腐标准》）；

《钢结构防腐蚀涂装技术规程》CECS 343—2013（简称《涂装规程》）；

《建筑设计防火规范》GB 50016—2014（2018 年版）（简称《建筑防火规范》）；

《建筑钢结构防火技术规范》GB 51249—2017（简称《钢结构防火规范》）；

《建筑工程抗震设防分类标准》GB 50223--2008（简称《抗震分类标准》）；

《建筑抗震设计标准》GB/T 50011—2010（2024 年版）（简称《抗标》）；

《建筑结构可靠性设计统一标准》GB 50068—2018（简称《可靠性标准》）；

《建筑结构荷载规范》GB 50009—2012（简称《荷载规范》）；

《高层建筑混凝土结构技术规程》JGJ 3—2010（简称《高规》）；

《建筑地基基础设计规范》GB 50007—2011（简称《基础规范》）；

《工程结构通用规范》GB 55001—2021（简称《工程通规》）；

《建筑与市政工程抗震通用规范》GB 55002—2021（简称《抗震通规》）；

《钢结构通用规范》GB 55006—2021（简称《钢通规》）。

1.3.2　主要标准图集及其他

《钢结构设计图实例-多、高层房屋》05CG02；

《钢结构设计精讲精读》陈文渊，中国建筑工业出版社，2022；

《钢结构强制性条文和关键性条文精讲精读》陈文渊，中国建筑工业出版社，2023；

《钢结构设计手册》（第四版）。

第 2 章

疑问及解答

2.1 轻钢屋面不上人活荷载如何取值？

疑问

1. 发现问题

在《工程通规》表 4.2.8 中，对不上人屋面活荷载标准值的规定为：

不上人的屋面活荷载标准值：0.5kN/m²。

该条为新强条，是对旧强条的重要删改。

简记：0.5kN/m²。

(1) 在《荷载规范》中被废止的表 5.3.1 中，对不上人的屋面活荷载标准值的规定为：

不上人的屋面活荷载标准值：0.5kN/m²。

对于不上人的轻质屋面活荷载可按小黑体字注 1 执行：

对不同类型的结构应按有关设计规范的规定采用，但不得低于 0.3kN/m²。

(2) 在《钢标》第 3.3.1 条中，对轻屋面活荷载的规定如下：

对支承轻屋面的构件或结构，当仅有一个可变荷载且受荷水平投影面积超过 60m² 时，屋面均布活荷载标准值可取为 0.3kN/m²。

此条为非强制性条文（简称非强条）。

2. 提出问题

从执行新强条的角度来看，《荷载规范》旧强条及所属小黑体字的注解全部被废止了；同时，《钢标》第 3.3.1 条中，轻屋面活荷载的规定（0.3kN/m²）为非强条。

由此提出：不上人屋面活荷载标准值是按新强条的规定（0.5kN/m²）执行，还是按《钢标》中轻屋面活荷载的规定（0.3kN/m²）执行？

3. 分析问题

1) 新、旧强条的对比

　　新强条修改并继承了旧强条，废止了"不得低于 $0.3kN/m^2$"的规定，对不上人屋面的活荷载统一规定，取值均为 $0.5kN/m^2$。

　　2）对《钢标》第 3.3.1 条的分析

　　从《钢标》第 3.3.1 条的条文说明中可以明确看到，轻屋面活荷载的规定是建立在《荷载规范》之上的，既然《荷载规范》表 5.3.1 已经被废止，而新强条中也已经取消了 $0.3kN/m^2$ 的内容，那么，《钢标》中的非强条也就自然作废。

解答

　　所有通用规范的前言，最后一段为：**现行工程建设标准（包括强制性标准和推荐性标准）中有关规定与强制性工程建设规范的规定不一致的，以强制性工程建设规范的规定为准。**

　　根据这一规定，对不上人的轻屋面活荷载标准值取值应为：

　　（1）在《钢标》修订版未施行前，对不上人屋面活荷载标准值应按 $0.5kN/m^2$ 取值。

　　（2）在《钢标》修订版施行后，如果有不上人屋面活荷载标准值的细化规定，可按新标准执行。

2.2 如何考虑轻屋面雪荷载？

如何考虑轻屋面雪荷载？

由于轻屋面自重较轻，对雪荷载比较敏感。当雪荷载值占整个屋盖结构自重的 10%～30% 时，会使得屋盖结构产生较大的变形，严重的情况下会导致屋盖结构垮塌。

对轻屋盖结构，应考虑基本雪压和积雪分布系数。

1. 基本雪压

在《工程通规》第 4.5.2 条中，对基本雪压取值的规定为：

基本雪压应根据空旷平坦地形条件下的降雪观测资料，采用适当的概率分布模型，按 50 年重现期进行计算。对雪荷载敏感的结构，应按照 100 年重现期雪压和基本雪压的比值，提高其雪荷载取值。

关于雪敏感建筑，《屋面结构雪荷载设计标准》T/CECS 796—2020 中明确做出了定义：屋面雪荷载标准值的最大值超过屋面单位面积重力荷载标准值 50% 以上的建筑结构。

按照《工程通规》第 4.5.2 条的条文说明，轻型屋盖属于对雪荷载敏感的结构。轻质屋盖结构指有保温层或无保温层的金属屋盖、玻璃屋盖、膜结构等。所以，对轻屋面结构应按 100 年重现期考虑基本雪压。

全国主要城市 100 年重现期雪压见《钢结构强制性条文和关键性条文精讲精读》表 2.1.1-1。

2. 积雪分布系数

最近几年，轻屋盖结构雪后发生垮塌事故常有报道，这有时与雪荷载取值偏小有关。

雪荷载的取值确定分为两部分，一是基本雪压值，二是积雪分布系数。

对于屋架和拱壳结构，雪后会出现半跨积雪融化现象，由此产生了半跨积雪的不利情况，所以在雪荷载组合时应分别考虑全跨积雪的均匀分布、不均匀分布和半跨积雪的均匀分布三种情况，按最不利情况采用。考虑半跨不利雪荷载实际上是通过将半跨基本雪压进行放大来体现的，这种放大就是由积雪分布系数控制的，这一点经常被设计人员忽视，从而导致将雪荷载值取小了。

屋面积雪分布系数见表 2.2-1。

屋面积雪分布系数 　　　　　　　　　　表 2.2-1

项次	类别	屋面形式及积雪分布系数 μ_r	备注
1	单跨单坡屋面	μ_r a <table><tr><td>α</td><td>$\leqslant 25°$</td><td>$30°$</td><td>$35°$</td><td>$40°$</td><td>$45°$</td><td>$50°$</td><td>$55°$</td><td>$\geqslant 60°$</td></tr><tr><td>μ_r</td><td>1.0</td><td>0.85</td><td>0.7</td><td>0.55</td><td>0.4</td><td>0.25</td><td>0.1</td><td>0</td></tr></table>	—
2	单跨双坡屋面	均匀分布的情况 μ_r 不均匀分布的情况 $0.75\mu_r$　$1.25\mu_r$ a	μ_r 按第 1 项规定采用
3	拱形屋面	均匀分布的情况 μ_r 不均匀分布的情况 $0.5\mu_{r,m}$　$\mu_{r,m}$ $l_e/4$　$l_e/4$　$l_e/4$　$l_e/4$ l_e $\mu_r = l/(8f)$　$60°$ $(0.4 \leqslant \mu_r \leqslant 1.0)$　f l $\mu_{r,m} = 0.2 + 10f/l \, (\mu_{r,m} \leqslant 2.0)$	—
4	带天窗的坡屋面	1.0 均匀分布的情况 1.1　0.8　1.1 不均匀分布的情况 a	—
5	带天窗有挡风板的坡屋面	1.0 均匀分布的情况 1.0　1.4　0.8　1.4　1.0 不均匀分布的情况 a	—
6	多跨单坡屋面（锯齿形屋面）	1.0 均匀分布的情况 0.6　1.4　0.6　1.4　0.6　1.4 不均匀分布的情况1 $l/2$　$l/2$ 2.0　2.0　2.0 不均匀分布的情况2 μ_r　μ_r　μ_r $l/2$　$l/2$ a l　l	μ_r 按第 1 项规定采用

续表

项次	类别	屋面形式及积雪分布系数 μ_r	备注
7	双跨双坡或拱形屋面		μ_r 按第 1 或第 3 项规定采用
8	高低屋面	$a=2h(4m<a<8m)$ $\mu_{r,m}=(b_1+b_2)/2h(2.0\leqslant\mu_{r,m}\leqslant4.0)$	—
9	有女儿墙及其他突起物的屋面	$a=2h$ $\mu_{r,m}=1.5h/s_0(1.0\leqslant\mu_{r,m}\leqslant2.0)$	—
10	大跨屋面 ($l>100m$)		1. 还应同时考虑第 2 项、第 3 项的积雪分布； 2. μ_r 按第 1 或第 3 项规定采用

注： 1 第 2 项单跨双坡屋面仅当坡度 α 在 20°～30°范围时，可采用不均匀分布情况；

2 第 4 项、第 5 项只适用于坡度 α 不大于 25°的一般工业厂房屋面；

3 第 7 项双跨双坡或拱形屋面，当 α 不大于 25°或 f/l 不大于 0.1 时，只采用均匀分布情况；

4 多跨屋面的积雪分布系数，可参照第 7 项的规定采用。

2.3　为什么要考虑桁架半跨荷载的不利组合?

疑问

1. 什么是桁架的半跨荷载?

（1）半跨恒荷载

当所有桁架及其横向水平支撑、纵向水平支撑、垂直支撑、系杆等安装完毕后，开始铺设半跨桁架的屋盖结构（可以是混凝土结构，也可以是轻屋面结构），该半跨屋盖结构的恒荷载称为半跨恒荷载。

（2）半跨活荷载

当屋盖结构完成后，只在桁架半跨屋面上产生的活荷载简称为半跨活荷载。这种半跨活荷载是在全跨恒荷载的基础上形成的。常见的例子有只在半跨范围内上一些人、临时堆放一些物品，或雪后天晴，朝阳面的半跨雪融化而另半跨屋面上形成了雪荷载。

（3）半跨恒荷载＋半跨活荷载

完成半跨屋盖结构后，在其上有上人施工活荷载及临时堆放一些物品等，这种情况称为"半跨恒荷载＋半跨活荷载"。

2. 提出问题

为什么要考虑上述（2）的半跨活荷载和上述（3）的半跨恒荷载＋半跨活荷载产生的不利组合?

解答

以工程实例回答这个问题会一目了然。

图 2.3-1 是 24m 标准钢桁架的半幅杆件长度尺寸简图，在上弦杆上面铺设预制混凝土槽形板和防水及保护层。

下面将通过全跨荷载和半跨荷载作用下的特殊杆件受力情况进行对比来解答问题。

图 2.3-2 是全跨荷载作用下单位轴力简图，荷载类型为均布荷载（取恒荷载和活荷载的设计值）。每块预制槽形板的四角放置在桁架上弦与腹杆相交的节点处，形成均匀的节点集中力 P；边节点受荷面积减半，所以，集中力为 $0.5P$。在桁架内力（轴力）计算中，一般采用以不变应万变的计算方法，即以单位力"1"为节点力，求出各杆件的内力系数，然后根据不同的屋面荷载产生的 P 值乘以各杆件的内力系数，即得到在集中力 P 的作用下的各杆件的实际内力。

图 2.3-3 是半跨荷载作用下单位轴力简图。通过与图 2.3-2 对比可以发现，有一根斜腹杆的轴力性质发生了变化，在全跨荷载作用下为拉杆，而在半跨荷载作用下为压杆。

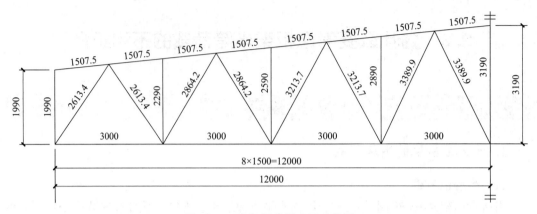

图 2.3-1 桁架杆件长度尺寸简图

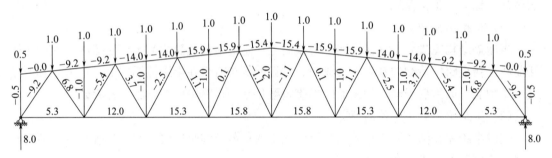

图 2.3-2 全跨荷载作用下单位轴力简图

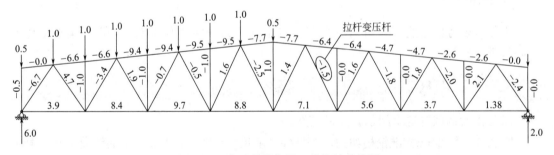

图 2.3-3 半跨荷载作用下单位轴力简图

结论：尽管在半跨荷载作用下杆件轴力绝对值比全跨荷载作用下要小，但是，个别腹杆会由全跨荷载作用下的拉杆变成在半跨荷载作用下的压杆。如果不通过半跨荷载的不利组合进行对比，就会出现在半跨荷载作用下个别杆件发生失稳破坏的可能性。解决该问题的方法是将发生变号的腹杆按压杆设计，并满足压杆长细比的要求。

2.4 如何考虑轻屋面雨水荷载?

疑问

1. 提出问题

在《工程通规》第 4.2.10 条中,关于屋面积水荷载的规定如下:

对于因屋面排水不畅、堵塞等引起的积水荷载,应采取构造措施加以防止;必要时,应按积水的可能深度确定屋面活荷载。

轻屋面钢结构对雪荷载较敏感,那么对雨水造成的积水荷载就更敏感,所以,《工程通规》把采取可靠措施防止积水活荷载列为了强制性条文。考虑采取何种措施防止不可控的积水荷载,是设计轻钢屋盖的重要内容。

2. 分析问题

屋面排水分为自由排水和有组织排水。前者为自由散排,不存在屋面积水问题,后者通过屋面雨水沟和下水管体系排出雨水。

屋面积水的原因有以下几个方面。

1) 两个专业的设计依据不同

给水排水专业对屋面雨水排水是按当地或相邻地区暴雨强度公式计算确定的。各类建筑屋面雨水排水管道工程的重现期不小于表 2.4-1 中的规定值。

各类建筑屋面雨水排水管道工程的设计重现期 (a)　　　　　表 2.4-1

建筑物性质	设计重现期
一般性建筑物屋面	5
重要公共建筑屋面	≥10

注:本表摘自《建筑给水排水设计标准》GB 50015—2019。

从表 2.4-1 中可以看出,给水排水专业的屋面雨水排水设计依据的设计重现期,对一般性建筑物屋面是 5 年,对重要公共建筑屋面是不低于 10 年。而结构设计的使用年限一般是 50 年,重要的公共建筑是 100 年。这样就有可能在结构的工作年限内遭遇超过给水排水专业设计重现期的较大降雨。雨水漫过积水沟时,如果没有其他的排水措施,就会对轻钢结构安全造成影响。

2) 突降暴雨

建筑结构的设计基准期为 50 年,远大于各类建筑屋面雨水排水管道工程设计重现期。

屋面有组织排水是通过当地的暴雨强度公式和一定的经验进行排水沟及雨水管的设计,达到排水的目的。可是下雨是老天爷的事儿,遇到突降暴雨,超过历史上重现期的最大降雨量，必然导致屋面排水超出设计水平，就会出现流过雨水管的排水量不及降雨量，造成排水不畅，使屋面上的雨水越积越多，对屋面承重结构造成安全隐患乃至导致破坏。

3）雨水管堵塞

雨水管是暴露在室外的，经过风吹雨淋很容易在管内生出小草，随着小草的生长雨水管就会发生堵塞，造成排水不畅。

解答

设计人员只能按已有的资料，并以一定的经验作为设计依据来解决排水不畅的问题，但不能无限量地放大已知量。

考虑屋面积水荷载分为无女儿墙和有女儿墙两种情况。

1）无女儿墙的设计方法

无女儿墙时采用计算方法，最大积水荷载的取值按天沟积满水后可以溢出的情况考虑，其计算简图见图 2.4-1。

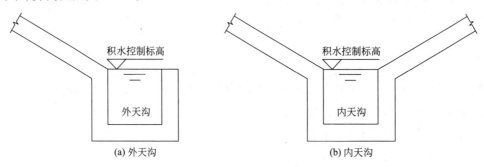

图 2.4-1　无女儿墙时积水计算简图

2）有女儿墙的设计方法

有女儿墙时采用计算与构造相结合的方法，除按天沟积满水考虑积水荷载外，还应在天沟顶位置设置溢水孔槽（需与建筑专业和给水排水专业协商），见图 2.4-2。

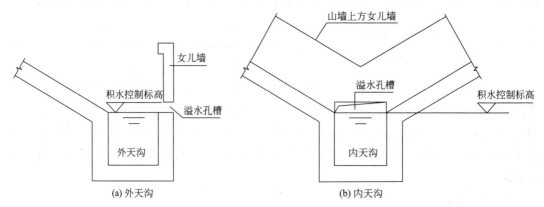

图 2.4-2　有女儿墙时积水计算简图

外天沟溢水孔槽的宽度不小于 300mm，高度不小于 100mm。

内天沟溢水孔槽的宽度与内天沟宽度相同，高度不小于 100mm。

2.5 高层钢结构中为何宜采用
轻质隔墙和外挂幕墙？

疑问

在高层钢结构中，对于填充墙和外墙一般都采用轻质隔墙和外挂幕墙，即使是多层钢结构也是如此。《钢标》第 3.2.2 条第 4 款中规定：隔墙、外围护等宜采用轻质材料。

为什么要强调高层钢结构中宜采用轻质隔墙和外挂幕墙？

解答

1. 轻质隔墙

轻质隔墙分为轻质砌块和轻质墙板。

1）轻质砌块

常用的轻质砌块为标准图集《轻集料空心砌块内隔墙》03J114-1 中给出的采用 CL15 轻骨料混凝土制作的空心砌块，其墙体厚度为：90mm、150mm、180mm（2×90）三种，分别代表单排 90 墙、单排 150 墙、双排 90 墙。

空心砌块的结构性能见表 2.5-1。

轻集料空心砌块内隔墙性能　　　　　　　　　　　　　　　　　　表 2.5-1

名称	表观密度（kg/m³）	墙体砌筑高度（m）	耐火极限（h）	适用范围
单排 90 墙	≤800	3.0	1.03	卫生间、厨房等分室墙
双排 90 墙	≤800	3.0	2.03	分户墙
单排 150 墙	≤800	4.5	1.0	内隔墙

以用得最多的 180mm 厚填充墙为例，考虑双面各 20mm 抹灰，填充墙的竖向面荷载为 224kg/m²。

2）轻质墙板

轻质板墙主要有轻钢龙骨板墙和轻质条板板墙。

（1）轻钢龙骨板墙

常用的轻钢龙骨板墙为标准图集《轻钢龙骨内隔墙》03J111-1 中给出的轻钢龙骨板墙，其面板有纸面石膏板、纤维水泥加压板、加压低收缩性硅酸钙板、纤维石膏板、粉石英硅酸钙板等。轻钢龙骨是以镀锌钢板为原料，采用冷弯工艺生产的薄壁型钢。

轻钢龙骨板墙不需要抹灰找平，只需要打腻子找平即可，其面荷载比双面抹灰的空心砌块略大些。

（2）轻质条板板墙

在《内隔墙-轻质条板（一）》10J113-1 中，列入了以下八种常用的轻质条板：

① 玻纤增强水泥条板，简称水泥条板；

② 玻纤增强石膏条板，简称石膏条板；

③ 轻骨料混凝土隔板条板，简称轻混凝土条板；

④ 植物纤维复合条板（FGC、五防板），简称植物纤维条板；

⑤ 粉煤灰泡沫水泥隔墙条板（ASA），简称泡沫水泥条板；

⑥ 硅镁加气水泥隔墙条板（GM），简称硅镁条板；

⑦ 聚苯颗粒水泥夹芯复合条板；

⑧ 纸蜂窝夹芯复合条板。

轻质条板板墙也不需要抹灰找平，只需要打腻子找平即可，其面荷载与双面抹灰的空心砌块差不多。

2. 外挂幕墙

外挂墙板（建筑幕墙）是由金属架构与板材组成的、不承担主体结构荷载与作用的建筑外围护结构。

建筑幕墙主要有玻璃幕墙、金属幕墙、石材幕墙和组合幕墙。

1）外挂幕墙的组成

（1）玻璃幕墙：板材为玻璃的建筑幕墙。

（2）金属幕墙：板材为金属板材的建筑幕墙。

（3）石材幕墙：板材为建筑石板的建筑幕墙（考虑到石材强度较低，常用厚度为 20～30mm，单块石材板面面积不宜大于 $1.5m^2$）。

（4）组合幕墙：板材为玻璃、金属、石材等不同板材组成的建筑幕墙。

2）外挂幕墙的最大质量

各种建筑幕墙的最大质量（含保温层）见表 2.5-2。

幕墙的最大质量（kg/m²）　　　　　　　　　　　　　　　　表 2.5-2

玻璃幕墙	金属幕墙	石材幕墙	组合幕墙
150	90	190	190

通过对比可以看出，外挂幕墙的每平方米质量要比填充墙小一些。

3. 采用轻质隔墙的目的

钢结构的最大特点就是比混凝土结构轻，采用轻质隔墙就是要继续贯彻"轻"的原则，具有以下几方面优点：

（1）轻隔墙可以减小钢梁的截面。

（2）填充墙对结构刚度有一定的放大作用。刚度越大，地震作用就越大。当结构有填充墙存在时，实际刚度大于设计计算的刚度。由于地震作用与房屋周期折减系数有关，其折减系数越小，地震作用就越大；反之，折减系数越大，地震作用就越小。为了体现这部分地震作用，在抗震计算中采用了周期折减系数这一重要参数。该值与结构材料、结构类型、填充墙材料有关，一般为 0.6～1.0。有整体计算经验的人都知道，周期折减系数的大小对计算结果的落实有着重要的影响。

对于采用非轻质隔墙的混凝土结构的周期折减系数如下：

混凝土框架结构：0.6～0.7；

混凝土框架-剪力墙结构：0.7～0.8；

混凝土框架-核心筒结构：0.8～0.9；

混凝土剪力墙结构：0.9～1.0。

墙较少时取较大值，墙较多时取较小值。

对于采用轻质隔墙的钢结构，周期折减系数取值区间为 0.9～1.0。

4. 采用悬挂幕墙的目的

外挂墙板不仅体现了"轻"的特点，更重要的是其悬挂在边框架外，不放大墙体的刚度，仅这部分的周期折减系数可认为是 1.0。

依据《高钢规》的相关规定，高层民用建筑钢结构房屋非承重墙宜采用填充轻质砌块、填充轻质墙或外挂板墙。

5. 周期折减系数的取值

（1）当内隔墙和外墙均采用轻质墙体时，周期折减系数可取 0.9；

（2）当只有外挂幕墙时，周期折减系数可取 1.0；

（3）当仅楼（电）梯间、卫生间有轻质隔墙，房屋中间为敞开办公环境，外墙为外挂幕墙时，可视为是少量轻质隔墙的情况，周期折减系数最大可取 0.98；

（4）一般的轻质填充墙和外挂幕墙共存时，周期折减系数可取 0.95。

6. 采用轻质隔墙和外挂幕墙的好处

（1）由于减轻了隔墙自重，房屋总质量减轻，可以减小钢梁和钢柱的截面，进而减少了用钢量；

（2）由于周期折减系数较大，减少了地震作用，可以有效地减少钢结构的整体用钢量。

2.6 什么情况下考虑冲击韧性的合格保证?

疑问

由于在钢结构计算中并不能体现出冲击韧性的设计指标,所以,初涉钢结构设计的工程师有可能不了解钢材的冲击韧性概念,也不清楚冲击韧性合格保证的延伸内容。

什么情况下需要考虑冲击韧性的合格保证?

解答

钢材有五项机械性能指标:屈服点、抗拉强度、断后伸长率、弯曲试验和冲击韧性。这五项钢材指标全部属于强制性条文要求有合格保证的内容。冲击韧性是其中的一项重要内容。首先要知道冲击韧性的概念,其次要了解冲击韧性适用的条件。

1. 冲击韧性的概念

1) 名词解释

冲击韧性是指材料在冲击荷载作用下吸收塑性变形功和断裂功的能力,反映材料内部的细微缺陷和抗冲击性能,是反映钢材在冲击荷载作用下抵抗脆性破坏的能力,也是抗震结构的要求。

2) 冲击功试验

冲击功试验(简称冲击试验)是冲击韧性的数据变现形式。工程中冲击试验分为高温冲击韧性、常温(20℃)冲击韧性、0℃冲击韧性和负温(−20℃、−40℃及−60℃)冲击韧性。

冲击试验的具体描述见《钢结构强制性条文和关键性条文精讲精读》第2.12节。

低温对冲击韧性有显著影响。随着温度的下降(0℃以下),钢材的韧性逐渐降低,下降到某一温度时,材料发生脆性断裂,这种现象称为冷脆。温度越低、钢材厚度越大,其冲击韧性就越差,所以,工作温度越低,要求的钢材质量等级越高。

2. 冲击韧性适用的条件

冲击韧性与钢材质量等级和工作温度密切相关。

民用建筑钢结构构件通常采用20℃、0℃及−20℃冲击韧性。

(1) 冲击韧性规定的温度越低,要求的钢材质量等级就越高。

(2) 钢结构工作温度为常温($T > 0℃$)时采用20℃冲击韧性。试验采用的钢材质量等级为B级。

(3) 钢结构工作温度为低温($-20℃ < T \leqslant 0℃$)时采用0℃冲击韧性。试验采用的钢材质量等级为C级。

（4）钢结构工作温度为超低温（－40℃＜T≤－20℃）时采用－20℃冲击韧性。试验采用的钢材质量等级为 D 级。

3. 在什么情况下考虑冲击韧性的合格保证？

在《钢通规》第 3.0.2 条中，对钢材冲击韧性的力学性能规定如下：

钢结构承重构件所用钢材应具有……在低温使用环境下尚应具有冲击韧性的合格保证。……对直接承受动力荷载或需进行疲劳验算的构件，其所用钢材尚应具有冲击韧性的合格保证。

1）不需要疲劳验算的钢材

工作环境为常温（T＞0℃）的钢材可不提供具有冲击韧性的合格保证。

工作环境为低温或超低温的钢材应提供具有冲击韧性的合格保证。

钢结构的低温使用环境通常指的是温度低于 0℃ 的环境。

在低温环境条件下，钢材的冲击韧性是保证钢结构安全应用的重要性质之一。钢材的低温冲击韧性是钢材在低温条件下承受冲击载荷的能力。如果钢材的冲击韧性不合格，则在低温条件下使用时，可能会发生脆性断裂，造成严重的安全事故。

简记：低温。

2）需要疲劳验算的钢材

钢材的冲击韧性是反映钢材在冲击荷载或三轴应力作用下抵抗脆性破坏的能力。因此，对直接承受动力荷载或需进行疲劳验算的构件，在任何工作温度环境下，其所用钢材均应保证相应的冲击韧性。

简记：动荷、疲劳。

4. 冲击韧性合格保证的延伸内容

由于冲击韧性的合格保证与工作温度及钢材的质量等级相关联，所以，钢材的质量等级与工作温度也是息息相关的。钢材质量等级与工作温度的关系见表 2.6-1。

钢材质量等级与工作温度的关系　　　　　　　　　　　表 2.6-1

工作温度	常温（T＞0℃）	低温（－20℃＜T≤0℃）	超低温（－40℃＜T≤－20℃）
钢材质量等级	B	C	D

注：冬季室外计算温度可按《钢结构设计精讲精读》表 2.2.8-1 取值。

2.7 什么情况下考虑弯曲试验的合格保证?

疑问

弯曲试验也是一个在钢结构计算中不能体现出来的设计指标,所以,初涉钢结构设计的工程师有可能不了解钢材的弯曲试验概念,或者即使知道这个概念,也不清楚什么情况下要考虑弯曲试验的合格保证。

那么,什么情况下考虑弯曲试验的合格保证?

解答

前文提到,钢材有五项机械性能指标,都是强制性条文要求有合格保证的内容,弯曲试验就是其中的一项重要内容。首先要知道弯曲试验的概念,其次要了解弯曲试验适用的条件。

1. 弯曲试验的概念

弯曲试验也称冷弯试验,在《碳素钢》和《钢标》中称为冷弯试验,而在《高强度钢》和《钢通规》中称为弯曲试验。

弯曲试验以完成弯曲试验(冷弯试验)的试样表面不出现裂纹或分层作为合格标准。

弯曲试验是确定钢材弯曲性能、衡量钢材塑性的一个重要指标。弯曲试验不仅能检验钢材承受弯曲变形的能力,还能显示其内部的冶金缺陷,因此,也是衡量钢材塑性应变能力和质量的一个综合性指标。

2. 弯曲试验适用的条件

在《钢通规》第 3.0.2 条中,对钢材弯曲试验的力学性能规定如下:

焊接承重结构以及重要的非焊接承重结构所用的钢材,应具有弯曲试验的合格保证。

从内容上看,一般的民用建筑钢结构都应具有弯曲试验的合格保证。

2.8　什么情况下考虑硫、磷含量的合格保证？

疑问

硫、磷含量也是在钢结构计算中不能体现出来的设计指标。初涉钢结构设计的工程师有可能不了解硫、磷含量对钢结构的影响，即使知道这个事情，也可能不清楚什么情况下要考虑硫、磷含量的合格保证。那么什么情况下考虑硫、磷含量的合格保证？

解答

除了五项机械性能指标对钢材性能有重要影响外，碳、硫、磷等化学成分同样不可忽视。

1. 硫对钢材的影响

钢材中的硫、磷含量是两个重要的化学成分指标。硫是钢材中的有害元素之一，属于杂质，能生成易于熔化的硫化铁，当热加工或焊接的温度达到 $800\sim1200\,℃$ 时，可能出现裂纹，即为热脆（或热裂）。含硫量越高，钢材的热脆性越显著，不利于焊接加工，同时还降低钢材的冲击韧性和疲劳强度。因此，钢材的含硫量越低，其机械性能和工艺性能越优良。

简记：高温、热脆。

碳素结构钢和低合金高强度结构钢的硫（S）含量要求见表 2.8-1。

建筑用钢最大硫（S）含量　　　　　　　　　　表 2.8-1

建筑用钢	碳素结构钢（Q235）	低合金高强度结构钢（Q355、Q390 等）
硫（S）含量	0.045%	0.045%

对抗层状撕裂的钢材，含硫量应控制在 0.01% 以下。

2. 磷对钢材的影响

磷既是钢材中的有害元素，也是能利用的合金元素。

（1）有害元素

在一般结构钢中，磷几乎全部以固溶体溶解于铁素体中。这种固溶体很脆，降低了钢的塑性、韧性及焊接性能。这种情况在低温时更为严重。因此，钢材的含磷量越低，其机械性能和工艺性能越优良。

简记：低温、冷脆。

碳素结构钢和低合金高强度结构钢的磷（P）含量要求见表 2.8-2。

建筑用钢最大磷（P）含量   表 2.8-2

建筑用钢	碳素结构钢(Q235)	低合金高强度结构钢(Q355、Q390 等)
磷(P)含量	0.045%	0.045%

（2）能利用的合金元素

磷也能提高钢的强度、疲劳极限和淬硬性，更能提高钢的抗锈蚀能力（当加入少量铜后，效果更为显著）。经过合适的冶金工艺，磷也可作为钢的合金元素。

3. 降低硫、磷含量的方法

钢材中硫、磷的含量可以通过多种方式降低，包括：

（1）改进炼钢工艺：通过改进炼钢工艺，如使用净化剂和精炼剂等，可以减少钢中硫、磷的含量。

（2）控制原料质量：原料中的硫、磷元素可以通过控制其质量来降低。例如，可以使用含硫、磷较少的铁矿石和石灰石，以及在冶炼过程中添加含硫、磷较低的废钢等。

（3）严格控制熔剂质量：熔剂中的氧化钙、氧化镁、氟化钙等成分可以与硫、磷元素反应，从而降低钢中硫、磷的含量。因此，需要严格控制熔剂的质量，确保其成分符合要求。

（4）增加脱硫、磷工序：在炼钢过程中增加脱硫、磷工序，如喷吹脱硫剂和脱磷剂、吹氧脱硫和磷等，可以有效地降低钢中硫、磷的含量。

4. 控制硫、磷含量的要求

在《钢通规》第 3.0.2 条中，对钢材中硫、磷含量要求如下：

钢结构承重构件所用的钢材应具有硫、磷含量的合格保证。

从内容上看，一般的民用建筑钢结构都应具有硫、磷含量的合格保证。

简记：所用钢材。

5. 硫、磷含量合格保证的延伸内容

根据《钢结构强制性条文和关键性条文精讲精读》第 2.16 节中低合金高强度钢与硫、磷含量合格保证之间的关系，对钢材作如下要求：

（1）A 级的低合金高强度结构钢的钢材出厂时不提供硫、磷含量的合格保证。

（2）对于 Q420D、Q460B 及 Q460D 型钢和棒材，不提供硫、磷含量的合格保证。

（3）对于 Q420、Q460 板材，不提供硫、磷含量的合格保证。

2.9 什么是层状撕裂？

什么是层状撕裂？

1. 层状撕裂的定义

大型厚壁板件在焊接或承载过程中，当钢板在厚度方向受到较大的拉应力时，如果钢材中有较多的夹杂，就可能在热影响区附近及板厚中间母材内沿钢板轧制方向（垂直于板厚度方向）出现一种以层状非金属夹杂物扩展而成的台阶状裂纹，称之为层状撕裂。

2. 产生层状撕裂的原因

从层状撕裂的发生形态可见，其产生的主要原因是轧制钢板内存在着较多的非金属夹杂物，但也不能忽视焊接区的扩散氢以及作用在钢板厚度方向上的拘束应力、拘束应变的影响。

钢板内的非金属夹杂物主要由硫（S）引起。

3. 层状撕裂的危害

层状撕裂常出现于低合金高强度结构钢厚板的双面焊接接头和单面焊接接头中，如图 2.9-1 所示。一般对接接头很少出现。

由于层状撕裂在钢材外观上没有任何迹象，虽然有时通过无损检测可以判明板件中的层状撕裂情况，但在实际工程中难以修复。而更为严重的是，由层状撕裂引起的事故往往是灾难性的，因此，防止层状撕裂是钢结构设计中的重要一环。

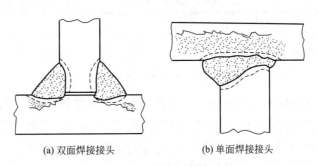

(a) 双面焊接接头　　　　　　(b) 单面焊接接头

图 2.9-1　接头处层状撕裂示意图

2.10 什么情况下采用厚度方向性能钢板?

疑问

焊接箱形截面的壁板或焊接 H 型钢截面的翼缘较厚时会产生层状撕裂现象,为此需要采用厚度方向性能钢板。那么,什么情况下采用厚度方向性能钢板?

解答

当板件厚度≥40mm,且沿板厚方向作用的力较大时,板厚方向产生层状撕裂的可能性较高。采用保证厚度方向性能钢板(Z 向抗撕裂性能的钢板,简称 Z 向钢)可以有效地防止层状撕裂。

简记:层状撕裂、≥40mm。

厚度方向性能级别分为 Z15、Z25、Z35。

Z 向钢牌号的表示方法:在钢材牌号后面加厚度方向性能级别。例如:Q355CZ15。

不同厚度方向性能级别对应的硫含量的规定见表 2.10-1。

厚度方向性能级别及所对应的断面收缩率的平均值和单个试样最小值的规定见表 2.10-2。

硫含量(熔炼分析) 表 2.10-1

厚度方向性能级别	硫含量(质量分数,%)
Z15	≤0.010
Z25	≤0.007
Z35	≤0.005

厚度方向性能级别及断面收缩率 表 2.10-2

厚度方向性能级别	断面收缩率 $Z(\%)$	
	三个试样的最小平均值	单个试样最小值
Z15	15	10
Z25	25	15
Z35	35	25

抗撕裂性能问题实际上是焊接问题,选择厚度方向性能级别时应注意以下事项:

(1)当翼缘板厚度≥40mm 且连接焊缝熔透高度≥25mm(半熔透焊缝情况),或连接角焊缝单面焊脚高度>35mm 时,其厚度方向性能级别不宜低于 Z15。

(2)当翼缘板厚度≥40mm 且连接焊缝熔透高度≥40mm(可以是全熔透焊缝,也可以是半熔透焊缝),或连接角焊缝单面焊脚高度>60mm 时,其厚度方向性能级别宜为 Z25。

2.11　什么情况下采用耐候钢?

疑问

耐候结构钢（简称耐候钢）的耐大气腐蚀性约为普通钢的 2～8 倍，抗锈蚀能力是一般钢材的 3～4 倍。其耐腐蚀原理是通过添加少量合金元素（Cu、P、Cr、Ni 等），使其在金属基体表面形成保护层，从而达到较好的耐腐蚀效果。

正确地选择耐候钢，才能保证设计的合理性。如果腐蚀环境较弱，采用耐候钢会增大造价；如果腐蚀环境较强而没有采用耐候钢，则会造成防腐设计不到位。

那么，什么情况下采用耐候钢?

解答

1. 耐候钢的分类

耐候钢分为高耐候钢和焊接耐候钢两类。耐候钢的牌号分类及用途见表 2.11-1。

耐候钢的牌号分类及用途　　　　　　　　　　　　　　表 2.11-1

类别	牌号	生产方式	用途
高耐候钢	Q295GNH、Q355GNH	热轧	车辆、集装箱、建筑、塔架或其他结构件等结构用，与焊接耐候钢相比，具有较好的耐大气腐蚀性能
	Q265GNH、Q310GNH	冷轧	
焊接耐候钢	Q235NH、Q295NH、Q355NH、Q415NH、Q460NH、Q500NH、Q550NH	热轧	车辆、桥架、集装箱、建筑或其他结构件等结构用，与高耐候钢相比，具有较好的焊接性能

民用建筑可采用 Q235NH、Q295NH 和 Q415NH 牌号的耐候结构钢，其质量应符合现行国家标准《耐候结构钢》GB/T 4171 的规定。

2. 使用耐候钢的条件

采用耐候钢应根据大气环境腐蚀性、气态介质对钢材的腐蚀性、海洋性大气环境对钢材的腐蚀性等情况进行确定。

1）露天环境

（1）腐蚀等级为 C4（高的腐蚀性大气环境下）、C5（很高的腐蚀性大气环境下）、CX（极高的腐蚀性大气环境下）时均可采用耐候钢，见表 3.27-1 。

（2）腐蚀等级为 C3（中等腐蚀性大气环境下）时宜采用耐候钢，见表 3.27-1。

2）气态介质对钢材的腐蚀性

常温下，气态介质对钢材的腐蚀以单位面积质量损失或厚度损失值作为腐蚀条件时，腐蚀性等级可按表 3.28-1 确定。

（1）当腐蚀等级为强腐蚀时可采用耐候钢。

（2）当腐蚀等级为中腐蚀时宜采用耐候钢。

3）海岸环境

（1）年平均相对湿度＞75％，且距涨潮海岸线 0～5km 时，属于强腐蚀性等级环境，可采用耐候钢，见表 3.28-2。年平均相对湿度 60％～75％，且距涨潮海岸线 0～3km 时，属于强腐蚀性等级环境，应采用耐候钢，见表 3.28-2。

（2）年平均相对湿度＞75％，且距涨潮海岸线＞5km 时，属于中腐蚀性等级环境，宜采用耐候钢，见表 3.28-2。年平均相对湿度 60％～75％，且距涨潮海岸线为 3～5km 时，属于中腐蚀性等级环境，宜采用耐候钢，见表 3.28-2。

4）游泳馆

游泳馆属于盐雾腐蚀性很高的强腐蚀性环境，应选用耐候结构钢。

3. 采用耐候钢时对构件截面的要求

即使采用了耐候钢，防腐涂料也是必不可少的，且对构件截面的要求至少是闭口截面形式，以利于防腐涂料在钢材表面强力附着。

（1）对于桁架或网架的构件截面，可采用圆管截面形式。

（2）对于桁架的构件截面，也可采用成品矩形钢管截面形式。

（3）梁、柱、支撑杆件等截面尺寸较大的构件，宜采用焊接箱形截面形式。

2.12　为什么钢材要有明显的屈服台阶？

屈服台阶也称为屈服平台，见图 2.12-1。

屈服强度 f_y（或屈服平台）是在弹性工作阶段钢材可承受的最大工作应力，也是衡量结构的承载能力和确定强度设计值的重要指标。

屈服平台属于钢材的弹塑性阶段，而弹性阶段的强度设计值（抗拉、抗压、抗弯）均小于屈服强度值。既然强度设计值不会超过屈服强度值，那为什么还要强调钢材应有明显的屈服台阶呢？

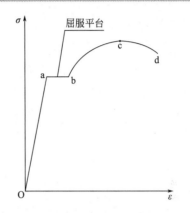

图 2.12-1　钢材单轴拉伸应力-应变曲线

强调屈服平台主要是从破坏机制来考虑的。

1. 钢材破坏形式

钢材有两种性质完全不同的破坏形式：塑性破坏和脆性破坏。

1）塑性破坏

塑性破坏是指构件变形过大，经历了图 2.12-1 中 O-a 阶段、a-b 阶段，达到了 c 点的最大抗拉强度（f_u）后出现截面横向收缩，截面面积开始显著缩小，塑性变形迅速增大，然后在 d 点突然断裂。

2）脆性破坏

脆性破坏是指破坏前的构件变形很小，计算应力达不到钢材的屈服强度（f_y）时，断裂即从应力集中处开始发生。究其原因，构件加工或焊接过程中产生的缺陷，特别是缺口或开孔处应力集中产生的裂纹，常常是断裂的发源地。脆性破坏前往往没有任何预兆，破坏发生突然，断口平直并呈有光泽的晶粒状。由于发生脆性破坏前没有明显的预兆，无法及时觉察和采取补救措施，而且个别构件的断裂常引起整个结构坍塌，所以，脆性破坏的后果很严重。

因此，应在设计和施工过程中注意采取可靠的措施，防止出现脆性破坏。

2. 屈服台阶的重要性

当钢材有了明显的屈服台阶，在塑性破坏前，构件出现很大的变形，不会马上破坏，容易及时发现和采取适当的补救措施，不致引起严重后果。同时，塑性变形发生后钢材会出现内力重分布，使结构中原先受力不等的部分构件的应力趋于均匀，因而可提高结构的承载能力。

简记：具有塑性。

2.13　钢材的设计用强度指标与钢材的力学性能强度指标是何关系？

1. 钢材的设计用强度指标

钢材的设计用强度指标有以下 5 项：
(1) 抗拉强度设计值 f；
(2) 抗压强度设计值 f；
(3) 抗弯强度设计值 f；
(4) 抗剪强度设计值 f_v；
(5) 端面承压（刨平顶紧）强度设计值 f_{ce}。

2. 钢材的力学性能强度指标

钢材的力学性能强度指标就是钢材单轴拉伸应力-应变曲线中的屈服平台强度值和最大抗拉强度值。
(1) 屈服强度最小值 f_y；
(2) 抗拉强度最小值 f_u。

3. 提出问题

钢材的设计用强度指标是用于设计中的计算参数，钢材的力学性能强度指标是钢材本身具有的力学特性，那么二者是何种关系呢？

钢材的设计用强度指标与钢材的力学性能强度指标是正比例的线性关系。

钢材的抗拉、抗压、抗弯、抗剪强度设计值与屈服强度最小值成正比，且前四者小于后一者。

钢材的端面承压（刨平顶紧）强度设计值与抗拉强度最小值成正比，且前者小于后者。

钢材强度设计值的换算关系见表 2.13-1。

表中的 γ_R 值为钢材抗力分项系数，见表 2.13-2。

简记：线性关系。

钢材强度设计值的换算关系 表 2.13-1

应力种类		换算关系
抗拉、抗压、抗弯	Q235 钢	$f = f_y/\gamma_R = f_y/1.090$
	Q355 钢、Q390 钢	$f = f_y/\gamma_R = f_y/1.125$
	Q420 钢、Q460 钢	$f = f_y/\gamma_R$
抗剪		$f_v = f/\sqrt{3}$
端面承压(刨平顶紧)	Q235 钢	$f_{ce} = f_u/1.15$
	Q355 钢、Q390 钢、Q420 钢、Q460 钢	$f_{ce} = f_u/1.175$

Q235、Q355、Q390、Q420、Q460 钢材抗力分项系数 表 2.13-2

厚度分组(mm)		≥6 且≤40	>40 且≤100
钢材牌号	Q235 钢	1.090	
	Q355 钢	1.125	
	Q390 钢		
	Q420 钢	1.125	1.180
	Q460 钢		

2.14 为什么要限制钢材的屈强比?

钢结构设计中,屈强比也是一个控制指标。为什么要限制钢材的屈强比?

1. 屈强比的定义

屈强比就是屈服强度 f_y 与抗拉强度 f_u 的比值(f_y/f_u),是反映钢材延性的指标。

延性是钢材达到屈服产生塑性变形后再到滞后断裂的行为特性,也是防止结构钢材过早发生脆性破坏的基本性能要求。对抗震设防的承重构件,延性还是钢材变形能量储备和滞后断裂能力的表征。

2. 屈强比列表

为了一目了然地显示屈强比的范围,列表 2.14-1。

钢材的屈强比   表 2.14-1

钢材牌号		厚度或直径 (mm)	钢材强度		屈强比 f_y/f_u
钢种	牌号		抗拉强度 最小值 $f_u(N/mm^2)$	屈服强度 最小值 $f_y(N/mm^2)$	
碳素结构钢 (GB/T 700)	Q235	≤16	370	235	0.635
		>16,≤40		225	0.608
		>40,≤100		215	0.581
低合金高强度 结构钢 (GB/T 1591)	Q355	≤16	470	355	0.755
		>16,≤40		345	0.734
		>40,≤63		335	0.713
		>63,≤80		325	0.691
		>80,≤100		315	0.670
	Q390	≤16	490	390	0.796
		>16,≤40		380	0.776
		>40,≤63		360	0.735
		>63,≤100		340	0.694

续表

钢材牌号			钢材强度		屈强比
钢种	牌号	厚度或直径 (mm)	抗拉强度 最小值 f_u(N/mm²)	屈服强度 最小值 f_y(N/mm²)	f_y/f_u
低合金高强度 结构钢 (GB/T 1591)	Q420	≤16	520	420	0.808
		>16,≤40		410	0.788
		>40,≤63		390	0.750
		>63,≤100		370	0.712
	Q460	≤16	550	460	0.836
		>16,≤40		450	0.818
		>40,≤63		430	0.782
		>63,≤100		410	0.745
建筑结构用钢板 (GB/T 19879)	Q345GJ	>16,≤50	490	345	0.704
		>50,≤100		355	0.724

注：表中前 5 列摘自表 3.25-1。

3. 屈强比的力学意义

钢材的强度设计值与屈服强度是成正比的，屈强比越大，抵抗破坏的能力就越强，但带来的后果是延性变差。从抗震的角度来说，承重构件要有一定的延性来消耗地震作用。

屈强比是延性的表示方法，延性的指标值为抗拉强度 f_u 与屈服强度 f_y 的比值。屈强比与延性指标值互为倒数关系。

4. 屈强比的限值

（1）按照抗震要求，塑性区不宜采用屈服强度过高的钢材，所以，《钢标》第 4.3.6 条第 1 款规定：屈强比不应大于 0.85。

国产建筑钢材 Q235～Q460 钢的屈强比标准值均小于 0.836，故，均满足屈强比要求。

对于国外钢结构项目，当执行中国规范，而又采用国外钢材时，需要核实钢材的屈强比。

（2）《钢标》第 4.3.7 条规定：钢管结构中的无加劲直接焊接相贯节点，其管材的屈强比不宜大于 0.8。

这一条是根据钢管的破坏模式制定的。无加劲钢管的主要破坏模式之一是贯通钢管管壁局部弯曲导致的塑性破坏。若无一定的塑性性能保证，其计算方法并不适用。目前国内外对钢管节点的试验研究表明，此类钢材的屈服强度仅限于 355N/mm² 及以下，屈强比均不大于 0.8。

2.15 为什么焊条或焊丝的型号和性能 应与相应母材的性能相适应？

疑问

在焊接结构中，焊材和母材紧密相连成为一体。焊材如何适应母材是设计者要关注的问题。

为什么焊条或焊丝的型号和性能应与相应母材的性能相适应？

解答

焊材（焊丝或焊条）的型号代表了其性能，应与母材性能相匹配，见表 3.24-1。焊材和母材之间遵循以下原则。

1. 力学性能匹配原则

结构钢的焊接，一般考虑等强度原则，所以，应选择在满足焊接接头力学性能上与母材相适应的焊材。对接（熔透）焊缝的强度设计值（抗压 f_c^w、抗拉 f_t^w、抗剪 f_v^w）应与母材的强度设计值（抗压 f、抗拉 f、抗剪 f_v）相一致。

对于碳素结构钢与低合金高强度结构钢之间的异种钢焊接接头，一般选用与强度等级较低的钢材相对应的焊材。

对于不同钢号的低合金高强度结构钢之间的焊接接头，同样选用与强度等级较低的钢材相对应的焊材。

2. 化学成分匹配原则

焊接材料中的碳、硫、磷等主要化学成分应与母材的化学成分相接近，以确保焊缝的性能与母材相适应。

当母材化学成分中碳或硫、磷等有害杂质较高时，应选择抗裂性较强的焊材，如低氢型焊材等。

3. 熔点匹配原则

焊接材料的熔点应适中，既不能过低导致焊缝强度低和变形大，也不能过高导致焊接难度增加。

4. 热膨胀系数匹配原则

焊接材料的热膨胀系数应与母材相接近，以避免焊接后产生较大的残余应力和变形。

5. 使用性能匹配原则

焊件在承受动载荷和冲击载荷情况下，除了要求保证抗拉强度、屈服强度外，在冲击韧性、塑性变形等使用性能方面应与母材相适应。

2.16　什么情况下采用低氢型焊条？

疑问

有时设计人员将较大的精力放在钢材的力学性能和化学成分等因素的控制中，对焊接结构中焊材关注较少，而对焊材中低氢型焊条的性能了解得就更少。什么情况下采用低氢型焊条是一个需要注意的问题。

解答

1. 低氢型焊条的特性

焊条按熔渣的碱度有以下两种分类：

酸性焊条：熔渣流动性及覆盖性均好，焊缝外表美观，成型平滑，但熔敷金属的塑性与韧性较低。

碱性焊条：熔渣覆盖性差，焊缝外观粗糙，但易于立焊；焊缝中含氢量较低，夹杂物较少；故焊缝金属的塑性与冲击韧性较好，适用于受动荷载作用结构和重要结构。

低氢型焊条，即碱性焊条。碱性焊条脱硫、脱磷能力强，其药皮成分以碳酸盐和萤石为主，有去氢作用，焊接接头含氢量很低，故又称为低氢型焊条。碱性焊条的焊缝具有良好的抗裂性和力学性能，但工艺性能较差，一般用直流电源施焊，主要用于重要结构的焊接。

在酸性焊条和碱性焊条都可以满足的地方，鉴于碱性焊条对操作技术及施工准备要求高，故应尽量采用酸性焊条。

2. 低氢型焊条适用条件

（1）焊件在承受动载荷和冲击载荷的情况下，应选用低氢型焊材。

（2）在强度高、刚性及厚度大的构件焊接中，常用低氢型焊条进行焊接。根据低氢型焊条的特点，其熔敷金属有良好的抗裂性和较高的冲击韧度及塑性等综合力学性能，可立焊，适用于民用建筑中的低合金高强度钢。但是低氢型焊条的焊接性能一般，尤其对气孔的敏感性较大，给焊接质量带来不利影响，应在焊接中有可靠的操作技术及充分的施工准备。

（3）对于形状复杂的焊件，由于其焊缝金属在冷却收缩时产生的内应力大，容易产生裂纹。因此，必须采用抗裂性好的低氢型焊条。

（4）焊接工艺有时需要考虑焊缝的空间位置。有的焊材只适用于某一位置的焊接，其他位置焊接时效果较差，这种情况下就要考虑采用可以在各种位置进行焊接的低氢型焊条。

3. 气泡预防措施

低氢型焊条对气泡孔的敏感性较大，在焊接工艺上应对以下方面加以注意：（1）选择合理的坡口形式；（2）保证坡口洁净；（3）尽量防止电弧偏吹；（4）选择适当的焊接电流；（5）采用短弧焊；（6）尽量采用直线运条；（7）进行合理的引弧和收弧。

2.17 焊接残余应力如何影响构件承载力?

疑问

焊接残余应力在钢材中是一种有害因素,对结构构件承载力和变形的影响是多方面的,有时还是很严重的。那么,残余应力是如何影响构件承载力的呢?

解答

1. 焊接残余应力的概念

焊接残余应力是指焊接件在焊接加热过程中因变形受到约束而产生的残留在焊接结构中的一对自平衡的内应力(拉应力和压应力)。

2. 产生焊接残余应力的原因

以图 2.17-1 的焊接工字钢截面为例。焊接时,焊区局部加热膨胀,受到离焊缝较远部分的约束而不能自由伸长,使焊区受压产生塑性变形;在随后的冷却过程中,焊区要缩得比其他部分短,又受到离焊区较远部分的约束而不能自由缩短,因而受拉产生残余拉应力;而其他部分则受到残余压应力。在无外部约束的情况下,焊接残余应力是自平衡的。

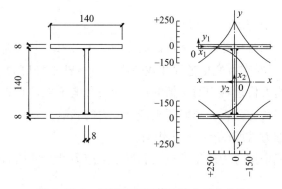

图 2.17-1 焊接工字钢截面残余应力分布

3. 焊接残余应力的特点

(1)靠近焊接加热区的区域为拉应力区,远离加热区的区域为压应力区。

(2)同一截面上拉应力区产生的拉应力与压应力区产生的压应力是自平衡的。

(3)拉应力的最大值可达到钢材的屈服强度值,压应力的最大值比拉应力小。焊接工字钢在焊接过程中,翼缘与腹板相交处焊缝热量高度集中,散热较慢,所以,翼缘在此部位出现拉应力，最大值可达到屈服点；而翼缘端部散热较快，则先冷却的部分呈现压应力（拉、压应力自平衡）。同理，腹板在靠近翼缘处热量集中，散热较慢，产生拉应力；腹板中间部分较薄，散热较快，先于腹板上、下端冷却，产生压应力。

4. 焊接残余应力对强度的影响

1）对轴心受拉杆件强度的影响

轴心受拉杆件不存在整体稳定性问题，所以只进行强度计算。

当某截面在拉力的作用下，其截面平均拉应力大于或等于焊接残余压应力时，其残余压应力被外力作用下产生的拉应力抵扣掉，又由于在截面上残余拉应力与残余压应力总是相互平衡的，所以残余拉应力与残余压应力同时会自行抵消。当拉力继续增大，直至使整个截面达到屈服的过程中，残余应力不起作用。

2）对轴心受压杆件强度的影响

当轴心受压杆件很短，或受侧向约束较强，不存在整体稳定失稳时，其杆件受力是由强度控制的。

同理，当某截面在压力的作用下，其截面平均压应力大于或等于焊接残余拉应力时，其残余拉应力被外力作用下产生的压应力抵扣掉，又由于在截面上残余拉应力与残余压应力总是相互平衡的，所以残余压应力与残余拉应力同时会自行抵消。当压力继续增大，直至使整个截面达到屈服的过程中，残余应力不起作用。

3）结论

焊接残余应力在受拉或受压杆件的强度计算中不起作用。

5. 焊接残余应力对轴心受压杆件整体稳定的影响

1）残余应力对压杆影响的力学机理

下面以两端铰接双轴对称热轧工字形截面 [图 2.17-2 (a)] 的构件为例，说明轴心受压杆件在轴力 N 作用下的应力变化过程和残余应力对压杆平均应力-应变曲线的影响。由于残余应力在压杆弯曲失稳过程中对腹板的残余应力影响不大，且腹板对于构件抗弯刚度影响较小，为了简化问题的分析，忽略腹板残余应力的影响。

（1）当杆件没有轴力（$N/A=0$）作用时：

此时，截面上的残余拉应力产生的拉力和残余压应力产生的压力相互平衡 [图 2.17-2 (b)]。

截面上最大残余应力值 $\sigma_c=0.3f_y$。

（2）当杆件轴力产生的压应力达到 $N/A=0.7f_y$ 时：

由于残余压应力的存在，翼缘最大边缘处达到的压应力为：

$$\sigma=\frac{N}{A}+\sigma_c=0.7f_y+0.3f_y=f_y$$

即，此时翼缘最大边缘处达到屈服强度 f_y [图 2.17-2 (c)]。

翼缘中间存在残余拉应力 $0.3f_y$，扣除这部分拉应力后，翼缘中部的压应力为：

$$\sigma = \frac{N}{A} - \sigma_c = 0.7f_y - 0.3f_y = 0.4f_y$$

从图 2.17-2（f）可以看到，压应力从零到达 $f_p=0.7f_y$ 时，应力-应变曲线处于直线段，即，截面上的应力为弹性阶段。图 2.17-2（f）中，从 A 点向上至 B 点为屈服区，截面进入弹塑性阶段，这一段可认为是残余应力引起的塑性区，其大小为 σ_c。

（3）当杆件轴力产生的压应力达到 $N/A=0.8f_y$ 时：

由于杆件轴力产生的压应力达到 $N/A=0.7f_y$ 时，翼缘最大边缘处就已经达到了屈服，超过该值增大到 $N/A=0.8f_y$ 时，在压力和残余应力的共同作用下，翼缘截面的屈服由最大边缘开始向中间发展，但中间一部分尚处于弹性区域［图 2.17-2（d）］。

（4）当杆件轴力产生的压应力达到 $N/A=f_y$ 时：

此时，压应力达到屈服值 f_y，整个翼缘截面完全屈服［图 2.17-2（e）］。

2）残余应力对压杆影响的结论

（1）残余应力的存在降低了构件在弹性阶段的比例极限，使构件提前进入了弹塑性阶段，使构件在 f_p 和 f_y 之间的平均应力-应变曲线呈现非线性。

（2）当荷载超过 f_p 时，由于残余应力的存在，减小了截面有效面积和有效惯性矩，从而降低了杆件的稳定承载能力。

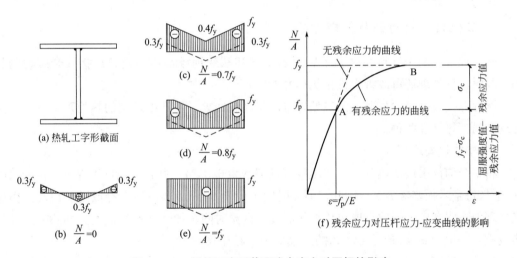

图 2.17-2　焊接工字形截面残余应力对压杆的影响

2.18　焊后如何消除焊接残余应力？

疑问

焊接构件都存在焊接残余应力，对钢结构是一种不利的因素，会影响构件的稳定承载能力。那么，焊后如何消除焊接残余应力？

解答

1. 需要降低焊接残余应力的情况

民用建筑钢结构大多承受静荷载，较少考虑焊接残余应力。但对于重要、焊缝密集的厚板结构，必要时在焊接后应进行降低焊接残余应力的处理，以提高构件的稳定承载能力。

简记：重要的焊接厚板。

2. 降低残余应力的热处理方法

热处理方法利用材料在高温下屈服点下降和蠕变现象，达到松弛焊接残余应力的目的。同时，热处理还可改善焊接接头的性能。

降低焊接残余应力最通用的热处理方法是高温回火。生产中常用的热处理法有整体热处理和局部热处理两种。

1）整体热处理

将整个构件缓慢加热到一定的温度（低碳钢为 650℃），并在该温度下保温一定的时间（一般按每毫米板厚保温 2～4min，但总时间不少于 30min），然后空冷或随炉冷却。整体热处理消除残余应力的效果取决于加热温度、保温时间、加热和冷却速度、加热方法和加热范围，一般可消除 60%～90%的残余应力，在生产中的应用比较广泛。

以一般钢结构工程中常用的碳锰钢材料为例，消除焊接残余应力的热处理机理见图 2.18-1。

热处理保温时间可根据焊接处的材料厚度（焊缝厚度或板件厚度）确定，确定厚度时应考虑热处理的目的：

（1）若以消除焊接残余应力为目的，则厚度应取最大焊缝厚度，因为焊缝厚度的大小决定了焊件残余应力的大小，焊缝厚度越大，残余应力也就越大。

（2）若以保持焊件在后续加工的尺寸稳定性为目

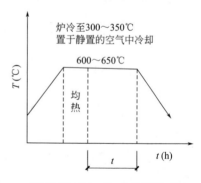

t—保温时间（h）；T—加热温度（℃）

图 2.18-1　消除焊接残余应力的热处理曲线

的，则厚度应取焊件中的最大板厚。

2）局部热处理

对于某些尺寸过大的构件或不可能进行整体热处理的焊接构件，可采用局部热处理。局部热处理就是对构件焊缝周围局部应力较大的区域，缓慢加热到一定温度后保温，然后缓慢冷却。其消除残余应力的效果不如整体热处理，只能降低残余应力峰值，不能完全消除残余应力。对于一些大型筒形容器的组装环缝和一些重要管道等，常采用局部热处理来降低结构的残余应力。

3. 降低残余应力的振动时效法

对于尺寸较大的构件，进炉加热处理甚为困难，费用也较高，因此，较为现实且采用较多的降低焊接残余应力的方法是振动时效法。

振动时效法的工作原理就是通过高频振动给工件输入能量，工件晶粒获得能量之后能够克服周围晶粒的束缚发生晶粒滑移细化等现象，发生微观塑性变形，以消除工件内部的残余应力。

通常采用的振动时效法是使用振动时效机对焊接件进行振动处理，通过振动时效机产生的周期性谐波来降低焊接残余应力。这种方法可以有效地减少焊接件的内应力，防止变形和裂纹的扩展，提高焊接件的使用寿命和可靠性。

通过振动时效法消除焊接残余应力，可达到减少 20%～50% 的效果。

2.19　节点设计中如何避免板件边缘在焊接中产生层状撕裂？

疑问

稳定和节点构造是钢结构设计中的两大重点，对于前者可通过电脑计算做主要的工作，而对于后者主要靠人脑来完成大量的工作。

在节点设计中，主要有三方面的内容：焊接、传力和操作空间。板件之间通过焊接组合成节点或构件，焊接所起的作用是至关重要的。

在焊接中，当板件厚度不小于 20mm 时，母材板厚方向承受较大的焊接收缩应力。也就是说，当板件厚度较大时，会在板件端头产生层状撕裂。那么，在节点设计中如何避免板件边缘在焊接中产生层状撕裂？

解答

1. 产生层状撕裂的原因

在 T 形、十字形、角形接头焊接中，当焊接热源位于板件侧面时，由于焊接收缩力作用于板厚方向（即垂直于板材纤维的方向），板材可能产生沿轧制带状组织晶间的台阶状层状撕裂，见图 2.19-1 (a)。这一现象在国外钢结构焊接工程实践中早已被发现。需要注意的是，目前我国钢结构正处于蓬勃发展阶段，近年来在重大工程项目中已发生过由层状撕裂引起的工程质量问题。

简记：层状撕裂。

当焊接热源位于板件端部，焊接收缩力作用于板材纤维的方向，不会产生层状撕裂，见图 2.19-1 (b)。

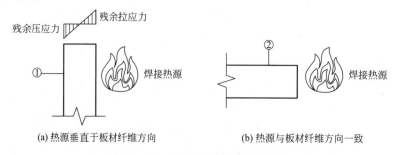

(a) 热源垂直于板材纤维方向　　　　(b) 热源与板材纤维方向一致

图 2.19-1　热源作用于板材的方向

2. 防止层状撕裂的思路

(1) 减小焊口部位的热容量，即减小焊缝截面积。

（2）在热容量最大部位减薄产生焊接收缩力的板件的厚度，即：在角形接头中，将板件端头设计成单面坡口形式；在 T 形、十字形接头焊接中，将板件端头设计成双面坡口形式。

3. 防止层状撕裂的措施

1）防止角形接头层状撕裂的措施

（1）图 2.19-2（a）节点中，焊接热源位于侧面，板件①未做坡口，容易在板件端头产生层状撕裂，是一种错误的节点构造形式。

（2）图 2.19-2（b）节点中，板件①做了坡口，在热容量最大处减薄了厚度，避免了层状撕裂，但板件②也做了坡口，热容量大，且多了一道坡口工序，不过仍是一种可行的节点构造形式。

（3）图 2.19-2（c）节点中，板件①做了坡口，避免了层状撕裂，板件②虽然未做坡口，但热容量小，是一种合理的节点构造形式。

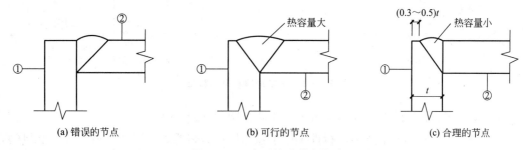

图 2.19-2　角形接头节点构造

2）防止 T 形接头层状撕裂的措施

（1）图 2.19-3（a）节点中，尽管板件①为坡口形式，不容易产生层状撕裂，但是单面坡口比双面坡口热容量大，是一种不合适的节点构造形式。

（2）图 2.19-3（b）节点中，板件①做了双面坡口，避免了层状撕裂，但板件①与板件②的间隙过大，造成了焊接截面过大，热容量大，是一种不合适的节点构造形式。

（3）图 2.19-3（c）节点中，板件①做了双面坡口，避免了层状撕裂，板件①与板件②的间隙小，热容量小，是一种合理的节点构造形式。

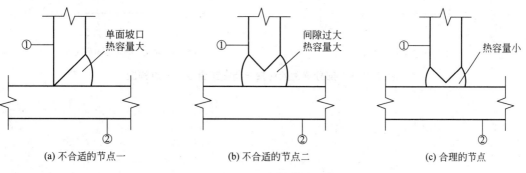

图 2.19-3　T 形接头节点构造

3）防止十字形接头层状撕裂的措施

（1）图 2.19-4（a）节点中，板件①做了双面坡口，避免了层状撕裂，但是，板件①比板件②厚，热容量大，是一种不合适的节点构造形式。

（2）图 2.19-4（b）节点中，根据熔透焊节点为一个整体的原理，变换一下连接方式，将板件①贯通，将板件②断开，做成双面坡口，不容易产生层状撕裂，不同的是板件②比板件①薄，焊接截面积小，热容量小，是一种合理的节点构造形式。

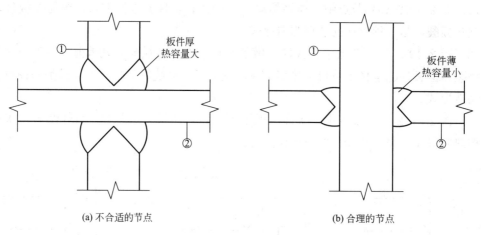

(a) 不合适的节点   (b) 合理的节点

图 2.19-4　十字形接头节点构造

4）采用部分焊透的对接与角接组合接头防止层状撕裂的措施

（1）图 2.19-5（a）节点中，板件①做了双面坡口全熔透焊接形式，避免了层状撕裂，热容量小，是一种合适的节点构造形式。

（2）承受静荷载的节点，在满足强度计算要求的条件下，宜采用部分焊透的对接与角接组合焊缝代替全熔透坡口焊缝的接头形式，使得焊缝热容量更小，见图 2.19-5（b）。

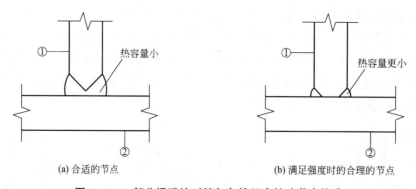

(a) 合适的节点   (b) 满足强度时的合理的节点

图 2.19-5　部分焊透的对接与角接组合接头节点构造

2.20　哪种角焊缝易开裂？哪种角焊缝不开裂？

疑问

角焊缝分为凹形角焊缝［图 2.20-1（a）］和凸形角焊缝［图 2.20-1（b）］两种形式。凹形角焊缝比凸形角焊缝看上去美观一些。但是，哪种焊缝易开裂，哪种焊缝不开裂呢？

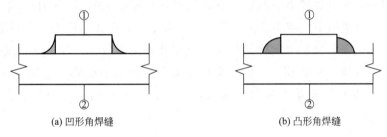

(a) 凹形角焊缝　　　　　　　　　　　　　(b) 凸形角焊缝

图 2.20-1　角焊缝的两种形式

解答

1. 凹形角焊缝

凹形角焊缝焊接时产生的焊接热容量比凸形角焊缝的小，有利于缓和应力集中。但是由于表面为凹形，存在较大的收缩拉应力［图 2.20-2（a）］，在 45°截面上焊缝厚度最小，与凸形焊缝相比容易发生 45°方向的拉裂。

简记：凹形拉裂。

2. 凸形角焊缝

凸形角焊缝焊接时产生的焊接热容量比凹形角焊缝的大，但其表面收缩拉应力不大［图 2.20-2（b）］，而 45°方向的截面又有所加强，所以，不会产生开裂。

简记：凸形不裂。

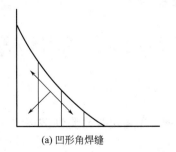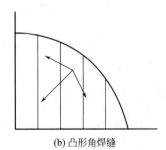

(a) 凹形角焊缝　　　　　　　　　　　　　(b) 凸形角焊缝

图 2.20-2　角焊缝受力简图

2.21 焊接节点容易发生脆性破坏的原因是什么？如何防止？

疑问

屋盖焊接节点很容易出现脆断现象，经常发生在气温较低的地区。例如苏联严寒地区面积广阔，出现脆断事故较多。据有关资料记录，苏联在 1950 年至 1967 年间发生的 80 起建筑钢结构破坏事故中，屋盖结构破坏就占了 30%。在屋盖结构中，桁架比实腹钢梁更容易发生脆断。国内曾经发生过屋架焊接节点脆性破裂事故。1972 年东北地区某项目在施工过程中，36m 钢屋架运到工地后，发现屋架下弦转角节点处产生裂缝（图 2.21-1）。幸亏发现及时，没有造成重大损失。那么，发生脆性破坏的原因是什么？又该如何防止呢？

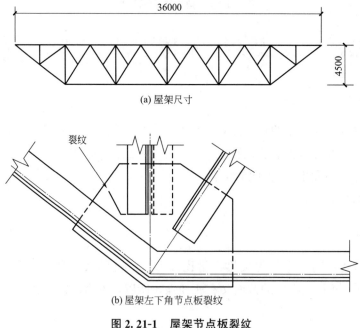

(a) 屋架尺寸

(b) 屋架左下角节点板裂纹

图 2.21-1　屋架节点板裂纹

解答

1. 发生脆性破坏的原因

以下几方面的原因中的一项或几项交织在一起，就容易导致脆性破坏。

（1）材质不合格。

（2）焊缝质量差，存在裂纹、欠焊、夹渣和气孔等。

（3）低温冲击韧性差。

（4）低温焊接产生了较大的残余应力。残余应力未必是破坏的主因，但和其他因素结合在一起就可能导致产生裂纹。

（5）节点板上各杆件之间的空隙过小。

（6）因为焊接结构刚度较大，当出现三条相互垂直的焊缝时，材料的塑性变形很难发展，有可能导致出现裂纹。

2. 防止脆性破坏的措施

（1）严把钢材机械性能和化学成分的质量关，按设计要求订货。

（2）严把焊接质量关，焊工持证上岗，质检员认真检查、检测每一条焊缝。

（3）钢材必须具有与使用工作温度相匹配的冲击韧性试验的合格保证。

（4）在气温低的环境下进行焊接时，要在焊件周围采取加温措施。

（5）节点板上各杆件之间的空隙应不小于 20mm，见图 2.21-2。

（6）避免出现三条相互垂直的焊缝，应采用开圆弧口的构造方式使焊缝自然断开，也可以采用开三角形口的构造方式。见图 2.21-3。

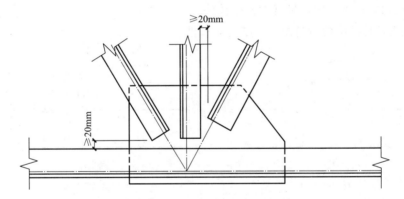

图 2.21-2　杆件之间最小空隙示意图

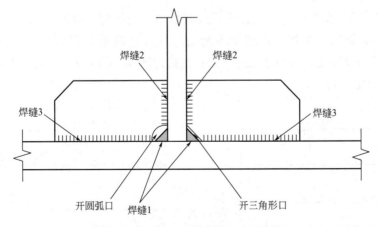

图 2.21-3　三条相互垂直焊缝的构造

2.22 为什么角焊缝的焊脚尺寸不应大于较薄焊件的 1.2 倍?

疑问

为什么角焊缝的焊脚尺寸不应大于较薄焊件的 1.2 倍?

解答

角焊缝尺寸并不是越大越好。焊缝过大，就会造成板件在施焊时过热，产生较大的焊接变形和残余应力，所以要限制角焊缝的焊脚尺寸不应大于较薄焊件的 1.2 倍。图 2.22-1 表示了两种情况，适用于各种连接的角焊缝。

（1）图 2.22-1（a）中，母材为较薄板件。这种情况下，焊缝尺寸超过母材厚度，施工时不易操控。

（2）图 2.22-1（b）中，母材为较厚板件。

母材是指角焊缝中棱边与角焊缝结合的板件。

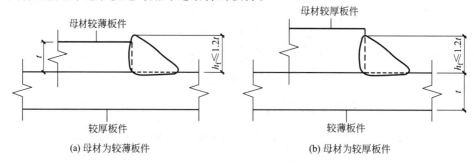

(a) 母材为较薄板件　　　　　　　　(b) 母材为较厚板件

图 2.22-1　角焊缝的最大焊脚尺寸

对于搭接连接的角焊缝。为了防止焊接时材料棱边熔塌，参照《钢标》第 11.3.6 条第 4 款对最大焊脚尺寸的规定，搭接焊缝沿母材棱边的最大焊脚尺寸，当板厚不大于 6mm 时，应为母材厚度，见图 2.22-2（a）；当板厚大于 6mm 时，应为母材厚度减去 1～2mm，见图 2.22-2（b）。

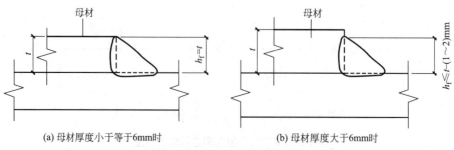

(a) 母材厚度小于等于6mm时　　　　　　　　(b) 母材厚度大于6mm时

图 2.22-2　搭接焊缝沿母材棱边的最大焊脚尺寸

2.23 为什么要限制侧焊缝的最大计算长度?

疑问

为什么要限制侧焊缝的最大计算长度?

解答

对于单侧角焊缝,其焊缝并不是越长越好。焊缝过长就会造成板件在施焊时,一侧由于热区域过长产生较长的热胀伸长,而另一侧没什么变化,导致板件产生焊接扭转变形。即使是双侧对称角焊缝,在施焊时,也是先焊一侧的焊缝,同样会导致板件产生焊接扭转变形。由于一般杆件端部尺寸较小,所以一般只限制侧焊缝的最大计算长度。作为构造要求,侧焊缝的最大计算长度 l_w 要求如下:

(1) 在静载下 l_w 宜不大于 $60h_f$。

(2) 当 l_w 大于 $60h_f$ 时,计算中可不予考虑超出部分。

当需要考虑焊缝作用时,焊缝承载力设计值应乘以折减系数 α_f,$\alpha_f = 1.5 - \dfrac{l_w}{120h_f}$,且 $\alpha_f \geqslant 0.5$,α_f 为双控。

(3) 在静载下 l_w 不应超过 $180h_f$。

(4) 当内力沿侧面焊缝全长分布时,其计算长度全部有效。

当实际需要的计算焊缝超过最大计算长度时,可以采用断续焊缝(也称间断焊缝),见图 2.23-1。

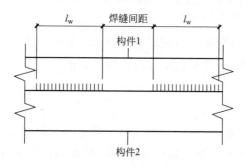

图 2.23-1 断续焊缝形式

2.24 为什么要限制角焊缝的最小焊脚尺寸？

疑问

在角焊缝设计中不仅需要限制焊缝最大高度，同时还要限制焊缝最小高度。那么，为什么要限定角焊缝的最小焊脚尺寸？

解答

1. 对母材的影响

角焊缝尺寸过大，会产生较大的焊接变形和残余应力；但是也不能过小，否则会造成因热输入量过小而使母材热影响区冷却速度过快，形成硬化组织。

《钢标》第 11.3.5 条第 3 款规定了角焊缝最小焊脚尺寸，见表 2.24-1。

角焊缝最小焊脚尺寸 (mm)　　　　　　　　　　　　　　　　表 2.24-1

母材厚度 t	角焊缝最小焊脚尺寸 h_f
$t \leqslant 6$	3
$6 < t \leqslant 12$	5
$12 < t \leqslant 20$	6
$t > 20$	8

注：1　采用不预热的非低氢焊接方法进行焊接时，t 等于焊接连接部位中较厚件厚度，宜采用单道焊缝；采用预热的非低氢焊接方法或低氢焊接方法进行焊接时，t 等于焊接连接部位中较薄件厚度；

　　2　焊缝尺寸 h_f 不要求超过焊接连接部位中较薄件厚度的情况除外；

　　3　承受动荷载时角焊缝焊脚尺寸不宜小于 5mm。

由于采用低氢焊接方法降低了氢对焊缝的影响，其最小角焊缝尺寸可比采用非低氢焊接方法时小一些，即按焊接连接部位中较薄件厚度取值。

2. 对焊缝的影响

《钢结构设计手册》（第四版）中，为了防止焊缝产生裂纹，也对最小焊脚尺寸作了规定。为了防止焊缝金属由于冷却过快产生裂纹，角焊缝的焊脚尺寸 h_f (mm) 不得小于 $1.5\sqrt{t}$，t (mm) 为较厚焊件厚度（当采用低氢型碱性焊条施焊时，t 可采用较薄焊件的厚度）。对埋弧自动焊，最小焊脚尺寸可减小 1mm；对 T 形连接的单面角焊缝，应增加 1mm；当焊件厚度等于或小于 4mm 时，最小焊脚尺寸应与焊件厚度相同。

2.25　为什么要限制角焊缝及断续角焊缝的最小计算长度？

疑问

在角焊缝设计中不仅需要限制焊缝的最大计算长度，同时也要限制最小计算长度。那么，为什么要限制角焊缝及断续角焊缝的最小计算长度？

解答

1. 角焊缝

角焊缝过长，会产生较大的焊接变形和残余应力；但是也不能过短，焊缝过短就像焊缝尺寸过小一样，也会造成因热输入量过小而使母材热影响区冷却速度过快，进而形成硬化组织。

连续角焊缝的最小焊缝计算长度规定如下：

（1）角焊缝的最小计算长度为其焊脚尺寸（h_f）的 8 倍，且不应小于 40mm。

（2）构造焊缝的最小长度为 40mm。

2. 断续角焊缝

在次要构件或次要焊缝连接中，当连续角焊缝的计算厚度小于焊缝的最小焊脚尺寸时，需要把焊缝高度加大，这就需要采用断续角焊缝（图 2.25-1）。腐蚀环境中不宜采用断续角焊缝。

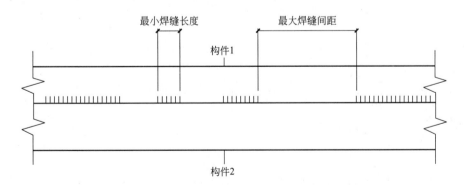

图 2.25-1　断续角焊缝中的最小焊缝长度和最大焊缝间距

对断续角焊缝中的最小焊缝长度可以比角焊缝的最小长度有所放宽。为保证构件受拉时有效传递荷载，构件受压时保持稳定，对断续焊缝的纵向最大间距也有要求。图 2.24-1 中的最小焊缝长度和最大焊缝间距要求如下：

（1）角焊缝的最小计算长度为其焊脚尺寸（h_f）的 10 倍，且不应小于 50mm。

（2）最大焊缝间距：在受压构件中不大于 15t；在受拉构件中不大于 30t。

其中，t 为较薄焊件的厚度。

2.26　为什么对不小于 **25mm** 厚板件宜采用开局部坡口的角焊缝？

为什么对不小于 25mm 厚板件宜采用开局部坡口的角焊缝？

焊缝尺寸过大、过小或者过长、过短，都会对焊接质量产生不利影响，所以要加以限制。板件的厚度也会对焊缝产生影响。

板件厚度≥25mm 时属于较厚的板件，如果不控制焊缝的尺寸，焊接过程就会使母材在其厚度方向承受较大的焊接收缩应力，也就是会产生较大的残余应力。

焊接过程中，施焊后焊缝冷却时的收缩作用受到约束，有可能使焊缝出现裂纹。图 2.26-1 是角焊缝熔化金属的冷却和凝固简图。靠近板边的熔化金属因热量迅速被板吸收而首先冷却，中央和表面的熔化金属收缩如果受到阻碍，焊缝内就会出现拉应力，当拉应力较大时就会使焊缝出现裂纹。

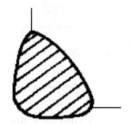

图 2.26-1　角焊缝冷却和凝固

板件厚了，说明受力较大，角焊缝的尺寸必然也大。但焊缝尺寸过大势必会影响焊缝质量，为了解决这个矛盾，就需要采用开局部坡口的形式将角焊缝的尺寸减小，见图 2.26-2。

既然已经将角焊缝的尺寸降下来了，就要对角焊缝尺寸有个最大限制值：角焊缝的焊脚尺寸 h_f 一般不大于 16mm。

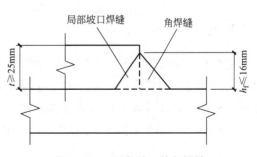

图 2.26-2　局部坡口的角焊缝

焊缝按两部分计算：

（1）坡口焊缝采用对接焊缝强度设计值；

（2）角焊缝采用角焊缝强度设计值。

2.27 为什么在角焊缝焊接接头中不宜将厚板焊接到较薄板上?

疑问

为什么在角焊缝焊接接头中不宜将厚板焊接到较薄板上?

解答

在角焊缝焊接接头 [图 2.27-1 (a)] 中，一种布置方法是将厚板焊到薄板上 [图 2.27-1 (b)]，另一种是将薄板焊到厚板上 [图 2.27-1 (c)]，两种情况对板件和焊缝的影响是不同的。

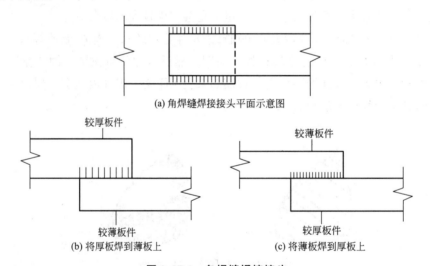

(a) 角焊缝焊接接头平面示意图

较厚板件

较薄板件

较薄板件

较厚板件

(b) 将厚板焊到薄板上　　　　(c) 将薄板焊到厚板上

图 2.27-1　角焊缝焊接接头

1. 受力

把厚板焊到薄板上时，一般焊缝厚度较大，首先会对薄板产生较大的焊接残余应力，其次会对焊缝产生较大的收缩拉力，进而可能导致焊缝中部产生裂纹。而把薄板焊到厚板上时，就不会出现较大的残余应力和过大的焊缝收缩拉力，即不会产生裂纹。

《焊接规范》第 5.4.2 条第 6 款规定：采用角焊缝焊接接头，不宜将厚板焊接到较薄板上。

2. 焊接

由于厚板的厚度比薄板大，因此在把厚板焊到薄板上时，需要更大的能量和更高的温度，这增加了焊接的难度。相比之下，把薄板焊到厚板上时，由于薄板厚度小，因此焊接难度相对较小。

2.28　为什么可认为全熔透焊缝与母材等强？

疑问

了解钢结构设计的人都知道，采用全熔透焊缝焊接的板件可认为是等强连接。那么，为什么可认为全熔透焊缝与母材等强？

解答

1. 全熔透对接焊缝截面类型

全熔透对接焊缝是指在两焊件之间的间隙内用焊缝金属填塞，传递内力。

全熔透对接焊缝截面（图 2.28-1）分为平口对接焊缝、开坡口的 V 形焊缝及开弧形口的 U 形焊缝。

2. 全熔透对接焊缝的基本要求

全熔透对接焊缝的厚度不应小于板件的厚度。

3. 试验结果的证明

满足上述要求的全熔透焊缝连接的试件在拉伸机上做破坏性拉伸试验，破坏面（断口）均出现在母材上，证明焊缝的强度不低于母材的强度。

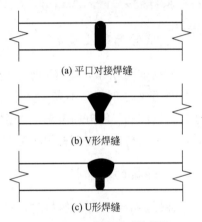

(a) 平口对接焊缝

(b) V形焊缝

(c) U形焊缝

图 2.28-1　全熔透对接焊缝
截面类型

4. 全熔透对接焊缝传力特点

全熔透焊缝可以提供连续的、均匀分布的承载面，使得焊接接头的承载能力与母材相当。在全熔透焊缝中，熔化的金属填充了焊缝两侧母材的间隙，形成连续的、均匀分布的承载面，这种承载面与母材具有相同的力学性能。因此，在全熔透焊缝中，焊缝强度与母材相当，可以认为焊缝与母材等强。

5. 钢结构中对全熔透对接焊缝的强度指标的规定

焊缝质量等级为一级或二级的对接焊缝强度设计值与母材相等。

2.29 当不同强度的钢材连接时如何选择焊接材料?

疑问

在钢结构设计中,经常遇到主要构件的钢号高于次要构件的钢号的情况,且主、次构件需要采取焊接方式进行连接。当不同强度的钢材连接时,应如何选择焊接材料?

解答

1. 试验结果及规定

根据试验结果,Q235 钢与 Q355 钢焊接时,若用 E50XX 型焊条,焊缝强度比用 E43XX 型焊条时提高不多,设计时只能取用 E43XX 型焊条的焊缝强度设计值。此外,从连接的韧性和经济方面考虑,《钢标》第 11.1.5 条第 6 款规定:当不同强度的钢材连接时,可采用与低强度钢材相匹配的焊接材料。

2. 焊接的可靠性

在焊接不同强度的钢材时,采用与低强度钢材相匹配的焊接材料,是为了确保焊接接头的强度与低强度钢材一致。这是因为低强度钢材通常具有较低的强度水平,如果使用高强度钢材的焊接材料来焊接低强度钢材,焊接接头可能会产生过高的应力,导致焊接接头的强度超过低强度钢材的强度,从而影响结构的稳定性。

为了确保焊接接头的强度与低强度钢材一致,可以使用与低强度钢材相匹配的焊接材料。这种焊接材料通常具有与低强度钢材相同的强度水平,并且在焊接过程中可以形成类似于低强度钢材的冶金反应。这样可以确保焊接接头的强度与低强度钢材一致,从而保证结构的稳定性和安全性。

2.30 为什么应避免焊缝密集和双向、三向相交?

疑问

在钢结构节点设计中,组成节点的各板件位置和方向不同,焊缝纵横交错。那么,为什么应避免焊缝密集和双向、三向相交?

解答

1. 双向焊缝

1) 双向相交焊缝

当箱形截面构件采用半熔透焊时,隔板与箱形截面壁板之间的焊缝为双向相交焊缝,见图 2.30-1 (a)。此时壁板之间的半熔透焊缝与隔板焊缝是完全隔离的,而隔板与壁板之间的双向焊缝是相交的。

2) 双向分离焊缝

将隔板四角均切一个三角口,隔板与箱形截面壁板之间的焊缝为双向分离焊缝,见图 2.30-1 (b)。

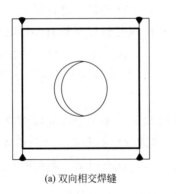
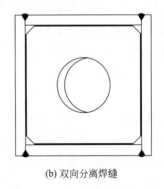

(a) 双向相交焊缝   (b) 双向分离焊缝

图 2.30-1 半熔透焊缝箱形截面的隔板焊缝

2. 三向焊缝

1) 三向相交焊缝

当箱形截面构件采用全熔透焊时,隔板与箱形截面壁板之间的焊缝为双向相交焊缝,此时壁板之间的全熔透焊缝与隔板双向相交焊缝又形成了空间三维相交焊缝,简称三向相交焊缝,见图 2.30-2 (a)。

2) 三向分离焊缝

将隔板四角均切一个三角口,隔板与箱形截面壁板之间的焊缝为三向分离焊缝,见

图 2.30-2（b）。不仅隔板与壁板之间的双向相交焊缝被切口隔断，而且全熔透焊缝与隔板之间也由于被切口分隔而形成独立且贯通的焊缝。

这种焊缝的特点本质上与图 2.30-1（b）的效果相同，如果隔板四角不切口则为三向相交焊缝，所以，仅在名义上称之为三向分离焊缝。

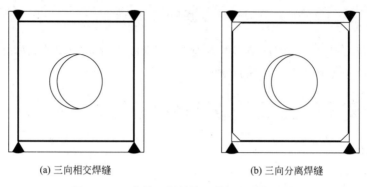

(a) 三向相交焊缝   (b) 三向分离焊缝

图 2.30-2　全熔透焊缝箱形截面的隔板焊缝

3. 密集焊缝及双向和三向相交焊缝的危害

（1）焊缝经常会存在或多或少的缺陷，如裂纹、欠焊、夹渣和气孔等。这些缺陷可能成为焊缝断裂的起源。

（2）焊接后结构内部存在残余应力，焊缝越集中，残余应力就越复杂。残余应力未必是产生焊缝破坏的主因，但和其他因素结合在一起，可能导致焊缝开裂。

（3）焊接结构的连接处具有较大刚性，尤其是出现三条相互垂直的焊缝相交时，例如图 2.30-2（a）情况，钢材的塑性变形就很难发展，使焊接区产生很大的拉应力，很容易造成焊缝开裂。图 2.30-3 给出了三向受拉的焊接区应力-应变关系和原材料应力-应变关系的对比。

（4）两条相互垂直的焊缝相交时，会约束次要板件（半熔透焊缝焊接成箱形截面构件中的内隔板或成品 H 型钢构件中的横向加劲板）塑性变形的发展，容易造成焊缝开裂。

（5）焊接使结构形成连续的整体，一旦裂缝开展，就有可能一断到底。

4. 避免焊缝密集和双向、三向相交

（1）由全熔透焊缝连接而成的箱形截面构件与内隔板焊接时，应将主要焊缝（全熔透焊缝）贯通，将次要焊缝（隔板与壁板之间的焊缝）中断，也就是将内隔板四角各切去一个三角形，既避免了焊缝集中，也避免了产生三向相交焊缝的情况，见图 2.30-2（b）。

对于焊接 H 型钢构件与横向加劲肋焊接时，应将主要焊缝（翼缘与腹板之间的焊缝）贯通，将次要焊缝（加劲板与 H 型钢之间的焊缝）中断，应将加劲肋切角，避免产生三向相交焊缝。

（2）对于由半熔透焊缝连接而成的箱形截面构件，主要焊缝（半熔透焊缝）贯通并不影响次要焊缝，只存在次要焊缝（隔板与壁板之间的焊缝）相交的情况，应将内隔板四角

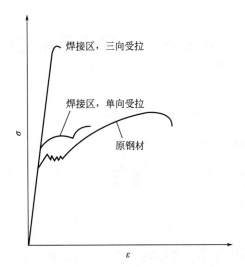

**图 2.30-3　三向受拉焊接区的应力-应变关系与
原材料应力-应变关系的对比示意图**

各切去一个三角形，避免产生双向相交焊缝，见图 2.30-1（b）。

对于成品 H 型钢构件，无主要焊缝（翼缘与腹板之间无焊缝）贯通问题，应将次要焊缝（加劲板与成品 H 型钢之间）中断，将加劲肋切角，避免产生双向相交焊缝。

简记：切角避害。

2.31 钢板的拼接焊缝有哪些要求?

疑问

钢板的拼接焊缝有哪些要求?

解答

1. 常用焊缝形式

钢板拼接焊缝通常采用 T 形交叉形式 (图 2.31-1) 或十字形交叉形式 (图 2.31-2)。

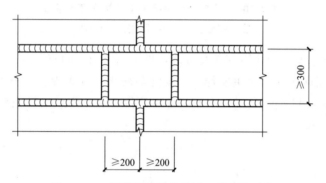

图 2.31-1 钢板拼接焊缝采用 T 形交叉形式

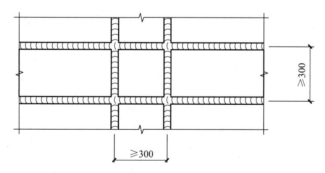

图 2.31-2 钢板拼接焊缝采用十字形交叉形式

在大面积板材 (如实腹梁的腹板) 的拼接中,往往会遇到纵横两个方向的拼接焊缝。过去这种焊缝一般采用 T 形交叉,有意避开十字形交叉。但根据国内有关单位的试验研究和使用经验以及两种焊缝形式机械性能的比较,十字形焊缝可以应用于各种结构的板材拼接中。从焊缝应力的观点看,无论十字形还是 T 形,其中只有一条后焊焊缝的内应力起主导作用,先焊好的一条焊缝在交叉点附近受后焊焊缝的热影响已释放了应力。因此钢板拼接焊缝可采用十字形或 T 形交叉。

钢板拼接焊缝采用 T 形交叉和十字形交叉主要存在以下差异：

1）受力性能

T 形交叉拼接焊缝的受力性能优于十字形交叉对接焊缝，因为 T 形交叉拼接焊缝承受纵向压力时，可以更好地将压力传递到钢板的其他部分，防止弯曲和变形的发生。

十字形交叉拼接焊缝在承受压力时，钢板容易在交叉点小区域发生扭曲和变形。

2）制造工艺

T 形交叉拼接焊缝的制造工艺相对简单，在交叉点处只需要将两个钢板的角部与第 3 块板件的长边对正即可；而十字形交叉拼接焊缝需要将 4 块钢板的角部全部对正，制造过程相对复杂。

3）应用范围

T 形交叉拼接焊缝长久、可靠，制造简单，通常用于一些要求较高的场合，如大型钢结构、桥梁等；而十字形交叉拼接焊缝制造相对复杂，且易发生扭曲和变形，常用于一些对尺寸精度要求不高的场合。

2. 尺寸的要求

（1）交叉点的距离不宜小于 200mm。

（2）拼接板件的长度和宽度均不宜小于 300mm。

2.32 引弧板、引出板和背面衬板有何要求?

疑问

引弧板、引出板和背面衬板有何要求?

解答

对母材等强焊透的对接焊缝,为了避免因引弧时焊接热量不足而引起焊接裂纹,或息弧时产生焊缝缩孔和裂纹,同时消除焊接时可能产生的未熔透焊口和弧坑的影响,施焊时应在焊缝两端设置引弧板、引出板(位于引弧端的称为引弧板,位于息弧端的称为引出板),使焊缝在提供的延长段上引弧和息弧。

由于坡口焊缝要留有一条窄缝,所以要在焊缝背面设置背面衬板(简称衬垫板)。为了确保完全焊透,其材料应尽可能与母材相同。

图 2.32-1 为引弧板、引出板和背面衬板示意图。

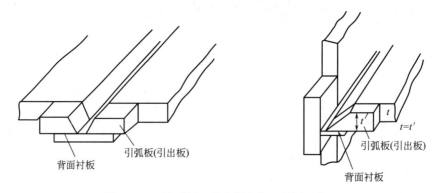

图 2.32-1　引弧板、引出板和背面衬板示意图

引弧板、引出板和背面衬板应满足下列要求:

(1)引弧板、引出板和背面衬板的材料可采用不大于母材标准强度的钢材。

(2)完成焊缝后要采用火焰切割、碳弧气刨等方法将引弧板、引出板和背面衬板切除,并用砂轮将表面磨平,严禁锤击去除。

(3)使用衬垫板的有坡口焊缝,必须使焊缝金属与衬垫板充分熔合。

(4)衬垫板在整个焊缝长度内应连续,长度不足需拼接时,应完全焊透。

(5)一般情况下无须去除承受静荷载作用的焊缝衬垫板,为了美观,与引弧板或引出板相邻部分的衬垫板可以随引弧板或引出板一起切除。

2.33 什么是一级、二级、三级焊缝质量等级？

疑问

什么是一级、二级、三级焊缝质量等级？

解答

焊缝质量等级分为一级、二级和三级。焊缝质量等级是按照焊缝外观检验项目所要求的内容进行划分的，见表 2.33-1。

焊缝外观质量要求 　　　　　　　　　　　表 2.33-1

检验项目	焊缝质量等级		
	一级	二级	三级
裂纹	不允许	不允许	不允许
未焊满	不允许	$\leqslant 0.2\text{mm}+0.02\,t$ 且 $\leqslant 1\text{mm}$，每 100mm 长度焊缝内未焊满累积长度 $\leqslant 25\text{mm}$	$\leqslant 0.2\text{mm}+0.04\,t$ 且 $\leqslant 2\text{mm}$，每 100mm 长度焊缝内未焊满累积长度 $\leqslant 25\text{mm}$
根部收缩	不允许	$\leqslant 0.2\text{mm}+0.02\,t$ 且 $\leqslant 1\text{mm}$，长度不限	$\leqslant 0.2\text{mm}+0.04\,t$ 且 $\leqslant 2\text{mm}$，长度不限
咬边	不允许	深度 $\leqslant 0.05\,t$ 且 $\leqslant 0.5\text{mm}$，连续长度 $\leqslant 100\text{mm}$，且焊缝两侧咬边总长 $\leqslant 10\%$ 焊缝全长	深度 $\leqslant 0.1\,t$ 且 $\leqslant 1\text{mm}$，长度不限
电弧擦伤	不允许	不允许	允许存在个别电弧擦伤
接头不良	不允许	缺口深度 $\leqslant 0.05\,t$ 且 $\leqslant 0.5\text{mm}$，每 1000mm 长度焊缝内不得超过 1 处	缺口深度 $\leqslant 0.1\,t$ 且 $\leqslant 1\text{mm}$，每 1000mm 长度焊缝内不得超过 1 处
表面气孔	不允许	不允许	每 50mm 长度焊缝内允许存在直径 $<0.4\,t$ 且 $\leqslant 3\text{mm}$ 的气孔 2 个，距离应 $\geqslant 6$ 倍孔径
表面夹渣	不允许	不允许	深 $\leqslant 0.2\,t$，长 $\leqslant 0.5\,t$ 且 $\leqslant 20\text{mm}$

注：t 为接头较薄件母材厚度（mm）。

一级焊缝和二级焊缝均为全焊透焊缝，应采用无损检测（探伤），规定如下：

焊缝质量等级为一级时，无损检测（探伤）的比例为 100%；

焊缝质量等级为二级时，无损检测（探伤）的比例为 20%，部分项允许有一定的焊缝外观质量缺陷。

2.34 什么是 A 级、B 级、C 级焊缝检验等级？

疑问

什么是 A 级、B 级、C 级焊缝检验等级？

解答

超声波检测是用于熔透焊缝内部缺陷探伤的一种检测方法。焊缝质量检验等级分为 A、B、C 三级，A 级的检验完善程度最低，B 级一般，C 级最高。

对接及角接接头焊缝检验范围见图 2.34-1，检验等级的确定应符合下列规定：

（1）A 级检验采用一种角度的探头在焊缝的单面单侧进行检验，只对能扫查到的焊缝截面进行探测，一般不要求作横向缺欠检验。母材厚度大于 50mm 时，不得采用 A 级检验。

（2）B 级检验采用一种角度的探头在焊缝的单面双侧进行检验，受几何条件限制时，应在焊缝单面、单侧采用两种角度探头（两角度之差大于 15°）进行检验。母材厚度大于 100mm 时，应采用双面双侧检验，受几何条件限制时，应在焊缝双面单侧，采用两种角度探头（两角度之差大于 15°）进行检验，检验应覆盖整个焊缝截面。条件允许时应作横向缺欠检验。

（3）C 级检验应至少采用两种角度的探头在焊缝的单面双侧进行检验。同时应作两个扫查方向和两种探头角度的横向缺欠检验。母材厚度大于 100mm 时，应采用双面双侧检验。检查前应将对接焊缝余高磨平，以便探头在焊缝上作平行扫查。焊缝两侧斜探头扫查经过母材部分应采用直探头作检查。当母材厚度不小于 100mm 时，或窄间隙焊缝母材厚度不小于 40mm 时，应增加串列式扫查。

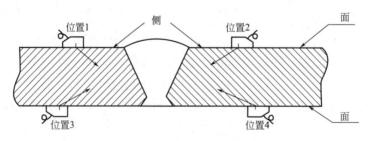

图 2.34-1 超声波检测位置

2.35　什么是无损检测？

什么是无损检测？

无损检测（NDT）是指重要钢结构或要求焊缝金属与母材等强的对接焊缝，必须在外观检查的基础上进行的检测技术，其做法是在不改变、不损害工件的状态和使用性能的前提下，测定检测媒介的变化量，从而判断材料和零部件是否存在缺陷。

无损检测应在外观检测合格后进行。

常用的无损检测方法有超声波检测（UT）、射线检测（RT）、磁粉检测（MT）、渗透检测（PT）、涡流检测（ET）等。

在民用建筑钢结构中，无损检测是最常用的焊接检测方法。

无损检测方法有以下几个特点：

1. 非破坏性

在获得检测结果的同时，不损坏零件。

2. 互容性

检测方法是互容的，即同一零件可同时或依次采用不同的检测方法。

3. 动态性

可对使用中的零件进行检测，而且能够实时考察产品运行期的累积影响。

4. 严格性

无损检测需要专用仪器、设备，同时也需要经过专门训练的检验人员按照严格的规程和标准进行操作。

5. 检验结果的分歧性

不同的检测人员对同一试件的检验结果可能有分歧。

2.36 超声波检测、射线检测、磁粉检测、渗透检测的原理是什么?

常用的无损检测方法有超声波检测（UT）、射线检测（RT）、磁粉检测（MT）、渗透检测（PT）、涡流检测（ET）等。那么，超声波检测、射线检测、磁粉检测、渗透检测的原理是什么?

1. 超声波检测

1）超声波检测（探伤）原理

超声波在被检测材料中传播时，材料的声学特性和内部组织的变化对超声波的传播产生一定的影响，检测者可通过对超声波受影响程度和状况的探测了解材料性能和结构变化。超声波检测方法通常有穿透法、脉冲反射法、串列法等，用于钢结构的是脉冲反射法。

2）超声波检测（探伤）特点

（1）优点：对工件内部面状缺陷有很高的灵敏度；便于现场检测；可及时获得检测结果。

对内部缺陷一般用超声波检测，《焊接规范》第 8.2.4 条第 6 款规定：对超声波检测结果有疑义时，可采用射线检测验证。

（2）缺点：缺陷显示不直观，对缺陷定性和定量较困难；对操作人员的技能有较高的要求；主要适用于部件内部缺陷的检测。

2. 射线检测

1）射线检测（探伤）原理

射线穿透物体时，由于物体完好部位和缺陷处对射线的吸收程度不同，穿过物体后射线强度的变化产生差异，将这种差异记录在感光胶片上，通过观察处理后照片上的黑度差，就可了解射线强度变化情况，从而确定被透照物体的内部质量情况。对金属内部可能产生的缺陷，如气孔、针孔、夹杂、疏松、裂纹、偏析、未焊透和未熔合等，都可以用射线检查。

2）射线检测（探伤）特点

（1）优点：可直观显示缺陷形状和尺寸；检测结果便于长期保存；对内部体积性缺陷有很高的灵敏度。射线探伤作为钢结构内部缺陷检验的一种补充手段，一般在特殊情况下采用，主要用于对接焊缝的检测，按现行国家标准《焊缝无损检测 射线检测 第1部分：X和伽玛射线的胶片技术》GB/T 3323.1 的有关规定执行。

（2）缺点：射线对人员有损伤作用，必须采取防护措施；检测周期较长，不能实时得到结果；主要适用于部件内部缺陷检测。

3. 磁粉检测

1）磁粉检测（探伤）原理

铁磁性材料和工件被磁化后，由于不连续性的存在，工件表面和近表面的磁力线发生局部畸变，产生漏磁场，吸附施加在工件表面的磁粉，形成在合适光照条件下目视可见的磁痕，从而显示出不连续性的位置、形状和大小。

2）磁粉检测（探伤）特点

（1）优点：具有很高的检验灵敏度，可检测缺陷最小宽度为 $0.1\mu m$；能直观显示缺陷的位置、形状和大小；检测几乎不受工件的大小和形状的限制。

（2）缺点：只能检测铁磁性材料表面和近表面的缺陷，通常可检测深度仅为 $1\sim 2mm$；适用于表面和近表面缺陷检测。

4. 渗透检测

1）渗透检测（探伤）原理

由于毛细现象的作用，将溶有荧光染料或着色染料的渗透剂施加于试件表面时，渗透剂就会渗入各类于表面开口的细小缺陷中（细小的开口缺陷相当于毛细管，渗透剂渗入细小开口缺陷相当于润湿现象）；清除依附在试件表面上的多余渗透剂，经干燥后再施加显像剂，缺陷中的渗透剂在毛细现象的作用下重新吸附到试件的表面上，形成放大的缺陷显示；用目视检测即可观察出缺陷的形状、大小及分布情况。

2）渗透检测（探伤）特点

（1）优点：不需要复杂设备，操作简单，特别适合现场检测；检验灵敏度较高，缺陷显示直观；可一次性检测出复杂工件各个方向的表面开口缺陷。

（2）缺点：只能用于致密材料的表面开口缺陷检验，对被检测表面光洁度有较高要求；对操作人员的操作技能要求较高；会产生环境污染。

2.37 超声波检测缺欠评定等级是如何划分的？

超声波检测缺欠评定等级是如何划分的？

超声波检测缺欠评定等级分为Ⅰ级、Ⅱ级、Ⅲ级和Ⅳ级，根据超声波检测的板件厚度及检验等级进行划分，分级方式见表 2.37-1。

超声波检测缺欠等级评定 表 2.37-1

评定等级	检验等级		
	A	B	C
	板厚 t(mm)		
	3.5～50	3.5～150	3.5～150
Ⅰ	$2t/3$；最小 8mm	$t/3$；最小 6mm，最大 40mm	$t/3$；最小 6mm，最大 40mm
Ⅱ	$3t/4$；最小 8mm	$2t/3$；最小 8mm，最大 70mm	$2t/3$；最小 8mm，最大 50mm
Ⅲ	$<t$；最小 16mm	$3t/4$；最小 12mm，最大 90mm	$3t/4$；最小 12mm，最大 75mm
Ⅳ	超过Ⅲ级者		

对于薄板，《焊接规范》第 8.2.4 条第 3 款规定：当检测板厚在 3.5～8mm 范围时，其超声波检测的技术参数应按现行行业标准《钢结构超声波探伤及质量分级法》JG/T 203 执行。

2.38　焊缝缺欠有哪几类？

焊缝缺欠（即缺陷）有哪几类？

焊接缺欠是指在焊接接头中因焊接产生的金属不连续、不致密或连接不良的现象，简称"缺欠"。焊接缺陷是指超过规定限值的缺欠。《金属熔化焊接头缺欠分类及说明》GB/T 6417.1—2005 将焊接缺欠分为 6 个种类（大类）：裂纹、孔穴、固体夹杂、未熔合及未焊透、形状和尺寸不良、其他缺欠。

1. 第 1 类　裂纹

1）裂纹定义

裂纹是指一种在固态下由局部断裂产生的缺欠，它可能源于冷却或应力效果。

裂纹包括微观裂纹，指在显微镜下才能观察到的裂纹。

2）产生裂纹的一般原因

（1）裂纹的产生与母材的化学成分、结晶组织、冶炼方法等有关。如钢的含碳量越高，钢材的硬度就越高，通常越容易在焊接时产生裂纹。

（2）焊接时冷却速度高，容易产生裂纹。所以，焊接时应避开风口和避免被雨水淋湿。

（3）焊条内碳、硫、磷含量高时，焊缝容易产生裂纹。硫、磷都是有害元素，硫含量高，焊缝有热脆性；磷含量高，焊缝有冷脆性。焊条硫、磷含量都必须在 0.0035 以下。

（4）被焊结构刚性大或构件的焊接顺序不当也容易产生裂纹。焊接顺序安排不当，会造成焊缝收缩受阻，妨碍焊缝的自由收缩，以至于产生较大的收缩应力，进而产生焊缝裂纹。

（5）焊接时周围的温度低，或在风口处散热过快，也会引起裂纹。

2. 第 2 类　孔穴

1）孔穴定义

孔穴主要包括气孔和缩孔。气孔是指残留气体形成的孔穴；缩孔是指由于凝固时收缩造成的孔穴。

2）产生孔穴的一般原因

（1）焊接部位不洁净，容易产生气孔。

（2）焊条和焊剂没有严格按照规定的温度进行烘焙和保温。

（3）采用过大的焊接电流。

（4）未控制好母材与焊材的化学成分匹配。

（5）焊接速度过快，电弧拉得过长，造成较多气体溶入金属溶液内。

（6）使用低氢焊条往往容易在焊缝接头处出现表面和内部气孔。

（7）气体保护焊时，调节气体流量不当。

3. 第 3 类 固体夹杂

1）固体夹杂定义

固体夹杂是指在焊缝金属中残留的固体杂物。

杂物也称为夹渣，是指残留在焊缝金属中的熔渣或其他非金属夹杂物。

2）产生固体夹杂的一般原因

（1）坡口角度太小或焊接电流太小。

（2）焊件边缘有氧割或碳弧气刨熔渣，边缘清理不净，有残留氧化物铁皮和碳化物等。

（3）使用酸性焊条时，由于电流小或运条不当形成糊渣。

（4）使用碱性焊条时，由于电弧过长或极性不正确也会造成夹渣。

4. 第 4 类 未熔合及未焊透

1）未熔合及未焊透定义

（1）未熔合定义

未熔合是指焊缝金属和母材或焊缝金属各焊层之间未结合的部分，可能是如下某种形式：

① 侧壁未熔合；

② 焊道间未熔合；

③ 根部未熔合。

（2）未焊透定义

焊接时，焊接接头底层呈现未完全熔透的现象。

未焊透是指熔深与公称熔深之间的差异。

2）产生未熔合和未焊透的一般原因

（1）产生未熔合的一般原因

焊接热输入太低，电弧指向偏斜，坡口侧壁有锈垢及污物，层间清渣不彻底等。

（2）产生未焊透的一般原因

① 坡口角度或间隙过小，钝边过大、坡口边缘不齐或装配不良。

② 焊接工艺参数选用不当。

③ 焊件坡口表面清洁不净，有较厚的油和锈蚀；背面清根不彻底。

④ 焊工操作技术差。

5. 第 5 类　形状和尺寸不良

1）形状和尺寸不良定义

形状不良是指焊缝的外表面形状或接头的几何形状不良。包括咬边、焊缝超高、凸度过大、下塌、焊缝形面不良、焊瘤、错边、角度偏差、下垂、烧穿、未焊满、焊脚不对称、焊缝宽度不齐、表面不规则、根部收缩、根部气孔、焊缝接头不良等。

尺寸不良包括变形过大、焊缝尺寸不正确、焊缝厚度过大、焊缝宽度过大、焊缝有效厚度不足、焊缝有效厚度过大等。

2）产生形状和尺寸不良的一般原因

（1）焊件坡口角度不当，钝边及装配间隙不匀，焊件边缘切割不齐。

（2）焊接电流过大或过小。

（3）运条速度和角度不当，不正确的摇动和移动不均匀。

6. 第 6 类　其他缺欠

其他缺欠是指第 1 类～第 5 类未包含的所有其他缺欠。

其他缺欠包括：

1）电弧擦伤

电弧擦伤是指由于在坡口外引弧或打弧而造成焊缝邻近母材表面处局部损伤。

2）飞溅

飞溅是指焊接（或焊缝金属凝固）时，焊缝金属或填充材料崩溅出的颗粒。

3）表面撕裂

表面撕裂是指拆除临时焊件时造成的表面损坏。

4）磨痕

磨痕是指研磨造成的局部损坏。

5）凿痕

凿痕是指使用扁铲或其他工具造成的局部损坏。

6）打磨过量

打磨过量是指过度打磨造成工件厚度不足。

7）定位焊缺欠

定位焊缺欠是指定位焊不当造成的缺欠。

8）双面焊道错开

双面焊道错开是指在接头双面施焊的焊道中心线错开。

9）残渣

残渣是指残渣未从环焊缝表面完全消除。

10）角焊缝的根部间隙不良

角焊缝的根部间隙不良是指被焊工件之间的间隙过大或不足。

2.39 焊缝质量等级与内部缺欠分级之间有何关系?

疑问

焊缝质量等级与内部缺欠分级之间有何关系?

解答

焊缝等级为一级、二级、三级的焊缝均应进行外观检查,除此之外,一级、二级焊缝还应进行内部缺欠检查(探伤)。焊缝质量等级与内部缺欠分级的关系应符合表 2.39-1 的规定。

焊缝质量等级与内部缺欠分级的关系   表 2.39-1

焊缝质量等级		一级	二级
内部缺欠超声波探伤	评定等级	II	III
	检验等级	B 级	B 级
	探伤比例	100%	20%
内部缺欠射线探伤	评定等级	II	III
	检验等级	A、B 级	A、B 级
	探伤比例	100%	20%

2.40 焊缝质量等级遵循的原则是什么？

焊缝质量等级遵循的原则是什么？

焊缝质量等级的选用在《焊接规范》第 5.1.5 条作了较具体的规定，其所遵循的原则如下：

（1）焊缝质量等级主要与受力情况有关，受拉焊缝的质量等级要高于受压或受剪的焊缝；受动力荷载的焊缝质量等级要高于受静力荷载的焊缝。

简记：受拉高、动荷高。

（2）凡对接焊缝，除非作为角焊缝考虑的部分熔透的焊缝，一般都要求熔透并与母材等强，故需要进行无损探伤；对接焊缝的质量等级不宜低于二级。

简记：无损探伤。

（3）在建筑钢结构中，角焊缝一般不进行无损探伤检验，其外观质量等级一般为三级，但低温环境下的质量等级不低于三级。

简记：无需探伤。

（4）根据国家标准《焊接术语》GB/T 3375—1994，T 形、十字形或角接接头的对接焊缝基本上都没有焊脚，这不符合钢结构建筑对这类接头焊缝截面形状的要求。为避免混淆，对上述对接焊缝应一律按国家标准《焊接术语》GB/T 3375—1994 书写为"对接与角接组合焊缝"。

简记：对接与角接组合焊缝。

2.41　什么是消氢热处理和消应热处理？

疑问

什么是消氢热处理和消应热处理？

解答

1. 消氢热处理

焊后消氢热处理简称消氢热处理。

（1）氢对焊缝裂纹的影响及消氢热处理的目的

焊缝金属中的扩散氢是延迟焊缝裂纹形成的主要影响因素，焊接接头的含氢量越高，裂纹的敏感性越大。焊后消氢热处理的目的就是加速焊接接头中扩散氢的逸出，防止由于扩散氢的积聚导致延迟裂纹的产生。

扩散氢是指焊缝区中能自由扩散运动的那部分氢。

延迟裂纹是指焊接后经过一段时间才产生的裂纹。延迟裂纹是冷裂纹中的一种常见缺陷，它不在焊后立即产生，而在焊后几小时、几天或更长时间才出现。

（2）消氢方法

对于冷裂纹倾向较大的结构钢，消氢热处理应在焊接后立即进行。处理温度与钢材有关，但一般为200～350℃；《焊接规范》规定为250～350℃，并要求保温一段时间，以加速焊接接头中氢的扩散逸出，防止由于扩散氢的积聚导致延迟裂纹产生。

保温时间应根据工件板厚按每25mm板厚不小于0.5h，且总保温时间不得小于1h确定。达到保温时间后应缓冷至常温。

2. 消应热处理

焊后消应力热处理简称消应热处理。

消应热处理是指，焊接后将焊接接头加热到母材A_{c1}线以下的一定温度（550～650℃）并保温一段时间，以降低焊接残余应力、改善接头组织性能为目的的焊后热处理方法。具体方法见本书第2.18节（焊后如何消除焊接残余应力？）。

如果在焊后立即进行消应热处理，则可不必进行消氢热处理。

钢材A_{c1}线是指略比A_1线和A_3线上移的类似特性线，而A_1线和A_3线是铁碳合金状态图中的特性线。

2.42 什么是过焊孔?

什么是过焊孔?

1. 过焊孔定义

在构件焊缝交叉的位置,为保证主要焊缝的连续性,并有利于焊接操作的进行,在相应位置开设的焊缝穿越孔。

2. 过焊孔种类

过焊孔是在有交叉角焊缝的情况下开设的,常见的形式有以下几种:

(1) 梁端过焊孔,也就是 H 型钢与端板连接时,翼缘板与端板的角焊缝和腹板与端板的角焊缝交叉时在腹板上开的过焊孔 (图 2.42-1)。同样,H 型钢牛腿与钢柱焊接时的过焊孔也是这种类型。

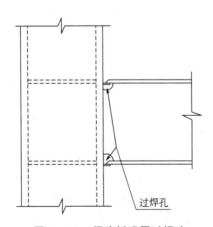

图 2.42-1 梁腹板设置过焊孔

(2) H 型钢中段的拼接焊缝,为了保证翼缘板对接二级焊缝的质量,也可在腹板上设置过焊孔。这种过焊孔在翼缘板合格后可以在焊角焊缝时焊死,不留孔。

(3) 为了避免在重要结构的 T 形交叉角焊缝位置形成应力集中,设置过焊孔 (这种孔一般不再焊死)。

(4) 箱形构件的主角焊缝与内部加劲肋的角部开过焊孔,避免形成三向焊缝交叉。

3. 设置过焊孔的目的

（1）保证焊接质量，比如在 H 型钢翼缘板的对接上，提高对接焊缝的质量；在箱形构件的主焊缝上，内部隔板的过焊孔还有利于垫板的使用，也保证了焊接质量。

（2）减小焊缝交会处的应力集中。

（3）方便焊接，提高了工效。

2.43　钢结构中有哪些焊接方法？

钢结构中有哪些焊接方法？

1. 《焊接规范》中的焊接方法

焊接工艺评定所用的焊接方法有 9 大类 19 种方法，见表 2.43-1。

焊接方法分类　　　　　　　　　　　　　　　　　表 2.43-1

焊接方法类别号		焊接方法	代号
1		焊条电弧焊	SMAW
2	2-1	半自动实心焊丝二氧化碳气体保护焊	$GMAW\text{-}CO_2$
	2-2	半自动实心焊丝富氩＋二氧化碳气体保护焊	GMAW-Ar
	2-3	半自动药芯焊丝二氧化碳气体保护焊	FCAW-G
3		半自动药芯焊丝自保护焊	FCAW-SS
4		非熔化极气体保护焊	GTAW
5	5-1	单丝自动埋弧焊	SAW-S
	5-2	多丝自动埋弧焊	SAW-M
6	6-1	熔嘴电渣焊	ESW-N
	6-2	丝极电渣焊	ESW-W
	6-3	板极电渣焊	ESW-P
7	7-1	单丝气电立焊	EGW-S
	7-2	多丝气电立焊	EGW-M
8	8-1	自动实心焊丝二氧化碳气体保护焊	$GMAW\text{-}CO_2A$
	8-2	自动实心焊丝富氩＋二氧化碳气体保护焊	GMAW-ArA
	8-3	自动药芯焊丝二氧化碳气体保护焊	FCAW-GA
	8-4	自动药芯焊丝自保护焊	FCAW-SA
9	9-1	非穿透栓钉焊	SW
	9-2	穿透栓钉焊	SW-P

2. 建筑钢结构中常用的焊接方法

建筑钢结构中较为常用的焊接方法有焊条电弧焊、埋弧焊、熔化极气体保护电弧焊、电渣焊和螺柱焊（栓钉焊）等。这些焊接方法分属于手工焊（手工电弧焊）、半自动焊和全自动焊，分类见表 2.43-2。

1）焊条电弧焊

焊条电弧焊（手工电弧焊）是手工操作焊条，利用焊条与被焊工件之间的电弧热量将焊条与工件接头处熔化，冷却凝固后获得牢固接头的焊接方法。

手工电弧焊是电弧焊接方法中发展最早、应用最广泛的焊接方法之一。

2）埋弧焊

埋弧焊是以连续送进的焊丝作为电极和填充金属的焊接方法。焊接时，在焊接区域上面覆盖一层颗粒状焊剂，电弧在焊剂下燃烧，将焊丝端部和局部母材熔化，形成焊缝。

3）熔化极气体保护电弧焊

熔化极气体保护电弧焊是以焊丝和焊件为两个极，极间产生电弧热，来熔化焊丝和焊件母材，同时向焊接区域送入保护气体，使焊接区域与周围的空气隔开，对焊缝进行保护；焊丝自动送进，在电弧作用下不断熔化，与熔化的母材熔合，形成焊缝金属。

4）电渣焊

多高层建筑钢结构中箱形截面钢柱较为常见。梁柱节点区的柱截面内需设置比梁翼缘厚度至少大 2mm 的加劲板（横隔板），而加劲板应与箱形截面柱的柱壁板采用坡口熔透焊；此处采用一般手工焊时，加劲板四周最后一条边的焊缝无法焊接，此时就需要采用电渣焊。电渣焊一般有两种形式：熔嘴电渣焊和非熔嘴电渣焊。

5）螺柱焊（栓钉焊）

将金属螺柱或其他金属紧固件（栓、钉等）焊到工件上的方法叫作螺柱焊，在建筑钢结构中称为栓钉焊。

建筑钢结构常用焊缝方法 表 2.43-2

手工焊	焊条电弧焊		
半自动焊	熔化极气体保护焊	CO_2 保护焊	实心焊丝 药芯焊丝
		CO_2+O_2 保护焊	
		CO_2+Ar 保护焊	
	埋弧半自动焊		
	自保护焊		
	重力焊		
	螺柱焊(栓钉焊)		
全自动焊	埋弧焊		
	熔化极气体保护焊	CO_2 保护焊	实心焊丝 药芯焊丝
		CO_2+O_2 保护焊	
		CO_2+Ar 保护焊	
	电渣焊	非熔化嘴电渣焊	
		熔嘴电渣焊	

2.44 为什么普通螺栓在抗剪计算中采用螺杆直径,而在抗拉计算中采用螺纹处的有效直径?

疑问

普通螺栓连接计算中,有时采用螺杆处的截面(或直径),有时又采用螺纹处的截面(或有效直径)。那么,为什么普通螺栓在抗剪计算中采用螺杆直径,而在抗拉计算中采用螺纹处的有效直径?

解答

1. 普通螺栓受剪连接

1) 普通螺栓受剪连接形式

普通螺栓受剪连接主要有单面受剪、双面受剪等几种形式。

单面受剪:两块板件被紧固后,对螺杆形成一个剪切面,称为单面受剪,见图 2.44-1 (a)。

双面受剪:三块板件被紧固后,对螺杆形成两个剪切面,称为双面受剪,见图 2.44-1 (b)。

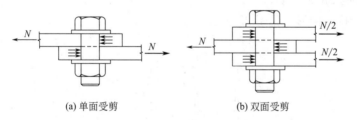

(a) 单面受剪   (b) 双面受剪

图 2.44-1 普通螺栓受剪连接形式

2) 普通螺栓承受剪力时的两种主要破坏形式

(1) 螺杆直径较小而板件较厚时,螺杆可能先被剪断,此种破坏形式称为螺杆的受剪破坏。这种情况需要进行螺栓的受剪承载力验算。

(2) 螺杆直径较大而板件较薄时,板件可能先被挤坏,此种破坏形式称为孔壁承压破坏,也叫作螺栓承压破坏。这种情况需要进行螺栓的受压承载力验算。

3) 普通螺栓受剪连接计算

根据受剪破坏的第一种形式,应进行抗剪计算。单个螺栓受剪承载力设计值按下式计算:

$$N_v^b = n_v \frac{\pi d^2}{4} f_v^b \qquad (2.44\text{-}1)$$

根据受剪破坏的第二种形式,应进行承压计算。单个螺栓受压承载力设计值按下式计算：

$$N_c^b = d \sum t f_c^b \qquad (2.44\text{-}2)$$

在普通螺栓抗剪设计中，需要同时考虑第一种受剪破坏形式和第二种受剪破坏形式，将承载力较小的值作为控制值。

单个受剪连接螺栓的承载力设计值 N_{min}^b 应取式（2.44-1）和式（2.44-2）计算数值中的较小值，即：

$$N_{min}^b = \min\{N_v^b, N_c^b\} \qquad (2.44\text{-}3)$$

式中：n_v——受剪面数目，单面受剪 $n_v = 1$，双面受剪 $n_v = 2$；

$\quad d$——螺杆直径（mm）；

$\quad \sum t$——在不同受力方向中，一个受力方向承压构件总厚度的较小值（mm）；

$\quad f_v^b$——普通螺栓的抗剪强度设计值（N/mm²）；

$\quad f_c^b$——普通螺栓的承压强度设计值（N/mm²）。

简记：抗剪和承压双控。

4）普通螺栓受剪连接的特点及结论

两个紧密相连的板件在外力的作用下对普通螺栓杆身形成剪力，所以螺栓计算截面直径采用普通螺栓杆身的直径。

2. 普通螺栓受拉连接

1）普通螺栓受拉连接形式

普通螺栓受拉连接形式见图 2.44-2。

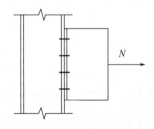

图 2.44-2　普通螺栓受拉连接形式

2）普通螺栓受拉连接破坏形式

螺栓受拉时的破坏形式呈现为螺杆被拉断，传力过程为拉力通过螺母传至螺纹处的螺杆，所以，拉断的部位多为截面较薄弱的螺纹处。

3）普通螺栓受拉连接计算

单个普通螺栓受拉承载力设计值应按下式计算：

$$N_t^b = A_e f_t^b = \frac{\pi d_e^2}{4} f_t^b \qquad (2.44\text{-}4)$$

式中：d_e——螺栓在螺纹处的有效直径（mm）；

$\quad A_e$——螺栓在螺纹处的有效面积（mm²）；

f_t^b——普通螺栓的抗拉强度设计值（N/mm²）。

4）普通螺栓受拉连接的特点及结论

构件受拉时将拉力传给螺母，然后再通过螺栓的螺纹处将拉力传给杆身，而螺纹处的截面积小于螺杆截面积，是薄弱截面，所以普通螺栓受拉计算时采用螺纹处的截面积，该处直径称为有效直径，截面积称为有效截面积。

2.45 如何计算普通螺栓在螺纹处的有效直径和有效面积?

疑问

如何计算普通螺栓在螺纹处的有效直径和有效面积?

解答

《钢标》中只给出了普通螺栓受拉计算公式,没有给出公式中有效直径和有效面积的计算方法。螺栓有效直径、有效面积与螺栓直径的换算关系见表 2.45-1。

螺纹有效直径、有效面积与螺栓直径的换算关系　　　　　　　　表 2.45-1

螺栓规格 (M 表示公制)	螺栓直径 d (mm)	螺纹间距 P (mm)	螺栓有效直径 d_e (mm)	螺栓有效面积 A_e (mm^2)
M10	10	1.5	8.59	58
M12	12	1.8	10.31	84
M14	14	2.0	12.12	115
M16	16	2.0	14.12	157
M18	18	2.5	15.65	192
M20	20	2.5	17.65	245
M22	22	2.5	19.65	303
M24	24	3.0	21.19	352
M27	27	3.0	24.19	459
M30	30	3.5	26.72	560
M33	33	3.5	29.72	693
M36	36	4.0	32.25	816
M39	39	4.0	35.25	975
M42	42	4.5	37.78	1120
M45	45	4.5	40.78	1305
M48	48	5.0	43.31	1472
M52	52	5.0	47.31	1757
M56	56	5.5	50.84	2029
M60	60	5.5	54.84	2360

表中的换算关系为:

$$d_e = (d - \frac{13}{24}\sqrt{3}P) \tag{2.45-1}$$

$$A_e = \frac{\pi d_e^2}{4} \tag{2.45-2}$$

2.46　借助填板连接的螺栓数目如何按计算增加 10%？

疑问

螺栓连接中有一个规定如下（参照《钢标》第 11.4.4 条第 1 款）：

一个构件借助填板或其他中间板与另一构件连接的螺栓（摩擦型连接的高强度螺栓除外）数目，应按计算增加 10%。

因此提出两个问题：

(1) 什么是填板？

(2) 如何计算？

解答

1. 什么是填板

用图来表达，一目了然。如图 2.46-1 所示，填板就是用来填充缝隙的钢板，其材质与母材相同。借用填板可以使两个不同厚度的板件达到同等厚度，便于采用螺栓连接。

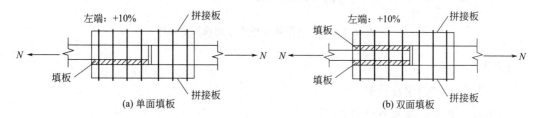

图 2.46-1　采用填板的连接

2. 如何计算

(1) 在有填板的一侧按计算增加 10% 的螺栓。

(2) 注意，是在计算结果上增加 10%，而不是根据计算结果确定了螺栓数目再增加 10%。正确的方法：假设计算结果是 4.3 个螺栓，则增加 10% 后为 4.3+0.43=4.73 个，最终确定螺栓数目为 5 个；错误的方法：假设计算结果是 4.3 个螺栓，确定的螺栓数目为 5 个，在此基础上再增加 10% 后为 5+0.5=5.5 个，则最终确定螺栓数目为 6 个。

3. 普通螺栓填板连接例题

【例题 2.46】 采用双面拼接板＋填板连接的螺栓计算

设计资料：

钢材：Q235B；

主板件截面：200mm×12mm（左），200mm×20mm（右）；

填板：200mm（宽）×8mm×300mm（长）；

上、下每块拼接板（厚度取主板件较厚者厚度的0.7倍）：200mm×14mm×540mm；

螺栓：C级M20普通螺栓，直径$d=20$mm，孔径$d_0=21.5$mm，$f_v^b=140$N/mm²，$f_c^b=305$N/mm²；

轴心拉力设计值：$N=520$kN。

计算所需普通螺栓个数并设计螺栓连接，见图2.46-2。

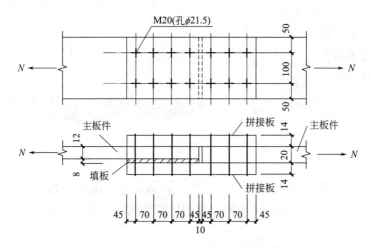

图2.46-2　采用双面拼接板＋单面填板的连接

【解】

（1）拼接右侧的螺栓计算

一个螺栓的受剪承载力设计值：

$$N_v^b = n_v \frac{\pi d^2}{4} f_v^b = 2 \times \frac{\pi \times 20^2}{4} \times 140 \times 10^{-3} = 87.96 \text{kN}$$

一个螺栓的受压承载力设计值：

主板件厚度（20mm）小于双面拼接板总厚度（2×14mm），主板件为承压控制板，于是：

$$N_c^b = d \sum t f_c^b = 20 \times 20 \times 305 \times 10^{-3} = 122 \text{kN}$$

一个螺栓的承载力设计值按受剪、受压承载力较小值取值，即：

$$N_{min}^b = \min\{N_v^b, N_c^b\} = \min\{87.96, 122\} = 87.96 \text{kN}$$

拼接右侧为受剪控制，这一侧设有填板，所需螺栓数目为：

$$n = \frac{N}{N_{min}^b} = \frac{520}{87.96} = 5.91$$

实取6个螺栓。

（2）拼接左侧的螺栓计算

一个螺栓的受剪承载力设计值：

$$N_v^b = 87.96\text{kN}$$

一个螺栓的受压承载力设计值：

两侧主板件厚度不相等时必须采用填板对厚度差进行填充（图 2.46-2）。填板不传力，只起填充架空作用。

主板件厚度（12mm）小于双面拼接板总厚度（2×14mm），主板件为承压控制板，于是：

$$N_c^b = d \sum t f_c^b = 20 \times 12 \times 305 \times 10^{-3} = 73.2\text{kN}$$

一个螺栓的承载力设计值按受剪、受压承载力较小值取值，即：

$$N_{min}^b = \min\{N_v^b, N_c^b\} = \min\{87.96, 73.2\} = 73.2\text{kN}$$

拼接左侧为承压控制。由于采用了填板连接，按照普通螺栓连接的规定，需要的螺栓数目为计算数目的 1.1 倍，即：

$$n = 1.1 \frac{N}{N_{min}^b} = 1.1 \times \frac{520}{73.2} = 7.81$$

实取 8 个螺栓。

（3）拼接体的螺栓设计

拼接左侧为 8 个螺栓，右侧为 6 个螺栓，考虑两个主板件之间的间隙，并根据螺栓的间距要求，最终的拼接体普通螺栓群设计见图 2.46-2。

2.47　采用搭接连接的螺栓数目如何按计算增加10%?

疑问

螺栓连接中有一个规定如下（参照《钢标》第11.4.4条第2款）：

当采用搭接或拼接板的单面连接传递轴心力，因偏心引起连接部位发生弯曲时，螺栓（摩擦型连接的高强度螺栓除外）数目应按计算增加10%。

因此提出两个问题：

（1）什么是搭接或拼接板的单面连接?

（2）如何计算?

解答

1. 什么是搭接或拼接板的单面连接

用图来表达，一目了然。图 2.47-1（a）是采用搭接的单面连接传递轴力，图 2.47-1（b）是采用拼接板的单面连接传递轴力。

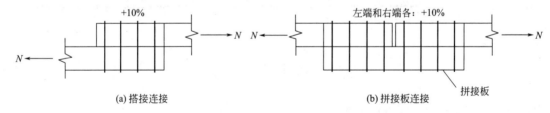

(a) 搭接连接　　　　　　　(b) 拼接板连接

图 2.47-1　单面连接

2. 如何计算

（1）采用搭接连接时，直接按计算增加10%的螺栓；采用拼接板连接时，左、右两端各按计算增加10%的螺栓。

（2）注意，是在计算结果上增加10%，而不是根据计算结果确定螺栓数目后再增加10%。

3. 普通螺栓搭接或拼接板连接例题

【例题 2.47】　采用角钢单面连接的螺栓计算

设计资料：

钢材：Q235B;

主角钢规格：∟100×10；

拼接角钢规格：∟100×10；

螺栓：C 级 M20 普通螺栓，直径 $d = 20\text{mm}$，孔径 $d_0 = 21.5\text{mm}$，$f_v^b = 140\text{N/mm}^2$，$f_c^b = 305\text{N/mm}^2$；

轴心拉力设计值：$N = 220\text{kN}$。

计算所需普通螺栓个数并设计螺栓连接，见图 2.47-2。

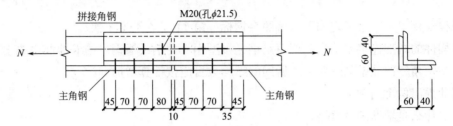

图 2.47-2 采用单面角钢拼接的连接

【解】

(1) 螺栓个数的计算

一个螺栓的受剪承载力设计值：

$$N_v^b = n_v \frac{\pi d^2}{4} f_v^b = 1 \times \frac{\pi \times 20^2}{4} \times 140 \times 10^{-3} = 43.98\text{kN}$$

一个螺栓的受压承载力设计值：

$$N_c^b = d \sum t f_c^b = 20 \times 10 \times 305 \times 10^{-3} = 61\text{kN}$$

一个螺栓的承载力设计值按受剪、受压较小值取值，即：

$$N_{\min}^b = \min\{N_v^b, N_c^b\} = \min\{43.98, 61\} = 43.98\text{kN}$$

本题角钢拼接为单面连接，按照《钢标》中的规定，拼接一侧需要的螺栓数目为计算数目的 1.1 倍，即：

$$n = 1.1 \frac{N}{N_{\min}^b} = 1.1 \times \frac{220}{43.98} = 5.50$$

实取 6 个螺栓。

(2) 拼接体的螺栓设计

为便于紧固螺栓，角钢两肢的螺栓宜错开布置。考虑两个主角钢之间的间隙，并根据螺栓的间距要求，最终的拼接体普通螺栓群设计见图 2.47-2。

2.48　利用辅助短角钢进行连接的螺栓数目如何按计算增加50%？

螺栓连接中有一个规定如下（参照《钢标》第11.4.4条第3款）：

在构件的端部连接中，当利用短角钢连接型钢（角钢或槽钢）的外伸肢以缩短连接长度时，在短角钢两肢中的一肢上，所用的螺栓数目应按计算增加50%。

因此提出两个问题：

（1）什么是辅助的短角钢？

（2）如何计算？

1. 什么是辅助的短角钢

用图来表达，一目了然。图2.48-1（a）是辅助的短角钢与型钢连接处增加螺栓，图2.48-1（b）是辅助的短角钢与节点板连接处增加螺栓。

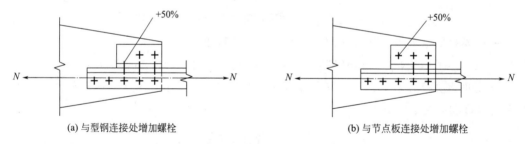

(a) 与型钢连接处增加螺栓　　　　　(b) 与节点板连接处增加螺栓

图2.48-1　用辅助短角钢连接

2. 如何计算

（1）计算出总的螺栓数目后，按节点板尽量短的原则，计算出合理的分配给辅助短角钢的螺栓数目，再按短角钢螺栓数目增加50%的螺栓。

（2）注意，是在分配到短角钢螺栓数目的计算结果上增加该结果的50%，而不是根据计算结果确定了螺栓数目再增加50%。

2.49 焊接连接节点需要采用摩擦型高强度螺栓补强时如何考虑摩擦系数?

在钢结构加固改造中，局部增加构件增大了部分荷载。有时，存在这种情况：经过验算，杆件承载力及结构整体承载力均满足要求，仅仅是连接构件的节点处的焊缝不能满足承载力要求。根据节点连接中焊接与栓接的规则，作为加固补强措施，可采用摩擦型高强度螺栓与焊接承受同一作用的栓焊并用的连接形式。这种情况下，不扰动原结构，只在节点部位钻孔后安装摩擦型高强度螺栓即可。

那么问题来了，不拆原结构，制作不了摩擦面，如何考虑摩擦系数?

(1) 表 2.49-1 为钢材摩擦面的抗滑移系数 μ。

钢材摩擦面的抗滑移系数 μ 表 2.49-1

连接处构件接触面的处理方法	构件的钢材牌号		
	Q235 钢	Q355 钢或 Q390 钢	Q420 钢或 Q460 钢
喷硬质石英砂或铸钢棱角砂	0.45	0.45	0.45
抛丸(喷砂)	0.40	0.40	0.40
钢丝刷清除浮锈或未经处理的干净轧制面	0.30	0.35	—

注：1 钢丝刷除锈方向应与受力方向垂直；
    2 当连接构件采用不同钢材牌号时，μ 按相应较低强度者取值；
    3 采用其他方法处理时，其处理工艺及抗滑移系数均需经试验确定。

(2) 不扰动原结构时，摩擦系数 μ 可按表 2.49-1 最后一栏的未经处理的干净轧制面取值：

对 Q235 钢，摩擦系数可取 $\mu=0.30$；

对 Q355 钢或 Q390 钢，摩擦系数可取 $\mu=0.35$。

(3) 对 Q420 钢或 Q460 钢，由于没有对应的摩擦系数，故不能按本节的方法处理。

2.50 什么是节点连接中焊接与栓接的兼容性和排斥性？

疑问

在钢结构节点连接中，有焊接连接、普通螺栓连接、承压型高强度螺栓连接和摩擦型高强度螺栓连接。那么，什么是节点连接中焊接与栓接的兼容性和排斥性？

解答

1. 四种连接方式的规定

《钢标》第 11.1.2 条对焊接连接、普通螺栓连接、承压型高强度螺栓连接及摩擦型高强度螺栓连接的规定如下：

同一连接部位中不得采用普通螺栓或承压型高强度螺栓与焊接共用的连接；在改、扩建工程中作为加固补强措施，可采用摩擦型高强度螺栓与焊接承受同一作用力的栓焊并用连接，其计算与构造宜符合行业标准《钢结构高强度螺栓连接技术规程》JGJ 82—2011 第 5.5 节的规定。

简记：栓、焊规则。

2. 四种连接方式的特点

（1）焊接连接的特点：刚度大。

（2）普通螺栓连接的特点：普通螺栓在受力状态下容易产生较大的变形，刚度小。

（3）承压型高强度螺栓的特点：仅螺杆承载能力比普通螺栓高，其作用方式与普通螺栓相同，刚度小。

（4）摩擦型高强度螺栓的特点：连接紧密，刚度大。

3. 普通螺栓连接与焊接连接的排斥性

由于普通螺栓在受力状态下容易产生较大的变形，所以刚度小，而焊接连接刚度大，两者难以协同工作。按照受力同步性要求，在同一连接接头中不得考虑普通螺栓连接和焊接连接共同工作受力。所以，普通螺栓连接与焊接连接是不能兼容的，具有排斥性。

4. 承压型高强度螺栓连接与焊接连接的排斥性

承压型高强度螺栓连接的受力形态是以螺栓杆被剪断或被孔壁挤压破坏为承载能力的极限状态，可能的破坏形式和普通螺栓相同，所以刚度小，而焊接连接刚度大，两者难以协同工作。按照受力同步性要求，在同一连接接头中不得考虑承压型高强度螺栓连接和焊接连接共同工作受力。所以，承压型高强度螺栓连接与焊接连接是不能兼容的，具有排斥性。

5. 摩擦型高强度螺栓连接与焊接连接的兼容性

摩擦型高强度螺栓连接的特点是拧紧后的高强度螺栓只承受预拉力，并不受压，也不受剪，只是将螺杆的拉力转换成了板件之间的摩擦阻力，因此刚度大，可考虑与焊缝同时工作。所以，摩擦型高强度螺栓连接与焊接连接是可以兼容的，具有兼容性。

2.51 钢梁腹板采用高强度螺栓连接后
承载力不足如何补强？

1. 发现问题

图 2.51-1 所示为钢框架-支撑结构中的节点，横梁腹板的连接螺栓采用了单列螺栓排列，显然为抗剪等强连接，而抗剪强度设计值 f_v 远小于抗压强度设计值 f。

横梁不仅要承受竖向荷载产生的弯矩和剪力，当遭遇罕遇地震时，横梁还要承担由中心支撑体系分配的水平地震作用，该水平轴力远大于梁的最大剪力。所以，腹板应按轴向压力等强设计。由于螺栓数量比抗压计算约少了一半，遭遇大震时，采用图 2.51-1 所示连接方式的连接接头就会遭到破坏。

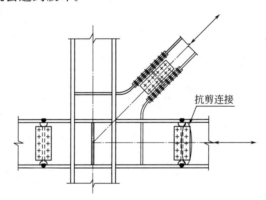

图 2.51-1　腹板为抗剪等强连接（错误的连接方式）

2. 提出问题

（1）正确的横梁腹板连接节点

框架-中心支撑结构中的横梁，其连接节点应该按腹板抗压（或抗拉）等强连接设计，见图 2.51-2。

（2）轴力差

以计算实例说明如下。

假定钢梁规格为 HM500×300（488×11×300×18），Q355，腹板抗拉或抗压强度设计值 f＝295N/mm^2。

双面连接板，每块板件规格为－390×185×8，Q355。

10.9 级 M24 摩擦型高强度螺栓×5，摩擦系数 μ＝0.45，一个高强度螺栓的预拉力设计值 P＝225kN。

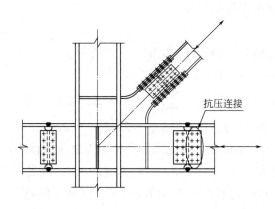

图 2.51-2 腹板为抗压等强连接（正确的连接方式）

按等强连接计算轴力差：

腹板可承受的极限轴力为 $N = Af = (488 - 18 \times 2) \times 11 \times 295 = 1466740\text{N} = 1466.74\text{kN}$。

一个摩擦型高强度螺栓的受剪承载力设计值为 $N_v^b = 0.9kn_f\mu P = 0.9 \times 1 \times 2 \times 0.45 \times 225 = 182.25\text{kN}$。

5 个 M24 螺栓承受的轴力为 $N_1 = 5N_v^b = 5 \times 182.25 = 911.25\text{kN}$。

轴力差 $\Delta N = N - N_1 = 1466.74 - 911.25 = 555.49\text{kN}$。

（3）提出问题

针对 555.49kN 的轴力差，是按图 2.51-2 重新进行连接节点的设计，还是采用角焊缝进行补强？

解答

1. 重新进行连接节点的设计

在钢结构构件还没有安装的情况下，可按图 2.51-2 重新进行连接节点的设计，取两排螺栓 10M24，即 $2N_1 = 2 \times 911.25 = 1822.50\text{kN} > N = 1466.74\text{kN}$，满足要求。不过重新进行节点设计不是本节的重点内容。

2. 采用角焊缝进行补强

1）理论可行性

根据节点连接中焊接与栓接的规则，作为加固补强措施，可采用摩擦型高强度螺栓与焊接承受同一作用力的栓焊并用的连接形式。

栓焊并用的规则是基于两种连接的特点：焊接连接的特点是刚度大，摩擦型高强度螺栓连接的特点也是刚度大。

2）操作可行性

可实施的焊缝长度及焊脚高度的空间富余较多，所以采用双面槽形围焊是可行的。

3）按栓焊兼容方法采用焊缝补强

焊缝计算：

腹板采用栓焊混合连接，计算简图如图 2.51-3 所示。

取焊脚尺寸 $h_f = 5\text{mm} = 0.5\text{cm}$；

单面围焊的角焊缝计算长度 $l_{w1} = \sum l - 2h_f = 39 + 2 \times 9 - 2 \times 0.5 = 56\text{cm}$；

双面围焊的总角焊缝计算长度 $l_w = 2l_{w1} = 2 \times 56 = 112\text{cm}$。

查表 3.4-1，采用 E50 型焊条，每厘米长直角角焊缝的承载能力为 7kN/cm；

角焊缝总承载力为 $7 \times 112 = 784\text{kN} > \Delta N = 555.49\text{kN}$。满足要求。

结论：采用 h_f 为 5mm 的角焊缝进行围焊即可达到补强目的。

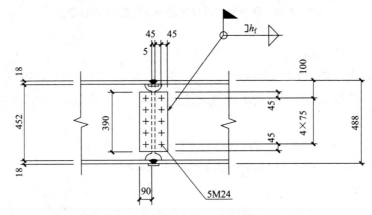

图 2.51-3　腹板连接计算简图

2.52 杆件连接处焊缝承载力不足如何补强？

1. 吊杆荷载增大

吊杆为热轧轻型槽钢[8，钢材为 Q235B，原设计吊杆拉力为 130kN，受力简图见图 2.52-1。由于吊顶平面内增加了荷载，桁架下弦节点处的吊杆受拉设计值增大到 $N = 188kN$。角焊缝的焊脚尺寸 $h_f = 5mm$，经复核验算，吊杆和桁架所有杆件均满足承载力要求，但吊杆在节点处两侧的角焊缝不满足承载力的要求。

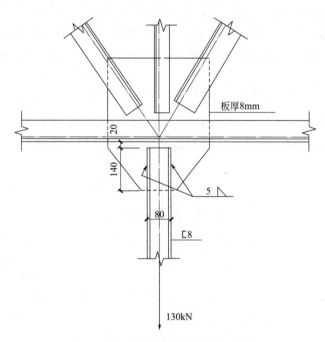

图 2.52-1 原设计吊杆节点受力简图

2. 提出问题

（1）核算原设计中焊缝能够承担的轴力

焊脚尺寸 $h_f = 5mm = 0.5cm$；

单侧角焊缝计算长度 $l_{w1} = l - 2h_f = 14 - 2 \times 0.5 = 13cm$；

双侧焊缝的总角焊缝计算长度 $l_w = 2l_{w1} = 2 \times 13 = 26cm$。

查表 3.4-1，采用 E43 型焊条，每厘米长直角角焊缝的承载能力为 5.6kN/cm；

原设计的角焊缝总承载力为 $N_1 = 5.6 \times 26 = 145.6kN > 130kN$。所以，原设计是安全、

合理的。

（2）轴力差

轴力差 $\Delta N = N - N_1 = 188 - 145.6 = 42.4\text{kN}$。

（3）两种可能的补强方法

一种是在槽钢的端部采用焊脚尺寸为 5mm 的角焊缝进行补强，另一种是采用摩擦型高强度螺栓进行补强。

解答

1. 采用角焊缝进行补强

对槽钢端部进行角焊缝补强。

取焊脚尺寸 $h_f = 5\text{mm} = 0.5\text{cm}$；

槽钢端部的角焊缝计算长度 $l_{w2} = l - 2h_f = 8 - 2 \times 0.5 = 7\text{cm}$；

查表 3.4-1，采用 E43 型焊条，每厘米长直角角焊缝的承载能力为 5.6kN/cm；

增加的承载力 $N_2 = 5.6 \times 7 = 39.2\text{kN} < \Delta N = 42.4\text{kN}$，不满足补强要求。

2. 采用摩擦型高强度螺栓进行补强

根据螺栓设计原则，在节点连接中至少要设置两个螺栓，故按 10.9 级摩擦型高强度螺栓 2M16 进行补强验算。图 2.52-2 为补强后的吊杆节点受力简图。

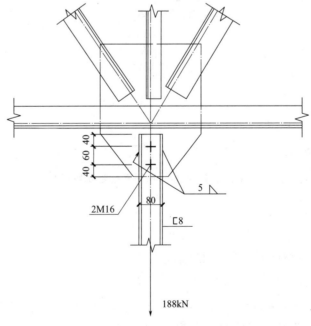

图 2.52-2 补强后的吊杆节点受力简图

一个高强度螺栓 M16 的预拉力设计值为 $P = 100\text{kN}$。在不临时拆除吊杆的情况下，摩擦系数按未经处理的干净表面取 $\mu = 0.30$，现场施工时考虑扩孔的可能性，孔型系数 $k = 0.85$。

一个摩擦型高强度螺栓承载力设计值为 $N_v^b = 0.9 k n_f \mu P = 0.9 \times 0.85 \times 1 \times 0.30 \times 100 = 22.95\text{kN}$。

2M16 螺栓增加的承载力为 $N_3 = 2N_v^b = 2 \times 22.95 = 45.9\text{kN} > \Delta N = 42.4\text{kN}$，满足补强要求。

3. 补强结论

采用摩擦型高强度螺栓 2M16 进行补强能够满足吊杆受拉设计值为 188kN 的要求。

2.53 为什么不得循环使用高强度螺栓?

为什么不得循环使用高强度螺栓?

1. 强制性条文规定

在《钢通规》第4.4.3条中,对不得循环使用高强度螺栓的规定如下:
已施加过预拉力的高强度螺栓拆卸后不应作为受力螺栓循环使用。

2. 施工工艺的规定

采用高强度螺栓连接已成为钢结构连接的主要手段之一,其施工精度的要求及施工过程中的各项拧紧参数的要求也是很严的。施拧的紧固拧矩(T)是决定高强度螺栓安全有效的重要标志,它与扭矩系数和紧固轴力有关,三者之间的关系可用下式表示:

$$T = K \cdot d \cdot P \tag{2.53-1}$$

式中:T——紧固扭矩(N·m 或 kg·m);

K——扭矩系数;

d——螺栓公称直径(mm);

P——紧固轴力(预拉力)(kN)。

1)扭矩系数

扭矩系数是控制紧固轴力的参数,在制造、储运和保管各个环节出了问题,都会使扭矩系数发生很大的变化,影响施拧扭矩的规定扭矩值。预防扭矩系数发生变化是保证高强度螺栓施工的关键措施。如果在某个环节发现有异常现象,要重新进行检验,经鉴定合格后再使用。

2)紧固轴力(预拉力)

高强度螺栓连接副的紧固轴力试验在轴力计(或测力计)上进行,每一连接副(一个螺栓、一个螺母、一个垫圈)只能试验一次,不得重复使用。

紧固轴力分为初拧和终拧。终拧至梅花头被拧掉结束,此时,读出的轴力值即为最终确定的紧固轴力(预拉力)。

3. 为什么高强度螺栓不能循环使用

高强度螺栓被拆卸后,其扭矩系数发生了根本性变化,更重要的是没有了梅花头,得不到终拧数据,也就没有了紧固轴力,进而没有了紧固扭矩。缺失了紧固扭矩支持的高强度螺栓是不可使用的。

2.54　如何采用摩擦型高强度螺栓将简支梁按抗剪等强连接?

疑问

如何采用摩擦型高强度螺栓将简支梁按抗剪等强连接?

解答

1. 钢结构节点构造的设计原则

当结构遭受偶然过载或大地震时,节点不能先于杆件遭到破坏,节点应按与构件等强的方法进行设计。对于简支梁支座处采用翼缘断开,由腹板承受剪力,所以,节点应按与钢梁腹板抗剪等强连接的方法进行摩擦型高强度螺栓的设计。

简记:抗剪等强。

2. 腹板抗剪等强连接的设计

1) 摩擦型高强度螺栓连接的抗剪计算

在受剪连接中,每个高强度螺栓的承载力设计值按下式计算:

$$N_v^b = 0.9kn_f\mu P \tag{2.54-1}$$

式中:N_v^b——一个高强度螺栓的受剪承载力设计值 (N);

　　　k——孔型系数,标准孔取 1.0;大圆孔取 0.85;内力与槽孔长向垂直时取 0.7;内力与槽孔长向平行时取 0.6。

　　　n_f——传力摩擦面数目;

　　　μ——摩擦面的抗滑移系数,可按表 3.6-1 取值;

　　　P——一个高强度螺栓的预拉力设计值 (N),可按表 3.6-2 取值。

2) 求螺栓的个数

钢梁腹板的截面积为 A_f,按抗剪满应力设计时,拼接点一侧所需的螺栓个数按下式计算:

$$n \geqslant \frac{A_f f_v}{N_v^b} \tag{2.54-2}$$

式中:n——摩擦型高强度螺栓的个数 (遇小数进位取整);

　　　f_v——钢材的抗剪强度设计值 (N/mm²)。

3) 腹板抗剪等强连接时常用型钢螺栓个数选用表

(1) Q235 钢材常用 H 型钢腹板抗剪的高强度螺栓个数见表 3.11;

(2) Q355 钢材常用 H 型钢腹板抗剪的高强度螺栓个数见表 3.14。

2.55 如何采用摩擦型高强度螺栓将框架梁按抗弯等强连接?

疑问

如何采用摩擦型高强度螺栓将框架梁按抗弯等强连接?

解答

1. 钢结构节点构造的设计原则

当结构遭受偶然过载或大地震时,节点不能先于杆件遭到破坏,节点应按与构件等强的方法进行设计。

1)翼缘

框架梁的上下翼缘受拉或受压,所以,翼缘是按抗拉或抗压等强连接。

简记:翼缘拉压等强。

2)腹板

框架梁腹板受力分为两种形式:

(1)纯框架梁在大震情况下应保证塑性铰具有塑性设计要求的转动能力,即钢梁全截面可达塑性,见图 2.66-1 中的 S1 级和 S2 级截面应力示意图。当翼缘和腹板都达到抗弯满应力时,按抗弯等强设计。由于钢材抗拉、抗压和抗弯的强度设计值相同,所以腹板可按抗拉或抗压等强连接计算螺栓个数。

简记:腹板拉压等强。

(2)框架-支撑体系中,支撑中的横梁既承担抗弯功能,又承担抗拉或抗压功能,是一个压弯(拉弯)构件,没有水平地震作用时以承受弯矩为主;在地震作用下,尤其是在大震情况下以受压或受拉为主。所以,钢梁的腹板拼接应按抗拉或抗压等强进行设计。

简记:腹板拉压等强。

2. 翼缘等强连接的设计

1)翼缘焊接等强连接

对于不需要考虑疲劳的钢结构,框架梁的翼缘可采用全熔透焊方法进行现场拼接,其拼接节点属于抗拉或抗压等强连接。

简记:翼缘焊接等强。

2)翼缘栓接等强连接

(1)求翼缘螺栓的个数

对于需要考虑疲劳的钢结构,翼缘应采用摩擦型高强度螺栓进行现场连接。螺栓的个数按翼缘抗拉或抗压满应力进行设计。

钢梁的上翼缘或下翼缘的截面积为 A_b，按抗拉或抗压满应力设计时，拼接点一侧所需的螺栓个数按下式计算：

$$n \geqslant \frac{A_b f}{N_v^b} \qquad (2.55\text{-}1)$$

式中：N_v^b ——一个高强度螺栓的受剪承载力设计值（N）；

   n ——摩擦型高强度螺栓的个数（遇小数进位取整）；

   f ——钢材的抗拉或抗压强度设计值（N/mm²）。

（2）翼缘抗拉或抗压等强连接时常用型钢螺栓个数选用表

① Q235 钢材常用 H 型钢翼缘抗拉、抗压的高强度螺栓个数见表 3.13；

② Q355 钢材常用 H 型钢翼缘抗拉、抗压的高强度螺栓个数见表 3.16。

3. 腹板等强连接的设计

1）腹板焊接等强连接

对于不需要考虑疲劳的钢结构，框架梁的腹板也可采用全熔透焊方法进行现场拼接，其拼接节点属于抗拉或抗压等强连接。

简记：腹板焊接等强。

2）腹板栓接等强连接

纯框架梁受弯构件，其腹板在大震下可达到抗弯满应力，由于钢材抗拉、抗压和抗弯的强度设计值相同，所以腹板可按抗拉或抗压等强连接计算螺栓个数。

（1）求腹板螺栓的个数

对于以承担轴力为主的支撑中的横梁，腹板拼接节点的螺栓个数按腹板抗拉或抗压满应力进行设计。

钢梁腹板的截面积为 A_f，按抗拉或抗压满应力设计时，拼接点一侧所需的螺栓个数按下式计算：

$$n \geqslant \frac{A_f f}{N_v^b} \qquad (2.55\text{-}2)$$

（2）腹板抗拉或抗压等强连接时常用型钢螺栓个数选用表

① Q235 钢材常用 H 型钢腹板抗拉、抗压的高强度螺栓个数见表 3.12；

② Q355 钢材常用 H 型钢腹板抗拉、抗压的高强度螺栓个数见表 3.15。

2.56 摩擦型高强度螺栓和承压型高强度 螺栓有何区别?

疑问

摩擦型高强度螺和承压型高强度螺栓有何区别?

解答

1. 摩擦型高强度螺栓

高强度螺栓摩擦型连接是靠被连接板间的摩擦力传递内力,以摩擦阻力刚被克服作为连接承载力的极限状态。摩擦阻力值取决于板间的法向压力即螺栓预拉力 P、接触表面的抗滑移系数 μ 以及传力摩擦面数目 n_f。

高强度螺栓摩擦型连接的特点是,拧紧后的高强度螺栓只承受预拉力,并不受压,也不受剪,只是将螺杆的拉力转换成了板件之间的摩擦阻力,并且,外力不得大于摩擦阻力。

2. 承压型高强度螺栓

承压型连接高强度螺栓的预拉力和摩擦型连接的相同,但对连接处构件接触面的处理只需清除油污及浮锈即可,不必做进一步处理。

高强度螺栓承压型连接的受力形态在前期表现为通过摩擦力传力,后期受力突破摩擦力时,螺栓产生滑移,以螺栓杆被剪断或孔壁承压破坏为承载能力极限状态。其破坏形式和普通螺栓相同,所以其计算方法(按最终的破坏形态)也与普通螺栓相同,只是采用了高强度螺栓的受剪、受压承载力设计值。但当计算剪切面在螺纹处时,其受剪承载力设计值应按螺纹处的有效截面积进行计算。

2.57　如何利用孔型系数处理安装偏差问题？

在钢结构施工过程中，出现安装偏差，甚至无法安装、需要返工的情况时有发生。那么，如何利用孔型系数处理安装偏差问题？

2018 年 7 月 1 日起施行的《钢结构设计标准》GB 50017—2017 中在高强度螺栓摩擦型连接计算中增加了一个孔型系数项，而在废止的《钢结构设计规范》GB 50017—2003 及更老版本的《钢结构设计规范》中都没有孔型系数项。

孔型系数的贡献在于为复杂结构预留偏差量，并为现场进行高强度螺栓连接时出现偏差而进行纠偏处理提供了解决问题的可行之路。

1. 孔型与孔型系数的关系

在高强度螺栓摩擦型链接计算中，孔型系数 k 与孔型息息相关，其关系见表 2.57-1。

孔型与孔型系数 k 的关系　　　　　　　　　　　　表 2.57-1

孔型	k
标准孔	1.0
大圆孔	0.85
内力与槽孔长向垂直时	0.7
内力与槽孔长向平行时	0.6

2. 高强度螺栓摩擦型连接的孔型尺寸

高强度螺栓摩擦型连接可按设计需要采用标准孔、大圆孔和槽孔。孔型尺寸可按表 2.57-2 采用。

高强度螺栓连接的孔型尺寸匹配（mm）　　　　　　　表 2.57-2

螺栓公称直径		M16	M20	M22	M24	M27	M30
孔型	标准孔　直径	17.5	22	24	26	30	33
	大圆孔　直径	20	24	28	30	35	38
	槽孔　短向	17.5	22	24	26	30	33
	槽孔　长向	30	37	40	45	50	55

3. 纠偏处理方法

当现场安装出现偏差时，按下面几种情况进行处理。

1）偏差较小的情况

当偏差在表 2.57-2 中的大圆孔范围内时，可拆下连接板后拿到工厂，在其一侧扩大成大圆孔，然后进行二次安装。

2）偏差较大的情况

当偏差在表 2.57-2 中的槽孔长向尺寸范围内（安装偏差一般都在横向）时，可拆下连接板后拿到工厂在其一侧扩大成大槽孔，然后进行二次安装。

3）偏差很大的情况

当偏差范围超过表 2.57-2 中的槽孔长向尺寸时，本节方法无效，需返工后重新安装。

4. 注意事项

（1）按现场安装产生的偏差值确定是采用大圆孔还是槽孔扩孔形式。

（2）采用扩大孔连接时，应在连接板的一端进行大圆孔或槽孔的扩孔。扩孔在工厂进行，然后到现场二次拼接。

（3）按孔型系数核算节点连接的安全性。

2.58　什么是二阶效应系数?

疑问

在钢结构分析与稳定性设计中，有时需要采用一阶弹性分析，有时需要采用二阶 $P\text{-}\Delta$ 弹性分析，应根据最大二阶效应系数采用适当的结构分析方法。那么，什么是二阶效应系数?

解答

1. 二阶效应

回答二阶效应系数前首先要了解二阶效应的内容。

二阶效应也称重力二阶效应。结构在水平荷载的作用下有一个水平位移，重力荷载在水平荷载的作用下还会产生一个附加的位移，也就是在水平荷载作用产生水平位移的基础上引起的二阶效应（有时也称为二阶重力 $P\text{-}\Delta$ 效应）。

重力荷载采用设计值，水平荷载采用标准值。

2. 二阶效应系数

二阶效应系数 θ_i^{II} 是二阶效应数字化、具体化的体现方式，其表达式为二阶效应层间位移和一阶弹性层间位移的位移差与二阶层间位移的比值：

$$\theta_i^{\mathrm{II}} = \frac{\Delta u_i^{\mathrm{II}} - \Delta u_i}{\Delta u_i^{\mathrm{II}}} \tag{2.58-1}$$

式中：Δu_i^{II} ——按二阶弹性分析求得的计算 i 楼层的层间位移；

Δu_i ——按一阶弹性分析求得的计算 i 楼层的层间位移。

3. 二阶效应系数的计算

1）规则框架结构的二阶效应系数按下式计算：

$$\theta_i^{\mathrm{II}} = \frac{\sum N_i \cdot \Delta u_i}{\sum H_i \cdot h_i} \tag{2.58-2}$$

式中：$\sum N_i$ ——所计算 i 楼层各柱轴心压力设计值之和（N）；

$\sum H_i$ ——产生层间侧移 Δu 的计算楼层及以上各层的水平力标准值之和（N）；

h_i ——所计算 i 楼层的高度（mm）；

Δu_i ——$\sum H_i$ 作用下按一阶弹性分析求得的计算楼层的层间侧移（mm）。

2）一般结构的二阶效应系数按下式计算：

$$\theta_i^{\text{II}} = \frac{1}{\eta_{\text{cr}}} \qquad (2.58\text{-}3)$$

式中：η_{cr} ——整体结构最低弹性临界荷载与荷载设计值的比值。

4. 二阶效应系数的作用

1）确定结构分析方法

根据最大的层间二阶效应系数 $\theta_{i,\text{max}}^{\text{II}}$ 确定钢结构的分析方法：采用一阶弹性分析还是采用二阶 $P\text{-}\Delta$ 弹性分析。

2）计算二阶效应的影响

对附加位移引起的二阶效应采用放大系数法，就是对水平力产生的侧移对应的线性分析内力乘以放大系数，以达到考虑二阶效应影响的效果。

3）限制侧移过大的结构

《钢通规》中不允许结构的二阶效应系数过大，超出限制就要重新考虑增大抗侧刚度。

2.59　什么情况下采用一阶弹性分析?

疑问

结构工程师刚接触钢结构设计时可能会将混凝土结构的观念用在钢结构设计中。例如在混凝土结构中,即使是框架结构,其二阶效应系数也很小,所以,不管是什么结构类型均采用一阶弹性分析,这是没问题的。但是在钢结构中,是否采用一阶弹性分析是与结构类型有关的。

经常有人会问:什么情况下采用一阶弹性分析?

解答

钢结构分析有两种方法:一阶弹性分析和二阶 P-Δ 弹性分析(过去还有直接分析,但在 2022 年执行通用规范时被废止了)。

要了解一阶弹性分析,就要知道其概念,掌握正确的使用条件。

1. 一阶弹性分析的概念

一阶弹性分析就是不考虑几何非线性对结构内力和变形产生的影响,根据未变形的结构建立平衡条件,按弹性阶段分析结构内力及位移。适用于一阶弹性分析的结构特点就是侧移不敏感。

1) 侧移不敏感结构的判定

侧移不敏感结构的判定标准为:最大二阶效应系数 $\theta_{i,\max}^{\mathrm{II}} \leqslant 0.1$。

2) 侧移不敏感钢结构的类型

(1) 未承受水平荷载作用的钢框架结构,其特点是没有水平位移。

(2) 框架-支撑结构通常属于侧移不敏感的结构。

(3) 密柱框架结构抗侧刚度较大,有时也会达到侧移不敏感的标准。

3) 一阶弹性分析中,框架柱的计算方法

侧移不敏感的结构可以只进行一阶弹性分析,此时,框架柱在稳定设计时采用计算长度系数法,即,根据抗侧刚度按照有侧移屈曲或无侧移屈曲的模式确定框架柱的计算长度系数。

2. 一阶弹性分析的实际应用

(1) 从 2015 年开始我国所有地域均考虑抗震设计,所以,不承受水平地震作用的钢框架结构不再存在,也就少了一种一阶弹性分析适用的钢结构类型。

(2) 框架-支撑结构属于侧移不敏感的结构,一般能够满足最大二阶效应系数 $\theta_{i,\max}^{\mathrm{II}} \leqslant 0.1$ 的标准,可以采用一阶弹性分析。但是对于高度较高的框架-支撑结构,还是要查看其

$\theta_{i,\max}^{\mathrm{II}}$ 值，当 $\theta_{i,\max}^{\mathrm{II}} > 0.1$ 时，应采用二阶 P-Δ 弹性分析

简记：框架-支撑结构

3. 如何实现一阶弹性分析

最大二阶效应系数 $\theta_{i,\max}^{\mathrm{II}} \leqslant 0.1$ 的情况下可进行一阶弹性分析。在电脑上进行整体计算时，在计算控制信息的二阶效应一栏中，不要勾选针对"考虑 P-Δ 效应"的选项，见图 2.59-1，程序就会进行一阶弹性分析计算。

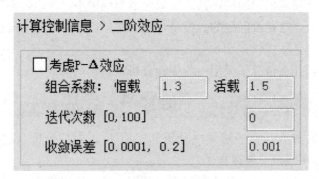

图 2.59-1 一阶弹性分析时的信息选项

4. 结 论

针对应力问题通常采用一阶弹性分析，其特点是不考虑变形对外力效应的影响，但这种假设在实际中很难做到。钢结构是以考虑稳定为原则的，而应力问题则是内力分析问题（或强度问题），所以，国内有人建议，一阶弹性分析法仅适用于初步设计，不适合最终设计。

在初步设计中，当结构类型为框架-支撑时，可采用一阶弹性分析，但还要根据 $\theta_{i,\max}^{\mathrm{II}}$ 值做出最终判断。

2.60 什么情况下采用二阶 *P-Δ* 弹性分析?

疑问

结构工程师刚接触钢结构设计时,可能不知道什么是 $P\text{-}\Delta$ 效应,自然也就不清楚什么情况下采用二阶 $P\text{-}\Delta$ 弹性分析。

解答

要了解二阶 $P\text{-}\Delta$ 弹性分析,就要知道其概念,掌握正确的使用条件。

1. 二阶效应

二阶效应的相关概念见第 2.58 节。

2. 二阶 *P-Δ* 弹性分析的概念

二阶 $P\text{-}\Delta$ 弹性分析就是仅考虑结构整体初始缺陷及几何非线性对结构内力和变形产生的影响,根据位移后的结构建立平衡条件,按弹性阶段分析结构内力及位移。

侧移敏感的结构及需要进行稳定分析的结构适用于二阶 $P\text{-}\Delta$ 弹性分析。

1) 侧移敏感结构的判定

侧移敏感结构的判定标准为:最大二阶效应系数 $\theta_{i,\max}^{\mathrm{II}} > 0.1$。

2) 侧移敏感的钢结构类型

(1) 框架结构属于侧移敏感的结构。

(2) 高度较高的框架-支撑结构有时也可能属于侧移敏感的结构,要根据 $\theta_{i,\max}^{\mathrm{II}}$ 值进行判断。

3) 二阶 $P\text{-}\Delta$ 弹性分析的计算方法

二阶 $P\text{-}\Delta$ 效应可按近似的二阶理论对在水平荷载作用下结构产生的一阶弯矩进行放大来考虑,这种方法也称为放大系数法。进行二阶 $P\text{-}\Delta$ 弹性分析时,柱子的计算长度可取层高。柱子计算长度系数已经在分析过程中考虑进去了。

放大系数法:对水平力产生的侧移对应的线性分析内力乘以放大系数,以达到考虑二阶效应影响的目的。

无支撑的框架结构杆件杆端的弯矩 M_{Δ}^{II} 可按两部分考虑:竖向荷载作用下的一阶弹性弯矩和水平荷载作用下的一阶弹性弯矩乘以放大系数,用下列近似公式进行计算:

$$M_{\Delta}^{\mathrm{II}} = M_{\mathrm{q}} + \alpha_i^{\mathrm{II}} M_{\mathrm{H}} \qquad (2.60\text{-}1)$$

$$\alpha_i^{\mathrm{II}} = \frac{1}{1 - \theta_i^{\mathrm{II}}} \qquad (2.60\text{-}2)$$

式中: M_{Δ}^{II} ——仅考虑 $P\text{-}\Delta$ 效应的二阶弯矩;

M_q——结构在竖向荷载作用下的一阶弹性弯矩；

M_H——结构在水平荷载作用下的一阶弹性弯矩；

α_i^{II}——第 i 层杆件的弯矩增大系数，当 $\alpha_i^{II} > 1.33$ 时，宜增大结构的侧移刚度。

3. 如何实现二阶弹性分析

在电脑上进行整体计算时，在计算控制信息的二阶效应一栏中，勾选"考虑 P-Δ 效应"选项，见图 2.60-1，程序就会进行二阶 P-Δ 弹性分析计算。

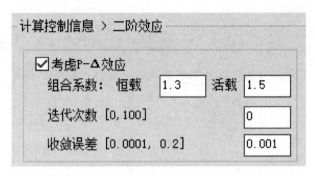

图 2.60-1　二阶 P-Δ 弹性分析时的信息选项

4. 结论

稳定问题原则上都应采用二阶分析。《钢标》第 5.1.2 条规定：结构稳定性设计应在结构分析或构件设计中考虑二阶效应。所以，钢结构的最终设计都应该采用二阶 P-Δ 弹性分析。

2.61　如何获得二阶效应系数?

疑问

设计人员在进行钢结构设计时往往是根据结构类型来选择计算方法的，如，遇到钢框架-支撑体系就选择一阶弹性分析（理由是侧移不敏感），遇到钢框架体系就选择二阶 P-Δ 弹性分析（理由是侧移敏感），这在大多数情况下是对的，但有时也不尽然。对于钢框架-中心支撑体系，在水平力作用下位移较小，但有时也会出现二阶效应系数 $\theta_i^{\mathrm{II}} > 0.1$ 的情况，此时就不能采用一阶弹性分析方法，而应采用二阶 P-Δ 弹性分析方法。即使是框架体系（侧移敏感），但有时柱子截面较大，柱距较密，且层高较小，造成抗侧刚度较大，也会出现二阶效应系数 $\theta_i^{\mathrm{II}} \leqslant 0.1$ 的情况，这时就可以采用一阶弹性分析方法。所以，不管是什么结构类型，都必须先判断二阶效应系数，再确定钢结构计算方法。那么，如何获得二阶效应系数?

解答

1. 首先进行二阶 P-Δ 弹性分析

不管是钢框架-支撑结构，还是钢框架结构，首先采用二阶 P-Δ 弹性分析方法进行整体分析，在计算控制信息的二阶效应一栏中，勾选"考虑 P-Δ 效应"选项（图 2.59-1、图 2.60-1）。当然，荷载不能失真，且结构体系是成立的，则其计算结果可认为是有效的。

2. 根据计算结果获得二阶效应系数

从计算结果中可以查到二阶效应系数 θ_i^{II}，如果与预期效果有差异，如出现框架-支撑结构的二阶效应系数 $\theta_i^{\mathrm{II}} > 0.1$ 的情况或纯框架结构的二阶效应系数 $\theta_i^{\mathrm{II}} > 0.2$（或 0.25）的情况。一般是二阶效应系数大了，说明结构抗侧刚度小于预期值，需要增加支撑数量或加大柱子截面。

2.62 如何控制二阶效应系数？

疑问

1. 提出问题

在《钢通规》第 5.2.3 条第 2 款中，对结构稳定性验算的规定如下：

高层钢结构的二阶效应系数不应大于 0.2，多层钢结构不应大于 0.25。

该条为新增的强制性条文，是对《钢标》中结构分析与稳定性设计的重大修改。针对此条提出一个问题：当二阶效应系数超过限定值时如何调整结构使其值控制在限定范围内。

2. 分析问题

根据新增的强制性条文的要求，由于限定了二阶效应系数的最大值，不需要采用直接分析法了，所以，结构分析只有两种方法：一阶弹性分析方法和二阶 $P\text{-}\Delta$ 弹性分析方法。

采用何种分析方法，应根据最大二阶效应系数 $\theta_{i,\max}^{\mathrm{II}}$ 进行判别，见表 2.62-1。

最大二阶效应系数$\theta_{i,\max}^{\mathrm{II}}$ 与分析方法　　　　　　　表 2.62-1

类型	最大二阶效应系数	分析方法
高层钢结构	$\theta_{i,\max}^{\mathrm{II}} \leqslant 0.1$	一阶弹性分析
	$0.1 < \theta_{i,\max}^{\mathrm{II}} \leqslant 0.20$	二阶 $P\text{-}\Delta$ 弹性分析
	$\theta_{i,\max}^{\mathrm{II}} > 0.20$	调整结构增大侧移刚度后重新计算
多层钢结构	$\theta_{i,\max}^{\mathrm{II}} \leqslant 0.1$	一阶弹性分析
	$0.1 < \theta_{i,\max}^{\mathrm{II}} \leqslant 0.25$	二阶 $P\text{-}\Delta$ 弹性分析
	$\theta_{i,\max}^{\mathrm{II}} > 0.25$	调整结构增大侧移刚度后重新计算

从表中的内容来看，控制二阶效应系数显然不是针对一阶弹性分析的，而是针对二阶 $P\text{-}\Delta$ 弹性分析超限时的应对措施。

侧移敏感的结构需要进行二阶 $P\text{-}\Delta$ 弹性分析。当最大二阶效应系数超过限定值时，就需要改变结构形式或调大结构杆件，其目的就是要增大结构的抗侧移刚度，使调整后的结构侧移量减小，满足结构最大二阶效应系数不超限的要求。那么，如何控制二阶效应系数？

解答

增大框架-支撑结构抗侧移刚度的方法

（1）当某方向最大二阶效应系数超出限值较多时，可通过在该方向增设一些支撑来增大抗侧移刚度。

（2）当某方向最大二阶效应系数超出限值不多时，可通过加大该方向柱子截面高度来增大抗侧移刚度。

举一个计算例子：

图 2.62-1 为某高层框架结构整体计算模型。

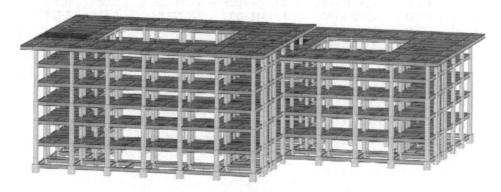

图 2.62-1　某高层框架结构整体计算模型

两个方向的柱网间距均为 9m。

基础埋深 2m，采用高柱墩基础（俗称"高脖子基础"），地面为嵌固层。首层和二层的层高为 5.2m，3～6 层的层高均为 4.5m，总高度为 28.4m，属于高层钢框架结构，工阶效应系数限值为 0.2。

初选柱截面尺寸为方管柱 350×12，框架梁为 HM500×300，次梁截面为 HN400×200。钢材为 Q355。由于初选柱子截面尺寸较小，电算结果（图 2.62-2 最右边两列）显示两个方向均有二阶效应系数（X 系数、Y 系数）超过 0.2 的情况。

```
******************************************************
          二阶效应系数(仅针对于钢框架结构)
******************************************************
```

层号	塔号	层高(m)	X向刚度(kN/m)	Y向刚度(kN/m)	上部重量(kN)	X系数	Y系数
7	1	4.500	2.3320E+005	2.2349E+005	44488.6	0.042	0.044
6	1	4.500	3.7456E+005	3.7271E+005	114842.2	0.068	0.068
5	1	4.500	3.6355E+005	3.6533E+005	178373.8	0.109	0.109
4	1	4.500	3.4168E+005	3.4672E+005	240446.6	0.156	0.154
3	1	5.200	2.3753E+005	2.4010E+005	302923.6	0.245	0.243
2	1	5.200	2.9460E+005	2.9118E+005	365400.6	0.239	0.241
1	1	2.000	2.2144E+007	2.1789E+007	386107.8	0.009	0.009

图 2.62-2　初选截面的计算结果

由于超限不算太多，采用加大柱截面的方式调整抗侧移刚度，将方管柱截面调大到 400×12，重新进行整体计算。可以看到其电算结果（图 2.62-3 最右边两列）中两个方向的二阶效应系数（X 系数、Y 系数）均小于 0.2，满足通用规范的要求。

由于有些层的二阶效应系数大于 0.1，所以该框架结构应采用二阶 $P\text{-}\Delta$ 弹性分析方法进行整体计算。

```
***********************************************************
           二阶效应系数(仅针对于钢框架结构)
***********************************************************
```

层号	塔号	层高(m)	X向刚度(kN/m)	Y向刚度(kN/m)	上部重量(kN)	X系数	Y系数
7	1	4.500	3.0743E+005	2.8526E+005	44540.6	0.032	0.035
6	1	4.500	4.6528E+005	4.6846E+005	114985.5	0.055	0.055
5	1	4.500	4.5427E+005	4.6205E+005	178609.1	0.087	0.086
4	1	4.500	4.3166E+005	4.4234E+005	240773.8	0.124	0.121
3	1	5.200	3.1636E+005	3.2401E+005	303359.1	0.184	0.180
2	1	5.200	4.1832E+005	4.1666E+005	365944.4	0.168	0.169
1	1	2.000	2.2424E+007	2.2135E+007	386651.7	0.009	0.009

图 2.62-3　增大截面的计算结果

2.63　节点构造重要还是计算分析重要?

疑问

节点构造重要还是计算分析重要?

解答

多数人会说:在钢结构设计中,节点构造和计算分析都非常重要。因为,即使节点构造非常正确,可是计算分析有错误,也是没用的。

而事实是:节点构造比计算分析重要。许多钢结构房屋倒塌都是因为构造上出了问题。

节点构造不正确一定是不安全的,或是危险的;而计算分析过程中出了错误,一般是不可行的,但有些钢结构房屋即使计算分析存在错误,竣工后也没有出现问题。这种情况透支或者说消耗了材料和设计中的安全储备(约40%),可认为导致结构安全性大打折扣。例如,设计中将本应为轴心受压的钢柱设计成了偏心受压柱,与钢柱整体稳定的计算分析不符,竣工后也没有出现问题,这是因为应力比取值小,还有材料本身的安全储备起了作用。再例如,在选择钢结构分析方法时,不懂得一阶弹性分析和二阶 P-Δ 弹性分析方法的根本区别,明明是多层框架结构,水平位移很显著,应该选择二阶 P-Δ 弹性分析方法,但错误地选择了一阶弹性分析,房屋竣工后也没事儿,这是拜房屋层数不多,荷载较小,透支了材料的安全储备所赐。

通过图 2.63-1,可以了解节点构造与计算分析的关系。

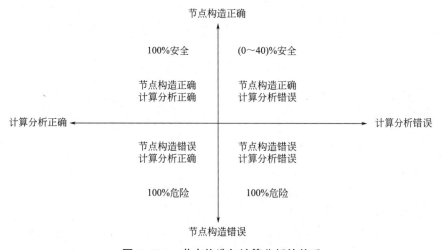

图 2.63-1　节点构造与计算分析的关系

节点构造正确＋计算分析正确＝100%安全

节点构造正确＋计算分析错误＝0～40％安全

节点构造错误＋计算分析正确＝100％危险

节点构造错误＋计算分析错误＝100％危险

结论：节点构造正确是钢结构安全的前提条件。

在钢结构设计中，千万不要用计算分析的正确来掩盖节点构造的错误。

在计算分析时，只要模型正确、参数准确、条件合理，其他交给计算机进行计算就可以了。而在节点构造设计中，存在如传力途径、抗层状撕裂、焊接要求、构造规定、节点的操作空间、运输单元的设置等因素，需要设计人员具备较全面的钢结构基本知识和丰富的实践经验才能胜任。

钢结构的精髓是整体稳定、局部稳定和节点构造，前两个可以交给计算机执行，后一项主要靠人脑来完成。

如果把节点构造称为"脑力"，计算分析称为"算力"，在钢结构设计中，结构的安全性既取决于"脑力"，也取决于"算力"，但前者更为重要。

2.64　如何控制应力比？

疑问

应力比在钢结构设计中是一个非常重要的参数，关系到结构的经济性和安全性。应力比小了，杆件截面可能就大了，用钢量也就大了；应力比大了，安全储备就小了，有可能不安全。只有正确把握应力比的"力度"，才能使经济性和安全性达到最佳状况。那么，如何控制应力比？

解答

应力比的控制主要考虑两个因素：一个是工地焊接，一个是楼板、楼梯偶然堆积荷载引起的超载。

（1）按照传统设计方法，施工条件较差的高空安装焊缝应乘以系数 0.9。

这里的高空安装不是专指高层钢结构的安装，而是指距地面有一定的距离，发生意外能够将人摔伤致残的空中作业高度。多、高层钢结构的安装基本上均为高空作业。

现场拼接的钢柱、支撑、栓焊节点的框架梁等均为全熔透焊缝，其焊缝强度与母材等强。所以，当焊缝强度指标乘以系数 0.9 时，与之相关联的钢柱、钢支撑、钢梁等构件也同样要乘以系数 0.9。

简记：现场焊接。

（2）钢梁的截面比混凝土梁小得多，楼板偶然的超载可能会导致钢梁整体失稳，至少要考虑 5% 超载的可能性，钢梁强度指标要乘以系数 0.95。

（3）楼板偶然的超载会通过框架梁传递给偏心支撑的斜杆，也要考虑 5% 超载的可能性，其强度指标要乘以系数 0.95。

（4）由于大跨度钢梁、钢桁架及大跨度悬臂梁的特殊性，其强度指标宜考虑乘以系数 0.95。

综合上述几种情况，建议各种构件的应力比控制值按表 2.64-1 取值。存在多项系数时，为连乘关系。

应力比控制值　　　　　　　　　　　　　　　　　　　　　　表 2.64-1

构件	应力比控制值	备注
钢柱、中心支撑	0.90	（1）
偏心支撑	0.85	（1）×（3）
钢框架梁	0.85	（1）×（2）
悬臂梁、一端刚接一端铰接的钢梁	0.85	（1）×（2）
钢楼梯	0.85	（1）×（2）
两端铰接的钢梁	0.95	（2）
大跨度钢梁、桁架、悬挑梁	0.80	（1）×（2）×（4）

2.65 如何选择阻尼比？

疑问

阻尼比是进行钢结构整体分析时必须输入的一个参数。地震作用的大小与这一参数的正确与否有直接的关联。阻尼比越小，地震作用就越大，反之亦然。所以，要正确地把握好阻尼比参数。那么，如何选择阻尼比？

解答

1. 钢结构在地震作用下的阻尼比取值

（1）大跨度屋盖支撑在钢结构上，阻尼比可取 0.02；下部支撑为混凝土结构时，可取 0.025～0.035。

（2）多遇地震下的计算，高度≤50m 时，可取 0.04；高度在 50～200m 时，可取 0.03；高度≥200m 时，宜取 0.02。高层混合结构，可取 0.04。

（3）当偏心支撑框架部分承担的地震倾覆力矩大于结构总地震倾覆力矩的 50% 时，其阻尼比可相应增加 0.005。

（4）在罕遇地震作用下的弹塑性分析，阻尼比可取 0.05。

（5）钢结构在地震作用下的阻尼比取值汇总如表 2.65-1。

2. 高层钢结构考虑风振舒适度

房屋高度小于 100m 时，阻尼比取 0.015；房屋高度大于 100m 时，阻尼比取 0.01。高层混合结构可取 0.02～0.04。单层钢结构厂房取 0.045～0.05。

钢结构在地震作用下的阻尼比取值 　　　　　　　　　表 2.65-1

情况		房屋高度 H		
		$H \leqslant 50\text{m}$	$50\text{m} < H < 200\text{m}$	$H \geqslant 200\text{m}$
多遇地震	当偏心支撑框架部分承担的地震倾覆力矩大于结构总地震倾覆力矩的 50% 时	0.045	0.035	0.025
	钢结构	0.04	0.03	0.02
	高层混合结构	0.04	0.04	0.04
设防烈度地震		0.045	0.045	0.045
罕遇地震		0.05	0.05	0.05

注：阻尼比是结构设计的重要参数，应考虑结构体系的影响、房屋高度的不同，还要考虑多遇地震（小震）、设防烈度地震（中震）和罕遇地震（大震）及结构舒适度验算等问题。

2.66　如何选择宽厚比等级参数 S1、S2、S3、S4、S5？

疑问

截面板件宽厚比等级是 2018 年 7 月 1 日起实施的《钢标》中的新增加的内容。许多人把握不准该内容，甚至望文生义，因为 S4 级截面称为弹性截面，在小震弹性分析中就采用了 S4 参数，这显然是错误的。只有正确理解截面板件宽厚比等级的含义，才能正确地选择其参数。如何选择宽厚比等级参数 S1、S2、S3、S4、S5？这是大家关心的问题。

解答

1. 截面板件宽厚比（S1、S2、S3、S4、S5）的等级

截面板件宽厚比是指板件平直段构件截面的宽度与厚度的比值。对于钢柱和钢梁，因为腹板计算宽厚比时取截面的高度，所以其宽厚比也可称为高厚比。

除了保证局部稳定外，宽厚比的大小也直接决定了钢构件的塑性转动变形能力和承载力的大小。

板件宽厚比只针对弯矩产生的应力或压力和弯矩共同作用下产生的应力形式，即针对受弯构件（梁）和压弯构件（框架柱），而不包括只承受轴力的柱子（如摇摆柱）。只承受轴力的柱子截面上的应力全截面相同。

绝大多数钢构件由板件构成，而板件宽厚比的大小直接决定了钢构件的承载力和受弯及压弯构件的塑性转动变形能力，因此，钢构件截面的分类是钢结构设计技术的基础，尤其是钢结构抗震设计方法的基础。

根据截面承载力和塑性转动变形能力的不同，国际上一般将截面分为四类，而我国在受弯构件设计中采用了截面塑性发展系数 γ_x，因此将截面按板件宽厚比分为 S1、S2、S3、S4、S5 共 5 个等级。

2. 截面板件宽厚比（S1、S2、S3、S4、S5）等级的划分

根据截面承载力和塑性转动变形能力的不同，《钢标》将截面按其板件宽厚比分为 5 个等级。

（1）S1 级：称为一级塑性截面，也称为塑性转动截面。如图 2.66-1 中的曲线 1 所示，翼缘已全部屈服，腹板可达全部屈服，即可达全截面塑性（此时绕中和轴斜线成为水平线），保证塑性铰具有塑性设计要求的转动能力。

在弯矩-曲率关系中，ϕ_{p2} 对应的是弯矩平台段最右端曲率值，一般要求达到塑性弯矩 M_p 除以弹性初始刚度得到的曲率 ϕ_p 的 8~15 倍。

简记：完全塑性铰。

（2）S2级：称为二级塑性截面。如图2.66-1中的曲线2所示，翼缘已经全部屈服，腹板可达全部屈服，即可达全截面塑性（此时绕中和轴斜线成为水平线），但由于局部屈曲，塑性转动能力有限。在弯矩-曲率关系中，ϕ_{pl}对应的是弯矩平台段最左端曲率值，大约是ϕ_p的2～3倍。

简记：完全塑性铰。

（3）S3级：称为弹塑性截面。作为H型钢梁时，如图2.66-1中的曲线3所示，翼缘已全部屈服，腹板屈服发展最大深度不超过腹板高度的1/4。在弯矩-曲率关系中，弯矩位于$\phi_y \sim \phi_{pl}$之间的曲线上，这是一段非线性曲线，位于弹性斜线和塑性平台线之间，也可称为弹塑性曲线。腹板的屈服范围，最小为翼缘厚度，最大为1/4腹板高度。

简记：弹塑性截面。

（4）S4级：称为弹性截面。作为H型钢梁时，如图2.66-1中的曲线4所示，翼缘边缘纤维最大可达屈服强度（此时为弹性阶段满应力状态，应力比＝1）。S4级截面的特点是只能发生局部屈曲而不能向塑性发展。

简记：弹性截面。

（5）S5级：称为薄壁截面。在边缘纤维达到屈服应力前（图2.66-1曲线5），腹板可能发生局部屈曲。

简记：薄壁截面。

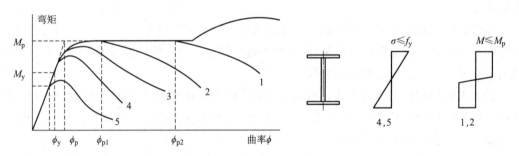

图2.66-1　截面的分类及其转动能力

3. 截面板件宽厚比等级（S1、S2、S3、S4、S5）的适用范围

截面板件宽厚比等级（S1、S2、S3、S4、S5）的适用范围见表2.66-1。

1）S1级的适用范围

S1级可以达到完全塑性铰，有很好的转动能力。梁的变形能力主要取决于梁端的塑性转动量。由S1级的这种特性其可用于地震高烈度地区抗侧力构件，如9度区和8度区高度大于50m的高层钢结构。

2）S2级的适用范围

S2级可以产生一定的塑性铰，但塑性转动能力有限，一般用于低烈度地区和8度区高度不大于50m的钢结构抗侧力构件。

3）S3 级的适用范围

S3 级要求翼缘全部屈服，腹板部分屈服，只考虑塑性发展，塑性发展的范围不超过 20%，即，塑性发展系数控制在 1.2 以内。S3 级一般用于次梁。

4）S4 级的适用范围

S4 级的截面受力完全在弹性范围内，不考虑截面塑性发展系数，一般用于以下情况：

（1）次梁不能满足 S3 的限值时，改用 S4 级，但要使 $\gamma_x = \gamma_y = 1.0$。此时，次梁截面板件宽厚比的限值要满足 S4 的规定。

（2）需要疲劳验算的梁。

（3）吊车梁。

（4）重要的次梁。

5）S5 的适用范围

S5 级用于薄壁型钢。其截面受力不仅完全在弹性范围内，且截面最大应力值小于强度设计值。

截面板件宽厚比等级（S1、S2、S3、S4、S5）的适用范围　　　　表 2.66-1

截面板件宽厚比等级	适用范围
S1	9 度区钢结构和 8 度区高度＞50m 的高层钢结构
S2	6 度区钢结构、7 度区钢结构和 8 度区高度≤50m 的高层钢结构
S3	次梁
S4	不能满足 S3 限值的次梁，但 $\gamma_x = \gamma_y = 1.0$ 需要计算疲劳的梁 吊车梁 重要的梁
S5	薄壁型钢

2.67 如何选择钢材质量等级?

疑问

如何选择钢材质量等级?

解答

1. 按钢材冲击韧性要求选择钢材质量等级

在《钢通规》第 3.0.2 条中,对钢材冲击韧性的力学性能规定如下:

钢结构承重构件所用钢材应具有……在低温使用环境下尚应具有冲击韧性的合格保证……对直接承受动力荷载或需进行疲劳验算的构件,其所用钢材尚应具有冲击韧性的合格保证。

一般根据冲击韧性的要求选择钢材质量等级。民用建筑钢结构构件通常采用常温(20℃)冲击韧性、0℃冲击韧性及−20℃冲击韧性。不验算疲劳的钢材质量等级、工作温度和冲击韧性的关系见表 2.67-1。

不验算疲劳的钢材质量等级、工作温度和冲击韧性的关系   表 2.67-1

钢材牌号		工作温度(℃)		
钢材等级	质量等级	T>0	−20<T≤0	−40<T≤−20
Q235、Q355、Q390、Q420	B	20℃冲击韧性	—	—
Q235、Q355、Q390、Q420、Q460	C	—	0℃冲击韧性	—
Q235、Q355、Q390	D	—	—	−20℃冲击韧性

钢材质量等级的使用原则为:

钢材冲击韧性试验的温度越低,其质量越好。

在常温工作环境(T>0℃)下,可以不提供 0℃冲击韧性的合格保证,具有 0℃冲击韧性及−20℃冲击韧性的钢材可以在常温工作环境中使用(属于高品低就)。

在低温工作环境(−20℃<T≤0℃)下,应提供 0℃冲击韧性的合格保证,具有−20℃冲击韧性的钢材可以在低温工作环境中使用(属于高品低就)。

在超低温工作环境(−40℃<T≤−20℃)下,应提供−20℃冲击韧性的合格保证。

根据表 2.67-1 和使用原则可以得出:

(1)B 级钢材只能用于常温环境(T>0℃)。

(2)C 级钢材用于低温环境(−20℃<T≤0℃)。

(3)D 级钢材用于超低温环境(−40℃<T≤−20℃)。

2. 按抗震要求选择钢材质量等级

根据《高钢规》第 4.1.2 条规定，抗震等级为二级及以上的高层钢结构，其框架梁、柱和抗侧力支撑等主要抗侧力构件钢材的质量等级不宜低于 C 级。

2.68　什么是受压构件的临界力或临界应力？

疑问

什么是受压构件的临界力或临界应力？

解答

轴心压杆除应满足强度和刚度方面的要求外，更重要的是要满足整体稳定和局部稳定。其中整体稳定是压杆稳定承载力的决定性因素。

压杆在其一个对称主轴平面内弯曲时的屈曲，称为弯曲屈曲。即将产生屈曲变形时作用的轴力 N_{lj} 称为临界力。在临界力 N_{lj} 作用下，压杆处于微弯的平衡状态（图 2.68-1）。临界力除以杆件截面积所得应力称为临界应力 σ_{lj}。

图 2.68-1 所示的压杆为两端铰接的理想等截面直杆，根据材料力学求出弹性屈曲下欧拉公式的临界力最小值为：

$$N_{lj} = \pi^2 EI / l^2 \tag{2.68-1}$$

其相应的临界应力为：

$$\sigma_{lj} = \pi^2 E / \lambda^2 \tag{2.68-2}$$

从式（2.68-1）可以看出，压杆临界力 N_{lj} 与杆件的弯曲刚度 EI 成正比，与杆长成反比，而与材料的抗压强度无关。若想提高临界力，就要增大截面惯性矩 I 或减小杆件长度 l。

从式（2.68-2）可以看出，压杆临界应力与长细比 λ 成反比，即 λ 越小，其临界应力越高，压杆的稳定性就越好。

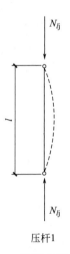

压杆1

图 2.68-1　压杆临界力示意

2.69 什么是整体失稳?

什么是整体失稳?

构件的失稳也称为构件的屈曲。"失稳"描述的是构件失去承载力后的破坏行为,"屈曲"描述的是构件失去承载力后的破坏形态,二者所描述的都反映的是构件失去了承载能力。

构件的整体失稳主要有梁的侧向整体失稳和轴心受压构件的整体失稳。

1. 梁整体失稳的过程

工字形钢梁(含 H 型钢梁)的截面特点是高而窄,受弯方向刚度很大,但侧向刚度较小。这样既可以提高抗弯承载力,又可以节省钢材。其受力特点是,当弯矩较小时,梁的弯曲平衡状态是稳定的;当荷载继续增大时,由于梁的侧向支撑较弱,在弯曲应力尚未达到钢材屈服点时,在没有明显的征兆情况下就会突然发生梁的侧向弯曲和扭转变形,使梁丧失继续承载的能力,造成了梁的整体失稳(图 2.69-1)。

梁的整体失稳其实就是梁的侧向弯扭屈曲。弯扭屈曲表现为受压翼缘发生较大侧向变形及受拉翼缘发生较小侧向变形的整体弯扭变形。所以,提高梁整体稳定性的有效方法就是增强梁受压翼缘的侧向稳定性。

梁维持平衡状态下所能承受的最大荷载或最大弯矩称为临界荷载或临界弯矩。

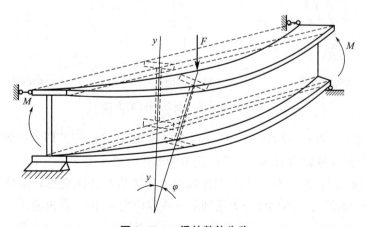

图 2.69-1 梁的整体失稳

2. 轴心受压构件整体失稳的过程

轴心受压构件的变形分为三种：弯曲变形、扭转变形、弯曲和扭转耦合变形。

轴心受压构件的屈曲（图2.69-2）分为三种：（a）弯曲屈曲、（b）扭转屈曲、（c）弯扭屈曲。

1）弯曲屈曲

有翼缘的双轴对称截面的轴心受压构件，失稳时一般呈现弯曲变形，发生弯曲屈曲。

2）扭转屈曲

抗扭刚度较差的轴心受力构件，失稳时发生绕轴心线的扭转，即发生扭转屈曲（如双轴对称十字形截面，由于没有翼缘，扭转刚度较差）。

3）弯扭屈曲

单轴对称截面轴心受力构件绕对称轴失稳时，由于截面形心与截面剪心不重合，发生弯曲变形的同时截面剪力未通过截面剪心，产生了扭矩。这种弯曲变形同时伴随着扭转变形的形态称为弯曲和扭转耦合变形，即弯扭变形。没有截面对称轴的轴心受压构件，其屈曲形态也属于弯扭屈曲。

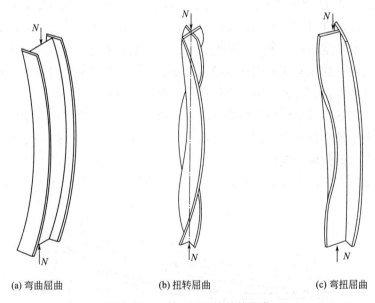

(a) 弯曲屈曲   (b) 扭转屈曲   (c) 弯扭屈曲

图2.69-2 轴心受压构件的屈曲

欧拉公式临界应力 σ_{cr} 反映的是理想的无缺陷的轴心受压构件即将达到屈曲时的临界状态，此时的欧拉临界轴力为 N_{cr} 对应的应力为欧拉临界应力 σ_{cr}。当轴力 N 产生的应力 σ 小于临界应力 σ_{cr} 时，构件只产生沿构件轴心方向的微小压缩变形，保持着直线平衡状态；随着轴力 N 的增大，当构件应力达到欧拉临界应力 σ_{cr} 时，若再增加微小的轴力 ΔN，构件就会发生屈曲变形，随即丧失承载能力，这一过程被称为轴心受压构件的失稳破坏或屈曲破坏。

2.70 什么是局部失稳？

什么是局部失稳？

构件的局部失稳是指焊接构件中的受压板件发生失稳，失去承载能力。所有的成品型钢（H 型钢、工字钢、槽钢等）都自然满足局部稳定的要求，不会发生局部失稳。结构稳定理论中重要的一点就是不允许构件在整体失稳之前先发生局部失稳。

局部失稳分为钢梁局部失稳和钢柱（轴心受压构件）局部失稳。

1. 钢梁局部失稳的过程

为了提高梁的抗弯强度和刚度，一般使用高而薄的腹板，以加大上下翼缘之间距离（加大梁高），从而增大翼缘产生抵抗弯矩的力偶矩，达到提高钢梁抗弯强度和挠曲变形的要求。

如果翼缘较薄（宽厚比较大），钢梁在较大荷载的作用下，翼缘平面会产生沿长度方向的局部波状翘曲，称之为翼缘局部失稳，如图 2.70-1（a）所示。

如果腹板较薄（宽厚比较大），钢梁在较大荷载的作用下，腹板平面会产生横向局部波状翘曲，称之为腹板局部失稳，如图 2.70-1（b）所示。

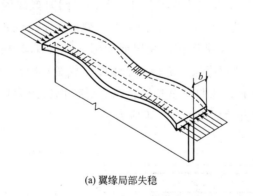

(a) 翼缘局部失稳　　　　　　　　　　(b) 腹板局部失稳

图 2.70-1 钢梁失稳变形

2. 轴心受压构件局部失稳的过程

实腹式轴心受压构件一般由若干矩形平板形板件组成，在轴心压力作用下，其部分板件发生屈曲，局部失稳。发生局部失稳时，构件一般不会立即丧失整体稳定性，只是发生局部失稳的板件无法承担荷载，从而降低构件的整体稳定承载能力。

2.71 为什么《钢标》中没有受扭构件?

为什么《钢标》中没有受扭构件?

1. 构件扭转的产生

在截面平面内,不论荷载作用方向如何,合成剪力都将通过平面内的一点时,该点称作剪切中心(剪心)或弯心。作用荷载通过剪切中心时,梁将不发生扭转而只产生通常的弯曲。

任何形式截面的构件,当荷载作用的平面未通过截面的剪切中心时,构件将不但发生弯曲,同时还发生扭转。

2. 钢梁的扭转形式

扭转有两种形式,与构件端部支撑条件和荷载情况等有关,一种是纯扭转或自由扭转,另一种是约束扭转。

1) 纯扭转或自由扭转

构件两端分别作用一对大小相等而方向相反的扭矩(M_k),同时截面未受到任何约束,可以自由翘曲变形,此时构件各纵向纤维没有轴向应变,截面上不出现正应力,这种扭转称为纯扭转或自由扭转。例如,一工字形构件受扭前如图 2.71-1 (a) 所示,为一平直构件,两自由端受扭后发生扭转,使翼缘相互旋转一个角度,截面发生翘曲(即原为平面的横截面不再保持平面),但各界面的翘曲完全相同,纵向纤维仍保持为直线,长度没有改变,如图 2.71-1 (b) 所示,因此截面上不产生正应力。

简记:端部自由。

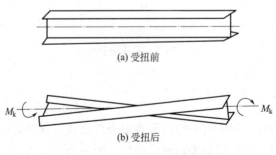

(a) 受扭前

(b) 受扭后

图 2.71-1 工字形构件的自由扭转

2）约束扭转

如果构件的支撑条件或荷载情况使构件扭转时截面不能自由翘曲，此时相邻截面的翘曲就不一样，变形不同，纵向纤维长度将发生改变，截面中产生了相应于这些变形的正应力，这种扭转称为约束扭转或弯曲扭转，也叫作翘曲扭转（图2.71-2）。

图2.71-2（a）为一端固定、一端自由的双轴对称工字形截面悬臂梁。

当在自由端作用一扭矩M_{kz}时，由于翘曲受到一定限制，上、下翼缘将发生相反方向的侧向弯曲，如图2.71-2（b）所示。

设u_1为一个翼缘的侧向挠度，φ为截面的扭转角，Q_1为翼缘侧弯所引起的剪力，如图2.71-2（c）所示，假定腹板在扭转后没有弯曲变形，因而其在上、下翼缘产生一相等的侧移后仍能与腹板保持垂直相交的关系。

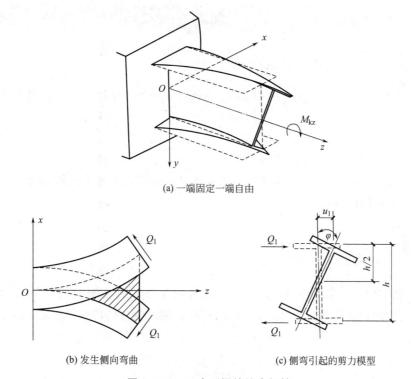

(a) 一端固定一端自由

(b) 发生侧向弯曲　　　　　(c) 侧弯引起的剪力模型

图2.71-2　工字形梁的约束扭转

3. 抗扭能力远低于抗弯能力

在钢构件截面受扭分析中采用的是钢材的剪切模量G，在截面受弯分析中采用的是弹性模量E。其中，剪切模量$G=79\text{kN/mm}^2$，弹性模量$E=206\text{kN/mm}^2$。

通常情况下，钢梁均为开口截面（箱形截面除外），其抗扭截面模量（剪切模量）约比抗弯截面模量小一个数量级，抗扭能力远低于抗弯能力，如果利用钢梁来承受扭矩很不经济。于是，通常用构造保证其不受扭，故《钢标》中没有钢梁的受扭计算。

简记：抗扭很弱。

2.72 为什么《钢标》中没有偏心受压构件？

目前民用建筑钢结构项目的应用越来越广泛，而许多建筑师却在用混凝土结构的概念让结构设计人员进行偏心受压柱的布置，最明显的现象就是将钢梁边与钢柱外皮对齐，造成钢柱偏心受压；然而，现行《钢标》中是不允许有偏心受压构件。那么，为什么《钢标》中没有偏心受压构件？

1. 《钢标》中对受压杆件的规定

根据《钢标》第 7.2.1 条规定，轴心受压构件的整体稳定性计算应符合下式要求：

$$\frac{N}{\varphi A f} \leqslant 1.0$$

式中：N ——构件受到的轴心压力；

φ ——轴心受压构件的稳定系数（取截面两主轴稳定系数中的较小者）；

A ——构件截面积。

简记：轴心受压。

2. 老规范对受压杆件的规定

根据《钢结构设计规范》TJ 17—74（试行）及与之配套编写的《钢结构设计手册（第一版）》（中国建筑工业出版社，1982 年 6 月），偏心受压构件整体稳定性应力计算应符合下式要求：

$$\sigma \frac{N}{\varphi_{p} A} \leqslant [\sigma]$$

式中：N ——构件受到的偏心压力；

φ_{p} ——偏心受压构件的稳定系数。

简记：偏心受压。

构件偏心受压时，存在一个压力作用点至构件轴心的偏心距离（e）和偏心率（ε）。

偏心率的值为：

$$\varepsilon = \frac{M}{N} \cdot \frac{A}{W}$$

其中，$M = N \cdot e$。

3. 偏心受压构件承载力过低

偏心受压构件最大的特点是随着偏心率的增大，构件整体稳定承载能力急剧下降，带来的缺点是受力主轴方向的柱截面高度很大，应用于厂房的情况还是可以接受的，但用在多、高层民用建筑钢结构中，其承载力低、柱截面大，是不合适的。近几十年来陆续被废止的《钢结构设计规范》（GBJ 17—1988、GB 50017—2003）都没有偏心受压构件的内容。表 2.72-1～表 2.72-3 为《钢结构设计手册（第一版）》中的偏心受压构件的稳定系数表格数据，从表中可以看出，当偏心率变大时，稳定系数变小，承载能力减小。

为了直观地表达旧版手册表格中偏心率对偏心稳定系数的不利影响，以二维曲线形式从图 2.72-1 中将有代表性的长细比（50～150 范围内）$\lambda=50$、$\lambda=100$、$\lambda=150$ 制作成以偏心率（ε）为横轴，以偏心稳定系数（φ_p）为纵轴的 ε-φ_p 关系曲线，见图 2.72-1。偏心率在 3.0～30.0 之间，曲线呈水平状，故只制作了偏心率在 0～3.0 范围内的曲线图。

对于钢框架-支撑结构，该结构属于侧移不敏感结构，采用一阶弹性分析，其柱计算长度系数不大于 1.0，而且柱截面也较大，回转半径大，每层柱的长细比很小，一般在 $\lambda=50$ 左右，甚至是短柱（$\lambda<40$）。

对于钢框架结构，该结构一般用于多层房屋，属于侧移敏感结构，采用二阶 P-Δ 弹性分析，其计算长度系数在 1.03～6.02 范围内，而且柱截面较小，回转半径小，每层柱的长细比范围较大，在 $\lambda=50$～150 区间（中长柱）。根据《钢标》的规定，钢柱最大长细比容许值为 150。

从图 2.72-1 中可以明显地看出，随着偏心率的增大，构件的偏心稳定系数变小，也就是稳定承载力降低。

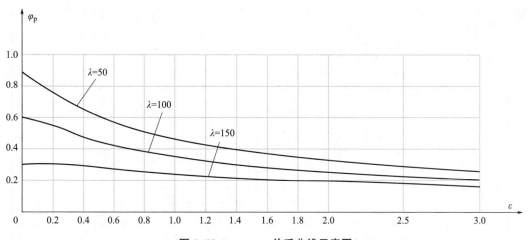

图 2.72-1　ε-φ_p 关系曲线示意图

实腹式偏心受压构件在弯矩作用平面内的稳定系数 φ_p（一）

表 2.72-1

$$1.2 > \dfrac{A_2}{A_1} \geq 0.5$$

λ	ε														
	0	0.2	0.4	0.6	0.8	1.0	1.2	1.4	1.6	1.8	2.0	2.5	3.0	3.5	4.0
0	1.000	0.865	0.763	0.682	0.616	0.563	0.517	0.479	0.446	0.417	0.391	0.340	0.300	0.267	0.240
10	0.995	0.848	0.743	0.666	0.601	0.548	0.503	0.467	0.434	0.406	0.382	0.332	0.294	0.263	0.237
20	0.981	0.831	0.725	0.645	0.582	0.529	0.488	0.452	0.419	0.391	0.368	0.322	0.285	0.255	0.231
30	0.958	0.812	0.705	0.623	0.560	0.509	0.469	0.433	0.402	0.377	0.355	0.311	0.275	0.247	0.224
40	0.927	0.788	0.679	0.598	0.537	0.487	0.448	0.414	0.385	0.361	0.342	0.299	0.265	0.238	0.216
50	0.888	0.760	0.650	0.571	0.512	0.465	0.426	0.395	0.367	0.345	0.327	0.287	0.255	0.229	0.208
60	0.842	0.730	0.619	0.543	0.486	0.442	0.406	0.375	0.349	0.328	0.312	0.275	0.245	0.221	0.201
70	0.789	0.693	0.586	0.513	0.461	0.419	0.385	0.356	0.332	0.312	0.297	0.263	0.235	0.212	0.193
80	0.731	0.651	0.553	0.485	0.434	0.396	0.363	0.338	0.316	0.297	0.283	0.252	0.225	0.203	0.186
90	0.669	0.602	0.515	0.455	0.409	0.373	0.344	0.320	0.299	0.282	0.267	0.240	0.215	0.195	0.178
100	0.604	0.549	0.474	0.423	0.383	0.350	0.325	0.302	0.283	0.267	0.256	0.229	0.205	0.186	0.171
110	0.536	0.494	0.434	0.390	0.356	0.328	0.306	0.285	0.268	0.253	0.243	0.218	0.196	0.178	0.164
120	0.466	0.443	0.394	0.358	0.329	0.306	0.286	0.268	0.252	0.240	0.230	0.208	0.187	0.170	0.157
130	0.401	0.397	0.358	0.328	0.303	0.284	0.266	0.251	0.237	0.226	0.219	0.199	0.179	0.163	0.152
140	0.349	0.354	0.321	0.299	0.279	0.262	0.248	0.234	0.222	0.212	0.206	0.189	0.171	0.156	0.145
150	0.306	0.306	0.294	0.274	0.257	0.242	0.229	0.218	0.208	0.200	0.194	0.179	0.163	0.150	0.139
160	0.272	0.272	0.267	0.250	0.236	0.225	0.213	0.203	0.195	0.187	0.181	0.169	0.155	0.143	0.134
170	0.243	0.243	0.243	0.229	0.217	0.207	0.197	0.189	0.182	0.177	0.172	0.160	0.147	0.136	0.128
180	0.218	0.218	0.218	0.209	0.200	0.192	0.184	0.177	0.170	0.166	0.162	0.151	0.139	0.129	0.122
190	0.197	0.197	0.197	0.193	0.184	0.177	0.170	0.164	0.158	0.156	0.152	0.142	0.132	0.123	0.116
200	0.180	0.180	0.180	0.178	0.171	0.164	0.158	0.153	0.148	0.145	0.142	0.134	0.125	0.117	0.110

续表

λ	ε 4.5	5.0	5.5	6.0	6.5	7.0	8.0	9.0	10	12	14	16	18	20	25	30
0	0.218	0.199	0.183	0.170	0.157	0.147	0.130	0.116	0.105	0.088	0.076	0.066	0.059	0.053	0.042	0.035
10	0.215	0.196	0.181	0.168	0.156	0.146	0.129	0.115	0.104	0.087	0.075	0.066	0.059	0.053	0.042	0.035
20	0.211	0.193	0.178	0.165	0.153	0.143	0.127	0.114	0.103	0.086	0.074	0.065	0.058	0.052	0.041	0.035
30	0.205	0.189	0.174	0.162	0.150	0.140	0.125	0.112	0.101	0.085	0.074	0.065	0.058	0.052	0.041	0.034
40	0.199	0.183	0.170	0.158	0.147	0.138	0.122	0.110	0.100	0.084	0.073	0.064	0.057	0.052	0.041	0.034
50	0.192	0.177	0.165	0.154	0.144	0.135	0.120	0.108	0.098	0.083	0.072	0.063	0.056	0.051	0.040	0.033
60	0.185	0.171	0.159	0.149	0.140	0.132	0.117	0.106	0.096	0.081	0.071	0.062	0.056	0.050	0.040	0.033
70	0.178	0.165	0.154	0.144	0.136	0.128	0.114	0.103	0.094	0.080	0.070	0.061	0.055	0.049	0.039	0.033
80	0.171	0.159	0.148	0.139	0.131	0.124	0.111	0.101	0.092	0.078	0.068	0.060	0.054	0.049	0.039	0.033
90	0.164	0.153	0.143	0.134	0.127	0.120	0.108	0.099	0.090	0.077	0.067	0.059	0.053	0.048	0.038	0.032
100	0.158	0.147	0.138	0.130	0.122	0.116	0.105	0.096	0.088	0.075	0.066	0.058	0.053	0.048	0.038	0.032
110	0.152	0.142	0.133	0.125	0.118	0.112	0.102	0.093	0.086	0.074	0.065	0.057	0.052	0.047	0.037	0.031
120	0.146	0.136	0.128	0.120	0.114	0.108	0.098	0.090	0.083	0.072	0.063	0.056	0.051	0.046	0.037	0.031
130	0.140	0.131	0.123	0.116	0.110	0.104	0.095	0.088	0.081	0.070	0.062	0.055	0.050	0.045	0.037	0.030
140	0.135	0.126	0.118	0.112	0.106	0.101	0.092	0.085	0.079	0.069	0.061	0.054	0.049	0.045	0.036	0.030
150	0.130	0.121	0.114	0.108	0.102	0.097	0.089	0.082	0.076	0.067	0.059	0.053	0.048	0.044	0.036	0.030
160	0.125	0.116	0.110	0.104	0.099	0.094	0.086	0.079	0.074	0.065	0.058	0.052	0.047	0.043	0.035	0.029
170	0.120	0.112	0.106	0.100	0.095	0.091	0.084	0.077	0.071	0.063	0.056	0.051	0.046	0.043	0.035	0.029
180	0.115	0.108	0.102	0.097	0.092	0.088	0.081	0.075	0.069	0.061	0.055	0.050	0.045	0.042	0.034	0.028
190	0.110	0.104	0.098	0.094	0.089	0.085	0.078	0.072	0.067	0.060	0.054	0.049	0.044	0.041	0.034	0.028
200	0.105	0.099	0.094	0.090	0.086	0.083	0.076	0.070	0.065	0.058	0.052	0.048	0.043	0.040	0.033	0.028

注：1. 对 3 号钢和 2 号钢，应取实际长细比 λ；对 16Mn 钢和 16Mnq 钢，应取假定长细比 $\lambda = \sqrt{\dfrac{\sigma_s}{2400}}$ 代替实际长细比 λ。

2. 注 1 为《钢结构设计手册》（第一版）附表 8 的注，其中的钢材牌号出自当时的规范，与现行规范中钢材牌号的对应关系为：2 号钢略低于 Q235 钢；3 号钢近似于 Q235 钢；16Mn 钢和 16Mnq 钢近似于 Q355 钢。此外，注 1 中的 σ_s 等同于现在的 σ_y。

实腹式偏心受压构件在弯矩作用平面内的稳定系数 φ_p （二）

表 2.72-2

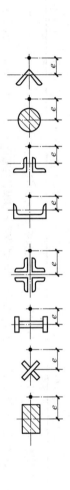

λ	ε=0	0.2	0.4	0.6	0.8	1.0	1.2	1.4	1.6	1.8	2.0	2.5	3.0	3.5	4.0
0	1.000	0.930	0.875	0.819	0.766	0.720	0.675	0.630	0.596	0.562	0.534	0.468	0.414	0.370	0.333
10	0.995	0.920	0.855	0.795	0.742	0.695	0.648	0.610	0.575	0.546	0.518	0.455	0.404	0.362	0.325
20	0.981	0.900	0.826	0.766	0.710	0.662	0.620	0.583	0.550	0.520	0.495	0.439	0.390	0.349	0.315
30	0.958	0.875	0.795	0.730	0.680	0.630	0.591	0.555	0.525	0.496	0.473	0.420	0.373	0.335	0.303
40	0.927	0.830	0.753	0.688	0.635	0.597	0.560	0.526	0.494	0.469	0.449	0.399	0.355	0.320	0.290
50	0.888	0.788	0.712	0.647	0.598	0.558	0.524	0.492	0.462	0.436	0.420	0.377	0.338	0.304	0.277
60	0.842	0.736	0.668	0.606	0.560	0.523	0.491	0.459	0.433	0.412	0.395	0.355	0.319	0.289	0.263
70	0.789	0.676	0.618	0.559	0.518	0.482	0.453	0.428	0.403	0.381	0.370	0.334	0.301	0.273	0.249
80	0.731	0.630	0.572	0.521	0.480	0.446	0.417	0.393	0.370	0.358	0.344	0.314	0.283	0.258	0.236
90	0.669	0.571	0.521	0.477	0.440	0.411	0.388	0.364	0.347	0.333	0.322	0.294	0.266	0.243	0.224
100	0.604	0.530	0.478	0.441	0.408	0.379	0.357	0.336	0.317	0.303	0.292	0.275	0.250	0.229	0.211
110	0.536	0.470	0.435	0.403	0.373	0.352	0.330	0.310	0.294	0.283	0.272	0.257	0.234	0.216	0.200
120	0.466	0.431	0.396	0.365	0.341	0.320	0.301	0.288	0.273	0.264	0.252	0.239	0.221	0.203	0.189
130	0.401	0.388	0.355	0.330	0.310	0.293	0.278	0.264	0.251	0.243	0.234	0.224	0.206	0.191	0.178
140	0.349	0.348	0.323	0.304	0.285	0.271	0.256	0.247	0.235	0.227	0.219	0.209	0.193	0.180	0.168
150	0.306	0.306	0.290	0.274	0.260	0.247	0.237	0.227	0.217	0.208	0.205	0.193	0.182	0.169	0.158
160	0.272	0.272	0.263	0.248	0.235	0.227	0.218	0.207	0.200	0.194	0.190	0.180	0.170	0.159	0.149
170	0.243	0.243	0.240	0.228	0.218	0.209	0.201	0.193	0.187	0.182	0.177	0.168	0.159	0.150	0.141
180	0.218	0.218	0.217	0.208	0.200	0.191	0.185	0.178	0.173	0.169	0.165	0.158	0.149	0.141	0.133
190	0.197	0.197	0.197	0.191	0.184	0.176	0.171	0.165	0.160	0.156	0.152	0.148	0.141	0.133	0.126
200	0.180	0.180	0.180	0.176	0.170	0.165	0.160	0.155	0.150	0.146	0.142	0.137	0.132	0.125	0.119

续表

λ \ ε	4.5	5.0	5.5	6.0	6.5	7.0	8.0	9.0	10	12	14	16	18	20	25	30
0	0.303	0.277	0.256	0.235	0.220	0.205	0.182	0.162	0.147	0.123	0.106	0.094	0.084	0.075	0.060	0.050
10	0.298	0.271	0.251	0.231	0.217	0.201	0.179	0.160	0.145	0.122	0.105	0.093	0.083	0.074	0.060	0.050
20	0.288	0.263	0.243	0.225	0.210	0.196	0.174	0.157	0.141	0.120	0.102	0.090	0.080	0.072	0.059	0.049
30	0.277	0.254	0.234	0.218	0.203	0.191	0.169	0.152	0.138	0.117	0.100	0.087	0.078	0.071	0.058	0.048
40	0.265	0.243	0.226	0.210	0.196	0.184	0.164	0.148	0.135	0.114	0.098	0.086	0.077	0.070	0.057	0.047
50	0.253	0.234	0.216	0.201	0.189	0.177	0.159	0.143	0.130	0.111	0.096	0.085	0.075	0.069	0.056	0.046
60	0.241	0.224	0.207	0.193	0.182	0.171	0.153	0.138	0.126	0.107	0.094	0.084	0.074	0.068	0.055	0.045
70	0.230	0.213	0.198	0.185	0.174	0.164	0.147	0.134	0.122	0.104	0.091	0.082	0.073	0.066	0.054	0.044
80	0.218	0.203	0.189	0.177	0.167	0.157	0.142	0.129	0.118	0.101	0.089	0.080	0.072	0.065	0.053	0.043
90	0.207	0.192	0.180	0.169	0.160	0.151	0.136	0.124	0.114	0.098	0.087	0.078	0.070	0.063	0.052	0.042
100	0.197	0.183	0.172	0.161	0.153	0.144	0.131	0.120	0.110	0.095	0.084	0.075	0.068	0.062	0.051	0.042
110	0.186	0.173	0.163	0.154	0.146	0.138	0.126	0.115	0.106	0.092	0.081	0.073	0.066	0.060	0.050	0.041
120	0.176	0.165	0.155	0.147	0.138	0.132	0.120	0.110	0.102	0.089	0.079	0.071	0.065	0.059	0.049	0.041
130	0.166	0.156	0.147	0.139	0.132	0.126	0.115	0.106	0.098	0.086	0.076	0.068	0.062	0.057	0.048	0.040
140	0.158	0.149	0.140	0.133	0.126	0.121	0.110	0.102	0.095	0.084	0.074	0.066	0.060	0.055	0.047	0.040
150	0.149	0.141	0.133	0.126	0.120	0.115	0.106	0.099	0.091	0.080	0.071	0.064	0.059	0.054	0.046	0.039
160	0.141	0.134	0.127	0.120	0.115	0.110	0.101	0.094	0.087	0.077	0.069	0.063	0.058	0.053	0.045	0.038
170	0.134	0.127	0.120	0.114	0.110	0.105	0.097	0.090	0.084	0.074	0.067	0.061	0.057	0.052	0.044	0.038
180	0.126	0.120	0.114	0.109	0.104	0.100	0.093	0.086	0.080	0.072	0.065	0.059	0.055	0.051	0.043	0.037
190	0.120	0.114	0.109	0.104	0.099	0.096	0.090	0.083	0.078	0.070	0.063	0.057	0.053	0.049	0.042	0.036
200	0.113	0.107	0.103	0.099	0.095	0.092	0.086	0.079	0.075	0.068	0.061	0.055	0.052	0.048	0.041	0.035

注: 见表 2.72-1 的注。

实腹式偏心受压构件在弯矩作用平面内的稳定系数 φ_p （三）

表 2.72-3

$A_0/A_1 \geqslant 1$

λ	ε														
	0	0.2	0.4	0.6	0.8	1.0	1.2	1.4	1.6	1.8	2.0	2.5	3.0	3.5	4.0
0	1.000	0.893	0.795	0.707	0.629	0.560	0.500	0.448	0.404	0.365	0.333	0.271	0.225	0.192	0.167
10	0.995	0.872	0.773	0.685	0.610	0.546	0.487	0.438	0.393	0.357	0.324	0.265	0.217	0.188	0.165
20	0.981	0.851	0.747	0.662	0.590	0.525	0.468	0.422	0.380	0.347	0.318	0.253	0.216	0.184	0.161
30	0.958	0.825	0.720	0.637	0.566	0.501	0.450	0.404	0.365	0.333	0.307	0.250	0.209	0.179	0.156
40	0.927	0.799	0.691	0.608	0.540	0.478	0.426	0.386	0.350	0.319	0.293	0.241	0.202	0.174	0.152
50	0.888	0.768	0.657	0.577	0.513	0.456	0.403	0.365	0.330	0.303	0.280	0.231	0.194	0.167	0.146
60	0.842	0.733	0.626	0.547	0.486	0.432	0.387	0.350	0.315	0.290	0.268	0.220	0.183	0.159	0.139
70	0.789	0.699	0.590	0.518	0.458	0.408	0.366	0.329	0.297	0.272	0.251	0.207	0.173	0.151	0.133
80	0.731	0.655	0.557	0.483	0.430	0.380	0.340	0.305	0.275	0.251	0.231	0.193	0.163	0.144	0.127
90	0.669	0.608	0.520	0.451	0.397	0.348	0.311	0.278	0.253	0.232	0.213	0.182	0.154	0.137	0.121
100	0.604	0.555	0.473	0.408	0.359	0.315	0.283	0.254	0.230	0.211	0.196	0.171	0.147	0.130	0.116
110	0.536	0.501	0.426	0.367	0.323	0.286	0.256	0.232	0.214	0.198	0.191	0.161	0.140	0.123	0.110
120	0.466	0.436	0.378	0.330	0.288	0.255	0.230	0.212	0.197	0.185	0.179	0.151	0.132	0.118	0.106
130	0.401	0.383	0.332	0.293	0.260	0.235	0.214	0.200	0.183	0.175	0.167	0.141	0.125	0.112	0.102
140	0.349	0.330	0.291	0.260	0.235	0.216	0.200	0.185	0.173	0.162	0.156	0.135	0.120	0.107	0.096
150	0.306	0.302	0.265	0.239	0.218	0.199	0.184	0.170	0.158	0.149	0.146	0.127	0.113	0.101	0.092
160	0.272	0.270	0.241	0.218	0.200	0.184	0.170	0.158	0.148	0.140	0.138	0.120	0.106	0.096	0.088
170	0.243	0.241	0.217	0.198	0.182	0.168	0.157	0.147	0.138	0.131	0.129	0.113	0.102	0.092	0.033
180	0.218	0.217	0.197	0.181	0.167	0.156	0.145	0.137	0.130	0.124	0.121	0.107	0.096	0.088	0.080
190	0.197	0.197	0.181	0.166	0.155	0.145	0.135	0.129	0.122	0.115	0.115	0.100	0.092	0.084	0.077
200	0.180	0.179	0.166	0.154	0.144	0.135	0.127	0.120	0.114	0.109	0.108	0.096	0.088	0.080	0.074

续表

λ	ε															
	4.5	5.0	5.5	6.0	6.5	7.0	8.0	9.0	10	12	14	16	18	20	25	30
0	0.148	0.133	0.119	0.109	0.100	0.092	0.080	0.071	0.064	0.054	0.047	0.041	0.035	0.031	0.024	0.020
10	0.146	0.130	0.118	0.108	0.099	0.092	0.079	0.070	0.062	0.053	0.046	0.040	0.035	0.031	0.024	0.020
20	0.144	0.128	0.117	0.106	0.098	0.090	0.078	0.069	0.061	0.052	0.045	0.039	0.034	0.030	0.024	0.020
30	0.140	0.125	0.113	0.103	0.095	0.088	0.076	0.067	0.060	0.051	0.044	0.038	0.033	0.030	0.024	0.020
40	0.135	0.121	0.109	0.100	0.092	0.086	0.075	0.066	0.059	0.050	0.043	0.038	0.033	0.029	0.023	0.019
50	0.131	0.117	0.106	0.097	0.089	0.082	0.073	0.065	0.058	0.049	0.042	0.037	0.032	0.029	0.023	0.019
60	0.125	0.112	0.102	0.094	0.087	0.080	0.071	0.063	0.057	0.048	0.041	0.036	0.032	0.028	0.022	0.018
70	0.120	0.108	0.099	0.090	0.083	0.078	0.069	0.062	0.055	0.047	0.041	0.036	0.031	0.028	0.022	0.018
80	0.115	0.103	0.095	0.088	0.081	0.075	0.067	0.060	0.054	0.046	0.040	0.035	0.031	0.027	0.022	0.018
90	0.109	0.100	0.091	0.085	0.079	0.073	0.065	0.058	0.053	0.045	0.039	0.034	0.030	0.027	0.021	0.017
100	0.106	0.094	0.088	0.082	0.075	0.071	0.063	0.057	0.052	0.044	0.038	0.033	0.030	0.026	0.021	0.017
110	0.102	0.092	0.085	0.078	0.073	0.069	0.061	0.055	0.050	0.043	0.037	0.033	0.029	0.026	0.021	0.017
120	0.097	0.088	0.082	0.075	0.071	0.066	0.059	0.053	0.049	0.042	0.037	0.032	0.028	0.025	0.020	0.017
130	0.093	0.085	0.078	0.073	0.068	0.063	0.057	0.052	0.048	0.041	0.036	0.032	0.028	0.025	0.020	0.017
140	0.088	0.081	0.075	0.069	0.065	0.061	0.055	0.050	0.046	0.040	0.035	0.031	0.027	0.024	0.020	0.017
150	0.085	0.078	0.073	0.068	0.063	0.059	0.053	0.049	0.045	0.039	0.034	0.030	0.027	0.024	0.019	0.016
160	0.082	0.075	0.070	0.066	0.061	0.058	0.052	0.048	0.044	0.038	0.033	0.029	0.026	0.023	0.019	0.016
170	0.078	0.072	0.067	0.063	0.059	0.056	0.050	0.046	0.043	0.037	0.033	0.029	0.026	0.023	0.019	0.016
180	0.075	0.069	0.065	0.062	0.058	0.055	0.049	0.045	0.042	0.036	0.032	0.028	0.025	0.022	0.019	0.016
190	0.072	0.067	0.062	0.058	0.055	0.052	0.047	0.044	0.041	0.035	0.031	0.028	0.024	0.022	0.018	0.016
200	0.069	0.065	0.060	0.057	0.054	0.051	0.046	0.042	0.039	0.034	0.030	0.027	0.023	0.021	0.017	0.015

注: 1. 见表 2.72-1 的注。
2. $A_0/A_1 < 1$ 时, φ_p 应按表中的数值乘以下列折减系数;
   当 $\epsilon=0$ 时, 1.0;
   当 $\epsilon=1$ 时, 0.8;
   当 $\epsilon=2$ 时, 0.75;
   当 $\epsilon \geqslant 5$ 时, 0.70。
   对于 ϵ 为中间数值时, 折减系数按直线插入。
3. 等肢角钢组成的截面, φ_p 不乘折减系数。

2.73 什么是局部稳定的屈服准则和等稳准则？

什么是局部稳定的屈服准则和等稳准则？

为了保证板件的局部屈曲不应先于构件的整体失稳，要限制板件的宽（高）厚比。在板件局部稳定分析中，可根据构件的受力情况采用屈服准则或等稳准则。

1. 屈服准则和等稳准则

1) 屈服准则：

局部失稳临界应力（σ_{crj}）不低于屈服应力（f_y），即，板件在构件应力达到屈服前不发生局部失稳。构件应力达到屈服前可理解为构件发生强度破坏之前。

屈服准则的力学表达式为：

$$\sigma_{crj} \geqslant f_y \tag{2.73-1}$$

2) 等稳准则：

局部失稳临界应力（σ_{crj}）不低于构件整体失稳临界应力（σ_{cr}），即，板件在构件达到整体失稳前不发生局部失稳。由于整体稳定承载力与整体稳定系数相关联，而整体稳定系数又与构件的长细比相关联，所以，局部稳定与构件的长细比相关联。

等稳准则的力学表达式为：

$$\sigma_{crj} \geqslant \sigma_{cr} \tag{2.73-2}$$

2. 屈服准则和等稳准则的适用情况：

实腹式轴心受压构件承载能力的状况决定了两种准则的选用方法。对于短柱，其应力接近或可达到屈服荷载，构件以发生强度破坏为主，此时采用屈服准则比较合适。对于中、长柱，其应力远达不到屈服荷载，构件以发生整体失稳为主，此时采用等稳准则比较合适。

《钢标》对各种截面形式的构件均综合运用了屈服准则和等稳准则，对板件的宽（高）厚比作出了规定。

屈服准则和等稳准则的应用参见《钢结构强制性条文和关键性条文精讲精读》。

2.74 如何利用腹板屈曲后强度?

疑问

如何利用腹板屈曲后强度?

解答

腹板局部稳定性的计算方法是基于临界状态为小挠度的理论建立的,故其高厚比(宽厚比)不能太大,也就是说,腹板不能太薄。

当腹板不满足局部稳定时,不一定会造成构件整体失稳,但需要说明一点,腹板较薄,发生了局部屈曲,会在平面外产生较大的挠度。

板件(组成构件截面中的腹板)的局部应力大于临界应力后会发生局部屈曲,但由于板件受到周围其他板件的约束,使得板件在屈曲后具有能够继续承担更大荷载的能力,这一现象称为屈曲后强度。

根据构件受力性质,可将屈曲后强度分为受弯构件(梁)屈曲后强度和实腹式轴心受压构件(柱)屈曲后强度。

产生屈曲后强度的构件都是焊接组合截面的构件。成品构件的腹板均满足局部稳定的要求,所以不会产生屈曲后强度。

1. 焊接截面梁腹板考虑屈曲后强度的利用

1)梁腹板屈曲后的受力状态

焊接截面梁腹板在支座处、承受集中荷载处及中间一些部位设置横向加劲肋后,当受压区腹板的局部应力大于临界应力时会发生局部屈曲,但由于板件受到周围其他板件的约束,使得板件在屈曲后具有能够继续承担更大荷载的能力,这一现象称为梁腹板屈曲后强度。

当腹板较薄时,腹板失稳后产生的平面外挠度较大,形成薄膜拉应力(薄膜效应)。这种情况称之为张力场作用(图 2.74-1)。将张力场视为桁架的斜拉杆,上、下翼缘类似于桁架的上、下弦,横向加劲肋类似于桁架的竖向腹杆(压杆),三者在梁腹板发生屈曲后形成一个桁架而共同工作。

简记:张力场。

2)梁腹板屈曲后的计算方法

腹板因弯曲正应力的作用而发生屈曲后,腹板受压区的部分区域退出工作,减小了腹板受压区的有效截面。由于腹板发生屈曲前后,其厚度没有发生变化,所以,腹板受压区的有效截面转化成了腹板受压区的有效高度。具体的计算方法见《钢结构设计精讲精读》。

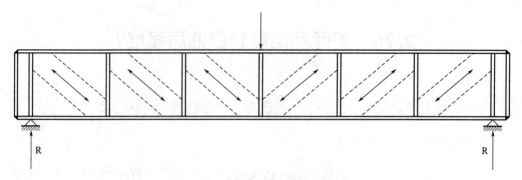

图 2.74-1　腹板屈曲后的张力场作用

2. 焊接截面柱腹板考虑屈曲后强度的利用

板件超过局部稳定的要求时，发生局部屈曲的一小部分截面退出工作，其他截面继续参与工作。所谓屈曲强度的利用，就是板件不满足局部稳定的情况下，扣除屈曲的一小部分截面，采用有效净截面重新进行构件的强度计算和稳定性计算。当满足新的要求时，可不予考虑腹板的局部稳定。

把屈曲后强度和局部稳定归为同一类问题，是因为两者都是对组成构件的板件进行规定，前者是对板件的有效截面进行限制，后者是对板件的尺寸比值（宽厚比）进行限制。

2.75　销轴连接中耳板的设计属于局部稳定内容吗?

销轴连接中耳板的设计属于局部稳定内容吗?

1. 耳板遭到破坏的四种形式

耳板遭到破坏时可能产生的四种承载力极限状态如图 2.75-1 所示。

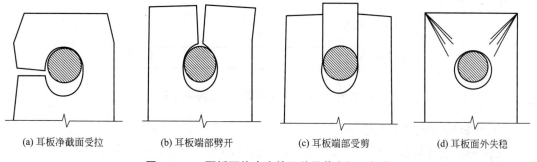

(a) 耳板净截面受拉　　(b) 耳板端部劈开　　(c) 耳板端部受剪　　(d) 耳板面外失稳

图 2.75-1　耳板可能产生的四种承载力极限状态

1) 耳板拉裂

耳板在轴力 N 作用下达到承载力极限状态（即将破坏）时，同时销孔一侧的截面有些小的缺陷或轴力有些微小偏差时，就会在较薄弱的一侧产生拉裂，见图 2.75-1（a）。这种拉裂应力为正应力。

2) 耳板劈裂

耳板在轴力 N 作用下，与销轴的接触点会产生很大的集中力（应力集中现象），进而达到撕裂破坏，见图 2.75-1（b）。其承载力极限状态下（即将破坏时）产生的劈裂拉应力垂直于轴力 N 的方向。

3) 耳板剪断

耳板在轴力 N 作用下，与销轴接触的半个圆孔范围内，销轴杆件会使耳板产生一对剪力，达到剪切破坏，见图 2.75-1（c）。

4) 耳板失稳

耳板在轴力 N 作用下，与销轴接触的半圆形范围内承受着压力。板件受压时也就存在面外失稳的可能性，见图 2.75-1（d）。

2. 耳板局部稳定性设计属于局部稳定内容

1）销轴连接耳板的受力情况

销轴连接耳板的受力及构造如图 2.75-2 所示。

耳板受力分为两部分：销轴左侧的耳板承受销轴传来的拉力，并传递到主体构件上；销轴右侧的耳板承受销轴的压力，并保证不能出现耳板可能产生的四种破坏形式中的任何一种情况。其中，耳板面外失稳则属于板件局部稳定问题。

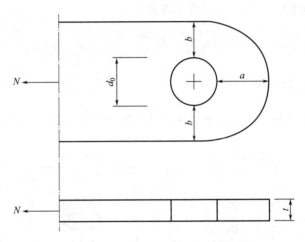

图 2.75-2 销轴连接耳板受力及构造简图

2）耳板局部稳定性规定

为了避免连接耳板端部发生面外失稳，耳板的刚度应能限制其平面外的局部变形（表面凹陷）。为了保证耳板的局部稳定性，耳板的构造（图 2.75-2）应符合下列规定：

（1）耳板对称设置，销轴孔中心位于耳板中心线上。孔径与销轴直径相差不应大于 1mm。

（2）耳板两侧宽厚比（b/t）及几何尺寸应符合下列公式规定：

$$\frac{b}{t} \leqslant 4 \tag{2.75-1}$$

$$a \geqslant \frac{4}{3} b_e \tag{2.75-2}$$

$$b_e = 2t + 16 \leqslant b \tag{2.75-3}$$

式中：b——耳板两侧边缘与销轴孔边缘净距（mm）；

t——耳板厚度；

a——顺受力方向，销轴孔边距板边缘最小距离（mm）。

3. 结论

销轴连接中的耳板设计属于局部稳定内容。

2.76　如何确定抗震性能化设计中的钢结构关键构件？

疑问

如何确定抗震性能化设计中的钢结构关键构件？

解答

在抗震性能化设计中，首先要确定各构件中哪些是关键构件，哪些是普通竖向构件，哪些是耗能构件。

1. 关键构件、普通竖向构件、耗能构件

1）关键构件

关键构件是指该构件的失效可能引起结构的连续破坏或危及生命安全的严重破坏，例如：框支柱、转换桁架、转换大梁、大悬挑、大跨梁、伸臂桁架、腰桁架、穿层柱、支撑体系中的重要杆件等。

2）普通竖向构件

普通竖向构件是指关键构件之外的竖向构件。

3）耗能构件

耗能构件包括框架梁、消能梁段、延性墙板及屈曲约束支撑等。

2. 各种构件在震后性能的要求

对于不同结构抗震性能水准，各种构件在震后性能的要求见表 2.76-1。

各性能水准结构预期的震后性能状况的要求　　　　　表 2.76-1

结构抗震性能水准	宏观损坏程度	损坏部位			继续使用的可能性
		关键构件	普通竖向构件	耗能构件	
第 1 水准	完好、无损坏	无损坏	无损坏	无损坏	一般不需修理即可继续使用
第 2 水准	基本完好、轻微损坏	无损坏	无损坏	轻微损坏	稍加修理即可继续使用
第 3 水准	轻度损坏	轻微损坏	轻微损坏	轻度损坏、部分中度损坏	一般修理后才可继续使用
第 4 水准	中度损坏	轻度损坏	部分构件中度损坏	中度损坏、部分比较严重损坏	修复或加固后才可继续使用
第 5 水准	比较严重损坏	中度损坏	部分构件比较严重损坏	比较严重损坏	需排险大修

2.77 为什么对复杂的高层钢结构应采用至少两个不同力学模型进行分析？

疑问

为什么对复杂的高层钢结构应采用至少两个不同力学模型进行分析？

解答

1. 必要性

采用两个不同力学模型进行高层钢结构分析，也就需要采用两种软件进行计算，其原因主要有以下几点：

（1）建模需求：高层钢结构通常具有复杂的几何、材料和荷载特性，需要精细的建模和分析。不同的软件在建模和处理的便捷性上可能有所不同，因此使用不同的软件有助于简化建模和计算过程。

（2）计算精度和精度稳定性：对于高层钢结构，计算结果的精度和精度稳定性非常重要，因为结构的安全性和稳定性直接关系到建筑物的安全。不同的软件在计算精度和精度稳定性上可能有所差异，采用不同的软件可以获得更全面的比较和评估。

（3）荷载分析：高层钢结构通常会受到风作用、地震作用、重力等不同作用的影响，这些因素需要精确考虑。不同的软件在处理这些作用时可能采用不同的方法，得出不同的精度，采用不同的软件有助于更全面地分析结构的荷载特性。

（4）适应性：不同的软件在处理特定类型的高层钢结构时可能具有更好的适应性和准确性，采用不同的软件有助于获得更全面和准确的分析结果。

（5）成本和时间因素：使用两种软件可能意味着需要更多的资源和时间投入，但也可能提供更好的分析和设计结果。在考虑使用两种软件时，应权衡成本和时间因素。

2. 可能性

目前有好几款针对高层结构的计算软件，可以选择任意两种整体分析程序进行计算比较。当两种分析结果存在较大差异时可以再选择一种软件进行计算比较。

3. 必然的要求

具备了必要性和可能性之后，也就有了必然的要求。《高钢规》第6.2.7条规定如下：

体型复杂、结构布置复杂以及特别不规则的高层民用建筑钢结构，应采取至少两个不同力学模型的结构分析软件进行整体计算。对结构分析软件的分析结果，应进行分析判断，确认其合理、有效后可作为工程设计的依据。

2.78 钢结构抗震等级与混凝土结构抗震等级有何不同?

钢结构抗震等级与混凝土结构抗震等级有何不同?

1. 丙类建筑混凝土结构房屋的抗震等级为强制性条文,应按表 2.78-1 确定。

丙类混凝土结构房屋的抗震等级　　　　　　　　　　　　表 2.78-1

结构类型		设防烈度									
		6 度		7 度			8 度			9 度	
框架	高度(m)	≤24	25~60	≤24	25~50		≤24	25~40		≤24	
	框架	四	三	三	二		二	一		一	
	跨度不小于18m 的框架	三		二			一			一	
框架-抗震墙	高度(m)	≤60	61~130	≤24	25~60	61~120	≤24	25~60	61~100	≤24	25~50
	框架	四	三	四	三	二	三	二	一	二	一
	抗震墙	三		三	二		二	一		一	
抗震墙	高度(m)	≤80	81~140	≤24	25~80	81~120	≤24	25~80	81~100	≤24	25~60
	抗震墙	四	三	四	三	二	三	二	一	二	一
部分框支抗震墙	高度(m)	≤80	81~120	≤24	25~80	81~100	≤24	25~80			
	抗震墙 一般部位墙	四	三	四	三	二	三	二			
	抗震墙 加强部位墙	三	二	三	二	一	二	一			
	框支层框架	二		二		一		一			
框架-核心筒	高度(m)	≤150		≤130			≤100			≤70	
	框架	三		二			一			一	
	核心筒	二		二			一			一	
筒中筒	高度(m)	≤180		≤150			≤120			≤80	
	外筒	三		二			一			一	
	内筒	三		二			一			一	
板柱-抗震墙	高度(m)	≤35	36~80	≤35	36~70		≤35	36~55			
	框架、板柱的柱	三	二	二	二		二	一			
	抗震墙	二	二	二	一		二	一			

2. 钢结构抗震等级

丙类建筑钢结构房屋的抗震等级为强制性条文，应按表 2.78-2 确定。

丙类钢结构房屋的抗震等级 表 2.78-2

房屋高度	设防烈度			
	6度	7度	8度	9度
≤50m		四	三	二
>50m	四	三	二	一

3. 钢结构与混凝土结构抗震等级的不同点

（1）钢结构抗震等级与结构类型无关，混凝土结构抗震等级与结构类型有关。

（2）钢结构房屋高度以 50m 为界划分为两档：≤50m 和 >50m。混凝土房屋高度按照不同的结构类型和设防烈度划分的区间较多。

（3）钢结构抗震等级与跨度无关。混凝土结构抗震等级与跨度有关，跨度大于或等于 18m 的框架结构，部分抗震等级有提高一级的要求。

2.79　如何初选钢梁截面？

如何初选钢梁截面？

初选钢梁截面，在方案阶段和初步设计阶段尤为重要，尤其是截面高度对建筑师实现建筑设计的整体构思十分关键。

1. 框架梁截面尺寸的选择

1）框架梁的高度

一般情况下，框架梁高度 h（mm）按经验取跨度 L（mm）的 1/20 加 100mm，即：

$$h = \frac{L}{20} + 100 \tag{2.79-1}$$

当荷载偏大时，可适当加大上下翼缘的厚度；当荷载特别大时，则需要适当加大梁的高度。

2）框架梁的宽度

考虑到与次梁的搭配，框架梁的宽度 b 一般取 $b = 300$mm（跨度不大时也可选用 $b = 200$mm 或 $b = 250$mm），便于使用成品 H 型钢。当不能满足承载力要求时，改用焊接 H 型钢，首选是通过加大翼缘厚度达到要求；当荷载特别大时，可以采取同时加大翼缘厚度和腹板高度的措施来达到承载力的要求。

关于梁宽的提醒：

当框架梁翼缘太宽（如 $b \geqslant 400$mm）时，连接次梁的横向加劲肋就会变厚（$t_s \geqslant 14$mm），超过了常用的小次梁腹板的厚度（$t_w < 14$mm），会造成以下两方面的问题：

（1）当图纸没有明确说明时，深化图纸单位就会取加劲肋的厚度与次梁腹板的厚度相同，造成横向加劲肋厚度达不到《钢标》的要求，不满足局部稳定的要求，易造成安全隐患。

简记：局稳存隐患。

（2）当加劲肋的厚度大于次梁腹板的厚度（$t_s > t_w$）时，次梁端部腹板需要设置填板找平，当然增加了制作安装的难度。在设计中，应给出设置填板示意图（图 2.79-1）。

简记：设置填板。

2. 次梁截面尺寸的选择

1）次梁的高度

一般情况下，两端简支的次梁高度 h（mm）按经验取跨度 L（mm）的 1/30～1/20。

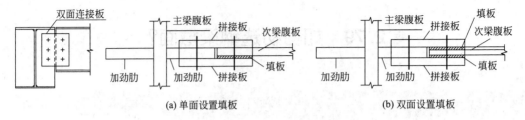

图 2.79-1　支撑加劲肋厚度大于次梁腹板厚度的连接

对于钢结构房屋，一般要求在腹板上开小洞为将来增设机电走线预留空间。这种情况下，次梁的高度基本接近框架梁的高度，使得主次梁孔洞中心线标高接近同一值。

2）次梁的宽度

考虑到与框架梁的搭配，次梁的宽度 b 一般取 $b=200$mm；对于跨度超过 10m 的次梁或承受较大荷载的次梁，其梁宽可取 $b=300$mm，以便于采用成品 H 型钢。当不能满足承载力要求时，改用焊接 H 型钢，通过加大翼缘厚度达到要求；当荷载特别大时，可以同时加厚和加宽翼缘或增大梁高来达到承载力的要求。

2.80 为什么框架梁端部水平隔撑按构造考虑而竖向隔撑则按计算考虑？

疑问

为什么框架梁端部水平隔撑按构造考虑而竖向隔撑则按计算考虑？

解答

框架梁（或悬挑梁）的上翼缘有楼板的牢固连接，不存在整体稳定问题，但梁端下翼缘受压区域却存在稳定问题。为防止框架梁（或悬挑梁）平面外整体失稳，从构造上对受压下翼缘进行约束，一般有三种措施：设置下弦水平隔撑、设置下弦竖向隔撑和设置加劲肋。本节仅对前两种措施进行对比解析。

1. 设置下弦水平隔撑

设置下弦水平隔撑是防止钢梁侧向（平面外）整体失稳最常用的构造措施。

在框架梁梁端下翼缘受压区设置水平隔撑，如图 2.80-1 所示，α 为被撑钢梁与隔撑之间的夹角。由于钢梁受压下翼缘并没有外力作用，所以，隔撑杆件与受力无关，仅在构造上按轴心受力构件设计，其构造要求如下：

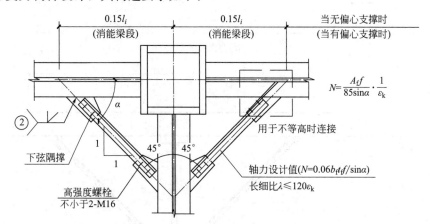

图 2.80-1 下弦水平隔撑构造示意图

1）隔撑杆件的长细比

长细比 λ 不大于 $120\varepsilon_k$。

2）按被撑下翼缘截面确定隔撑承受的最小构造轴力

对于一般框架梁（或悬挑梁），水平隔撑最小构造轴力按下式计算：

$$N = \frac{A_f f}{85\sin\alpha} \cdot \frac{1}{\varepsilon_k} \tag{2.80-1}$$

对于有消能梁段的框架梁，水平隅撑最小构造轴力按下式计算：

$$N = \frac{0.06A_f f}{\sin\alpha} = \frac{0.06b_f t_f f}{\sin\alpha} \qquad (2.80\text{-}2)$$

式中：A_f ——钢梁下翼缘截面积（mm^2）；

t_f ——钢梁下翼缘厚度（mm）；

b_f ——钢梁下翼缘宽度（mm）；

f ——钢材抗压强度设计值（N/mm^2）；

α ——水平隅撑与钢梁腹板间的夹角。

2. 设置下弦竖向隅撑

对于跨度较大的框架梁或门式刚架的钢梁，需要设置若干道水平隅撑才能解决钢梁端部下翼缘侧向支撑问题，看起来不美观，且靠近跨中的隅撑长度也会较大，其截面尺寸也随之变大。所以，有时会采用设置下弦竖向隅撑的措施解决侧向稳定性，如图 2.80-2 所示。

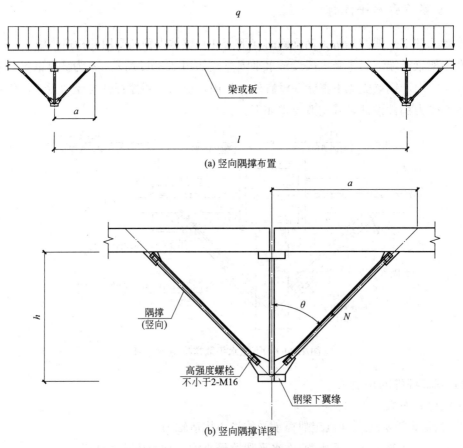

(a) 竖向隅撑布置

(b) 竖向隅撑详图

图 2.80-2　下弦竖向隅撑构造示意图

1) 竖向隔撑与水平隔撑的区别

竖向隔撑与水平隔撑的最大区别在于，竖向隔撑要承受由楼板或梁传下来的轴力，所以应按所受到的轴力进行稳定验算和确定隔撑截面。

2) 设计错误造成的结构安全事故

举个门式刚架的例子。在惯性思维下，按水平隔撑的构造方法设计竖向隔撑，即隔撑杆件轴力（N）按钢梁下翼缘截面满应力的 6% 计算（$N = 0.06\,b_f\,t_f\,f/\sin\theta$）；但是，有时竖向隔撑受到的轴力远大于此，造成竖向隔撑失稳屈曲。竖向隔撑失稳后，钢梁失去了侧向支撑，进而造成了钢梁的整体失稳。

3) 竖向隔撑轴力计算

根据图 [2.80-2（a）]，斜杆轴向压力为：

$$N = \frac{0.5(l-a)q}{\cos\theta} \tag{2.80-3}$$

当式（2.80-4）成立时，说明竖向隔撑是受力控制（一般情况下都是受力控制），就应考虑斜杆整体稳定性，否则就会存在安全隐患。

$$\frac{0.5(l-a)q}{\cos\theta} > \frac{0.06b_f t_f f}{\sin\theta} \tag{2.80-4}$$

竖向隔撑杆件为受力控制时，其整体稳定性按下式计算：

$$\frac{0.5(l-a)q}{\varphi A f \cos\theta} \leqslant 1.0 \tag{2.80-5}$$

式中：φ —— 隔撑杆件整体稳定系数；

A —— 隔撑杆件截面积（mm^2）；

f —— 钢材抗压强度设计值（N/mm^2）；

θ —— 竖向隔撑与钢梁腹板间的夹角。

3. 结论

（1）竖向隔撑必须进行整体稳定性验算。

（2）采用螺栓将单杆件竖向隔撑与节点板单面连接时，螺栓计算应增大 10%，理由是杆件为偏心传递轴力。

2.81 为什么验算简支梁整体稳定性时 要对计算长度进行放大?

疑问

简支梁支座,弯曲铰支容易理解,也容易达成,扭转铰支却往往被疏忽。对仅腹板连接的简支梁,需要考虑整体稳定时,由于支座处侧向弯扭未受约束,使得腹板容易变形,依据《钢标》第 6.2.5 条规定,在稳定性计算时,计算长度应放大。那么,为什么验算简支梁整体稳定性时要对计算长度进行放大?

解答

1. 侧向弯扭未受约束时的扭转变形

简支梁与主梁或其他构件一般采用腹板铰接连接。当侧向弯扭未受约束时(受压上翼缘没有楼板或檩条等约束构件),由于简支梁抗扭刚度小,钢梁受扭后,腹板可能容易变形而发生扭转(图 2.81-1),因此需要进行支座处的稳定计算。

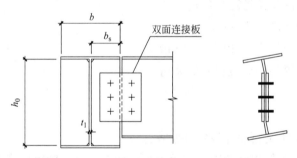

图 2.81-1　梁端部仅腹板受到约束的简支梁

2. 验算简支梁整体稳定性时对计算长度进行放大

当简支梁采用图 2.81-1 的支座形式时,由于抗扭刚度小,即使按《钢标》规定的公式进行稳定性验算,并不能保证梁端截面不发生扭转。因此,《钢标》第 6.2.5 条针对这种情况采用了对计算长度进行放大的补充方法:"当简支梁仅腹板与相邻构件相连,钢梁稳定性计算时侧向支承点距离应取实际距离的 1.2 倍。"也就是说按 1.2 倍简支梁的跨度进行整体稳定性验算。

简记:1.2 倍跨度。

3. 放大计算长度的实际效果

假定简支梁的跨度为 l_0，线荷载为 q。

简支梁跨中实际弯矩 M_0 为：

$$M_0 = \frac{q l_0^2}{8} \tag{2.81-1}$$

计算跨度放大 1.2 倍后，简支梁跨中放大后的弯矩 $M_{1.2}$ 为：

$$M_{1.2} = \frac{q(1.2 l_0)^2}{8} = 1.44 M_0 \tag{2.81-2}$$

即：

$$\frac{M_{1.2}}{M_0} = 1.44 \tag{2.81-3}$$

或：

$$\frac{M_0}{M_{1.2}} = \frac{1}{1.44} = 0.7 \tag{2.81-4}$$

计算结果的两种结论：

（1）从受力来看，计算跨度放大到 1.2 倍后，相当于弯矩放大到了 1.44 倍，安全性放大到了 1.44 倍。

（2）从整体稳定性来看，相当于整体稳定系数缩小到 0.7 倍，提高了整体稳定性。

4. 不需验算简支梁稳定性的情况

当简支梁整体稳定性有保证时（受压上翼缘有可靠的约束，如铺有混凝土板或檩条等情况），不需考虑支座处的扭转。

2.82 哪种支座形式与简支梁稳定计算相符合?

疑问

上一个问题是简支梁梁端腹板与主梁连接,上翼缘无侧向约束支座处发生扭转,通过放大计算跨度(1.2倍)进行整体稳定性分析。那么,哪种支座形式与简支梁稳定计算相符合?

解答

有些情况下,简支梁梁端不需要采用腹板连接的形式。这时,采取合理的构造措施,在计算简支梁整体稳定时可不对计算长度进行放大。

采用构造措施防止简支梁梁端扭转是经济而可靠的方法,分为三种类型:

(1)类型一:简支梁支座处上翼缘有侧向约束

简支梁支座处上翼缘与主结构牢固相连,能阻止受压上翼缘的侧向位移时,可认为构造能够防止梁端扭转,在计算简支梁整体稳定时不需要对计算长度进行放大。

(2)类型二:简支梁支座处下翼缘有侧向约束

对于截面适中的简支梁,当下翼缘有约束,而上翼缘无约束时,端部截面可能产生如图2.82-1(a)所示的扭转。为了防止梁端发生扭转,应采用端部设置加劲肋的构造措施,腹板两侧的加劲肋有效地约束了上翼缘的扭转,见图2.82-1(b)。在这种情况下计算简支梁整体稳定时不需要对计算长度进行放大。

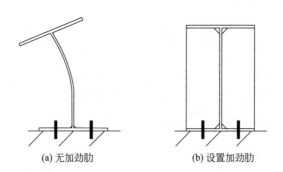

(a)无加劲肋   (b)设置加劲肋

图2.82-1 梁端部下翼缘受到约束的简支梁

(3)类型三:吊车梁

对于梁截面高而窄的吊车梁,受压上翼缘无侧向约束,需要进行梁的整体稳定性计算。为了使支座形式与简支梁稳定计算相符合,可通过构造措施解决支座处扭转。如图2.82-2所示,吊车梁梁端下翼缘与牛腿牢固相连,端部设置了加劲肋预防了扭转的可能性,而且上翼缘又与主体结构相连,与类型二的约束相比更加坚固,这种情况不需要对计算长度进行放大。

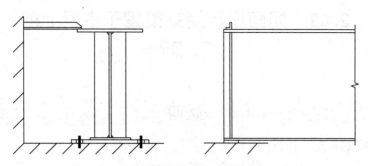

图 2.82-2　梁端部上下翼缘受到约束的吊车梁

2.83 如何设计简支梁置于主梁上的节点?

如何设计简支梁置于主梁上的节点?

简支梁置于主梁上的节点大样见图 2.83-1。

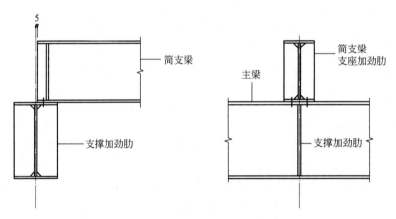

图 2.83-1 简支梁置于主梁上的节点大样

构造要求如下:

(1) 简支梁与主梁之间采用 2-M20 普通螺栓连接。

(2) 简支梁的梁端支座反力作用于主梁的位置应设置支撑加劲肋。支撑加劲肋为承压加劲肋,按《钢标》式 (6.3.3-1) 及式 (6.3.3-2) 计算,也可按表 2.83-1 选取。

横向承压加劲肋最小构造厚度 t_s (mm)　　　　　　　　表 2.83-1

加劲肋类型	主梁翼缘宽度 b					
	200	250	300	350	400	450
横向承压加劲肋	8	10	10	12	14	16
支座承压加劲肋	10	12	12	14	16	18

注: 1. 计算加劲肋时,不需考虑钢号修正系数 ε_k。

2. 支座加劲肋厚度比横向支撑加劲肋厚 2mm。

2.84　为什么焊接 H 型钢梁不宜太宽?

疑问

为什么焊接 H 型钢梁不宜太宽?

解答

对于跨度大、荷载大的钢梁，成品 H 型钢梁已经无法满足承载力的要求，需要采用焊接 H 型钢梁来达到目的。在选择钢梁时，设计人员会采用宽而细的翼缘，而不愿采用窄而厚的翼缘。觉得梁高了，翼缘就得宽一些。这样会带来两方面的问题：主梁与次梁连接的问题，以及填充墙与立管之间距离的问题。

1. 主梁与次梁连接的问题

作为焊接 H 型钢的主梁，其翼缘不宜太宽。翼缘太宽，会导致与次梁连接的支撑加劲肋在满足局部稳定的情况下板厚较厚，超过次梁的腹板厚度，当采用双夹板连接时，需要采用填充板找齐，这样就会带来施工上的困难。

2. 填充墙与立管之间距离的问题

竖向水管与墙体面应该有一定的距离，便于安装，见图 2.84-1 （a）。

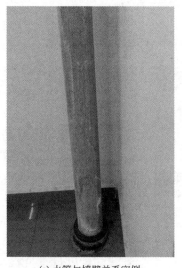
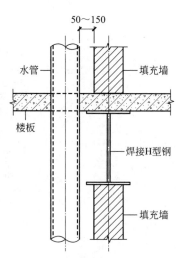

(a) 水管与墙壁关系实例　　　　　　(b) 水管与墙壁关系简图

图 2.84-1　水管与墙壁的距离要求

根据给水排水专业的竖管安装要求，其水管外皮与填充墙的操作距离为 50mm～

150mm，见图 2.84-1（b）。如果竖向水管依靠 200mm 厚的填充墙进行固定，将 50mm 作为最小操作空间，那么墙下钢梁的宽度最大也就是 300mm。设计中强调使用成品 H 型钢（框架梁 300mm 宽，次梁 200mm 宽），不仅加工便捷，同时也自然满足了安装竖向水管的要求。所以，在设计焊接 H 型钢梁时宜将翼缘宽度取 300mm（框架梁）或 200mm（次梁），所需要的翼缘截面积可以通过增加翼缘厚度来达到要求。

2.85 如何考虑钢梁变标高处的节点构造?

如何考虑钢梁变标高处的节点构造?

在工程中经常遇到钢梁变标高的情况,一般分为以下两种情况。

1. 钢梁截面不变

钢梁截面不变时可按图 2.85-1 进行节点构造设计。

(1) 采用同一梁截面。

(2) 根据标高差 a 值,确定 b 值。

(3) 将梁分成三段进行全熔透焊拼接,并在拼缝处设置加劲肋。

(4) 加劲肋厚度应满足局部稳定的要求,可按表 2.83-1 选用。

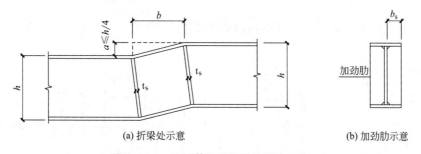

(a) 折梁处示意   (b) 加劲肋示意

图 2.85-1 钢梁截面不变的变标高示意

2. 钢梁底标高不变

钢梁底标高不变时可按图 2.85-2 进行节点构造设计。

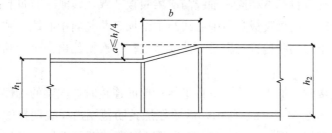

图 2.85-2 钢梁底标高不变的变标高示意

2.86 简支梁与主梁加劲板采用双面连接好还是单面连接好?

疑问

简支梁与主梁加劲板采用双面连接好还是单面连接好?

解答

简支梁与主梁加劲板双面连接的构造简图见图2.86-1。

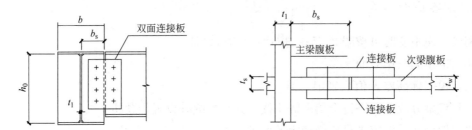

图2.86-1 简支梁与主梁加劲肋双面连接构造简图

简支梁与主梁加劲板单面连接的构造简图见图2.86-2。

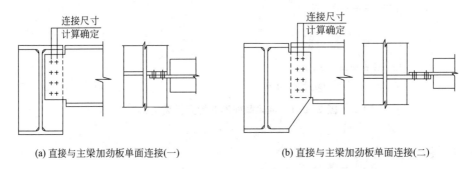

(a) 直接与主梁加劲板单面连接(一)　　　　(b) 直接与主梁加劲板单面连接(二)

图2.86-2 简支梁与主梁加劲板单面连接构造简图

两种连接方式使用的螺栓数目基本相同,轴线与次梁腹板一致,其他区别如下:

(1) 居中性:双面连接时,次梁腹板竖向中心线与主梁加劲肋竖向中心线一致,不会出现错误;单面连接时,由于加劲肋偏置,容易导致安装过程中次梁偏出两个加劲板厚度尺寸上误差。

(2) 加工工艺:双面连接时,加工简单,一目了然;单面连接时,次梁的端部都需要切口,增加了加工的难度,图2.86-2(a)所示,需要在加劲肋范围内设置两排螺栓,受翼缘宽度的限制,不一定能实现;图2.86-2(b)的情况可以实现两排螺栓,但加劲板要切成异形板，进一步增加了加工工艺。

（3）出现安装偏差后的返工：采用双面连接的情况下，只要将连接板拆下拿到工厂重新扩孔即可，如果采用单面连接，只能进行现场扩孔。

结论：一般情况下宜采用双面连接。

2.87 有悬臂梁段的框架梁好还是无悬臂梁段的框架梁好？

疑问

有悬臂梁段的框架梁好还是无悬臂梁段的框架梁好？

解答

框架梁柱节点的现场拼接分为带悬臂梁段的节点［图 2.87-1（a）］和无悬臂梁段的节点［图 2.87-1（b）］。

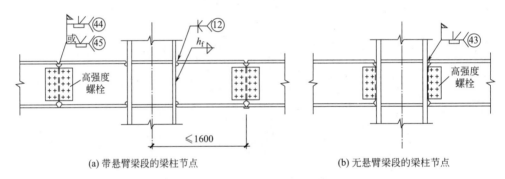

(a) 带悬臂梁段的梁柱节点   (b) 无悬臂梁段的梁柱节点

图 2.87-1 框架梁柱节点的现场拼接形式

1. 带悬臂梁段的梁柱节点

对于带悬臂梁段的梁柱节点，框架梁的现场拼接点不在柱子边，而是离开柱边有一段距离，所以柱子在工厂制作加工时就要带一段悬臂梁。

（1）优点：悬臂梁段在工厂焊接到柱子上，梁端受力最大处的焊接质量优于现场拼接，现场拼接节点位于框架梁弯矩较小位置，所以此节点对抗震有利，也是在设计中常被采用的节点。

（2）缺点：由于钢柱带有悬臂段，一次运输的数量有限。

简记：悬臂梁段。

2. 无悬臂梁段的梁柱节点

对于无悬臂梁段的梁柱节点，框架梁的现场拼接点在柱子边，另外，腹板两侧的夹板有一块在工厂进行焊接连接，而另一块则要在现场连接。

（1）优点：一次运输数量较多。

（2）缺点：现场拼接点在梁端负弯矩比较大的位置，抗震性能相对较差，且有一块连接板需要在现场进行熔透焊接。

3. 结 论

由于工厂焊接的质量优于现场焊接的质量，而悬臂梁段在工厂加工，所以，宜选用带悬臂梁段的框架梁为好。

2.88 为什么连续跨次梁的每一跨都要按简支梁设计？

疑问

为什么连续跨次梁的每一跨都要按简支梁设计？

解答

1. 钢梁受力简图

（1）钢梁按连续梁设置时，其受力简图如图 2.88-1 所示。

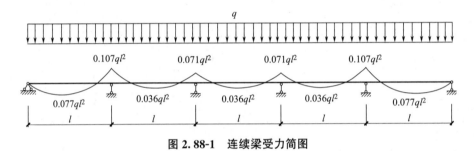

图 2.88-1　连续梁受力简图

（2）钢梁按多跨简支梁设置时，其受力简图如图 2.88-2 所示。

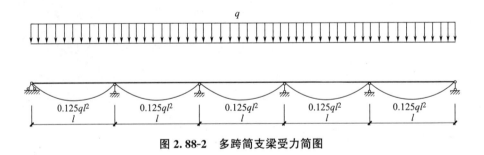

图 2.88-2　多跨简支梁受力简图

2. 钢梁受力分析

当钢梁为连续梁时（图 2.88-1），最大弯矩为负弯矩 $M_1 = 0.107ql^2$，下翼缘受压，应按钢梁整体稳定计算正应力：

$$\sigma_1 = \frac{M_1}{\varphi_b W} = \frac{0.107ql^2}{\varphi_b W} \tag{2.88-1}$$

当钢梁为多跨简支梁时（图 2.88-2），最大弯矩在每跨的中间，为正弯矩 $M_0 = 0.125ql^2$，全跨下翼缘受拉，全跨上翼缘受压，但铺有楼板，所以应按钢梁强度计算正应力：

$$\sigma_0 = \frac{M_0}{W} = \frac{0.125ql^2}{W} \tag{2.88-2}$$

式中：φ_b——梁的整体稳定系数；

$\quad\quad W$——构件的塑性毛截面模量。

3. 两种方案的比较

1）计算上的比较

等截面焊接工字形和轧制 H 型钢（图 2.88-3）简支梁的整体稳定系数 φ_b 应按《钢标》附录 C 给出的下列公式计算：

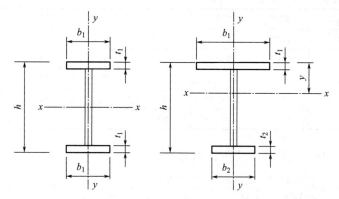

(a) 双轴对称焊接工字形截面　　(b) 加强受压翼缘焊接工字形截面

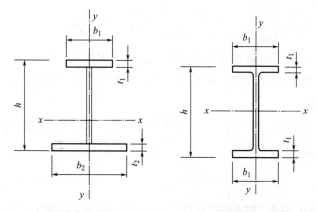

(c) 加强受拉翼缘焊接工字形截面　　(d) 轧制H型钢截面

图 2.88-3　焊接工字形和轧制 H 型钢

$$\varphi_b = \beta_b \frac{4320}{\lambda_y^2} \cdot \frac{Ah}{W_x} \left[\sqrt{1 + \left(\frac{\lambda_y t_1}{4.4h} \right)^2} + \eta_b \right] \varepsilon_k \tag{2.88-3}$$

$$\lambda_y = \frac{l_1}{i_y} \tag{2.88-4}$$

式中：β_b——梁整体稳定的等效弯矩系数，应按《钢标》附录 C 的表 C.0.1 采用；

λ_y ——梁在侧向支撑点间对截面弱轴 y-y 的长细比;

A ——梁的毛截面面积(mm^2);

W_x ——梁对 x 轴毛截面模量(mm^3);

h、t_1 ——梁截面的全高和受压翼缘厚度(mm);

l_1 ——梁受压翼缘侧向支承点之间的距离(mm);

i_y ——梁毛截面对 y 轴的回转半径(mm)。

以 1/20 的跨度取钢梁的高度,采用常用 H 型钢,按照上述公式计算出的 φ_b 见表 2.88-1。整体稳定系数 φ_b 的范围为 0.24~0.42。

常用 H 型钢、常用跨度下钢梁的整体稳定系数 φ_b 表 2.88-1

型号	h(mm)	A(mm^2)	W_x(mm^3)	l_1(mm)	i_y(mm)	λ_y	β_b	φ_b
HN400×200	400	8337	1170000	8000	45.6	176	0.86	0.42
HN500×200	500	11230	1870000	10000	43.6	231	0.9	0.33
HN600×200	600	13170	2520000	12000	41.5	292	0.91	0.24
HN700×300	700	23150	5640000	14000	68.3	206	0.9	0.39
HN800×300	800	26350	7160000	16000	66.6	242	0.92	0.32
HN900×300	900	30580	8990000	18000	64.2	282	0.95	0.28

连续梁正应力与简支梁正应力的比值为:

$$\frac{\sigma_1}{\sigma_0} = \frac{0.107ql^2}{\varphi_b W} \bigg/ \frac{0.125ql^2}{W} = \frac{0.856}{\varphi_b} = \frac{0.856}{0.24 \sim 0.42} = 2.04 \sim 3.57 \quad (2.88\text{-}5)$$

反之,简支梁正应力与连续梁正应力的比值为:

$$\frac{\sigma_0}{\sigma_1} = \frac{1}{2.04 \sim 3.57} = 0.28 \sim 0.49 \quad (2.88\text{-}6)$$

从计算结果对比可知,如果连续梁满足安全要求,则简支梁有很大的安全储备;而如果简支梁应力适中,那么连续梁除非加隅撑,否则大概率不满足整体稳定性要求。

2)构造上的比较

两种节点构造上的对比(图 2.88-4)一目了然。连续梁在拼接处的节点构造比多跨简支梁增加了两道工序:

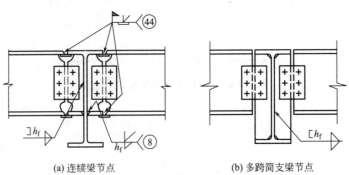

(a) 连续梁节点 (b) 多跨简支梁节点

图 2.88-4 梁拼接处节点构造

（1）增加了与次梁下翼缘对应的加劲肋范围内的过渡板；

（2）增加了上、下翼缘在现场施工的熔透焊缝，延长了安装时间。

4. 结论

无论是从结构安全性还是现场安装难易性的角度出发，对于连续跨次梁应采用多跨简支梁的布置形式。

2.89 焊接 H 型钢梁腹板的最小厚度 如何取值？

焊接 H 型钢梁腹板的最小厚度如何取值？

当采用焊接 H 型钢时需要人工确定翼缘和腹板的尺寸。确定腹板最小厚度时应遵循两条原则：一是腹板厚度不应小于同高度轧制 H 型钢腹板的厚度；二是要满足板件宽厚比等级的要求。

1. 按计算确定腹板最小厚度

当按计算确定腹板最小厚度时，应以板件宽厚比等级进行计算。表 2.89-1 是按最不利情况求出的腹板最小厚度，其中，钢号取 Q460，腹板计算高度取梁高减去 2 倍翼缘厚度（按轧制 H 型钢）。

焊接型钢梁腹板按计算求出的最小厚度 表 2.89-1

梁高 h（mm）	S1	S2	S3	S4
200	3.8	3.4	2.6	2.0
250	4.7	4.2	3.3	2.5
300	5.6	5.1	3.9	2.9
350	6.9	6.3	4.8	3.6
400	7.9	7.1	5.5	4.2
450	8.9	8.0	6.2	4.7
500	10.0	9.0	7.0	5.2
600	12.0	10.9	8.4	6.3
700	14.0	12.7	9.8	7.4
800	16.1	14.5	11.2	8.4
900	18.2	16.4	12.7	9.5

2. 轧制 H 型钢腹板的厚度

常用热轧 H 型钢腹板的厚度见表 2.89-2。

常用热轧 H 型钢腹板的厚度　　　　　　　　　　　　　　表 2.89-2

类别型号（高×宽）	梁高 h（mm）	腹板厚（mm）
HW200×200/HN200×100	200/200	8/5.5
HW250×250/HN250×125	230/250	9/6
HM300×200/HN300×150	294/300	8/6.5
HM350×250/HN350×175	340/350	9/7
HM400×300/HN400×200	390/400	10/8
HM450×300/HN450×200	440/450	11/9
HM500×300/HN500×200	488/500	11/10
HM600×300/HN600×200	588/600	12/11
HN700×300	700	13
HN800×300	800	14
HN900×300	900	16

3. 焊接 H 型钢梁腹板的最小厚度取值

对比表 2.89-1 和表 2.89-2 可知：梁高不大于 500mm 时，腹板最小厚度由轧制 H 型钢控制；梁高大于 500mm 时，腹板最小厚度由板件宽厚比 S1 和 S2 控制。

结合两表及板件厚度以 2mm 为模数的要求，焊接 H 型钢梁腹板的最小厚度取值见表 2.89-3。该表中的最小腹板厚度满足民用钢结构的所有钢号及各级板件宽厚比等级的焊接 H 型钢梁的局部稳定要求。

焊接型钢梁腹板最小厚度取值　　　　　　　　　　　　　　表 2.89-3

梁高 h（mm）	腹板最小厚度（mm）
200	8
250	8
300	8
350	10
400	10
450	12
500	12
600	12
700	14
800	18
900	20

2.90 箱形截面简支梁在什么情况下可不考虑整体稳定性？

疑问

箱形截面简支梁在什么情况下可不考虑整体稳定性？

解答

箱形截面简支梁满足以下两种情况之一，可不考虑整体稳定性：

（1）当铺板密铺在梁的受压翼缘上并与其牢固相连，能阻止梁受压翼缘的侧向位移时，可不计算箱形截面简支梁的整体稳定性。

（2）当箱形截面简支梁没有密铺板对其受压翼缘约束，但其截面尺寸（图 2.90-1）满足 $h/b_0 \leqslant 6$、$l_1/b_0 \leqslant 95\varepsilon_k^2$ 时，可不计算整体稳定性，l_1 为受压翼缘侧向支撑点间的距离（梁的支座处视为有侧向支撑）。

由于箱形截面的抗侧向弯曲刚度和抗扭转刚度远远大于工字形截面，整体稳定性很强，因此很容易满足 h/b_0 和 l_1/b_0 值的要求。

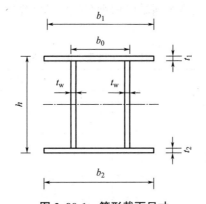

图 2.90-1 箱形截面尺寸

根据跨宽比要求，可以扩展一下简支梁最大跨度的要求。钢材选用 Q355，箱形梁宽度不同时箱形截面简支梁的最大允许跨度见表 2.90-1。

箱形截面简支梁不同的梁宽对应的最大简支梁跨度　　　　　表 2.90-1

b_0(mm)	300	400	500	600	700	800
l_1(m)	18.7	24.9	31.1	37.4	43.6	49.9

2.91　对于大跨度箱形截面梁最容易犯的错误是什么？

疑问

对于大跨度箱形截面梁最容易犯的错误是什么？

解答

对于大跨度箱形截面梁，最容易犯的错误就是不考虑现场安装的可行性，导致不得不修改设计。这一错误就是当梁高尺寸很大时，梁宽尺寸设计得偏小，无法进行人工焊接操作。

对于大跨度箱形截面梁，由于运输卡车对构件长度的限制，一根大梁要分成若干段运到现场进行拼接。为了避免工地安装时出现仰焊情况，下翼缘坡口是向上的，焊接时通过上翼缘后安装板位置进行焊接操作（图 2.91-1）。

当梁截面的高度较高或很高时，焊工需要钻翼缘下方进行操作。此状况下，箱形梁的里侧净宽度一定要满足焊工和质检人员的工作要求。如果只考虑设计而忽视安装，轻则返工，重则局部修改设计。

简记：操作空间。

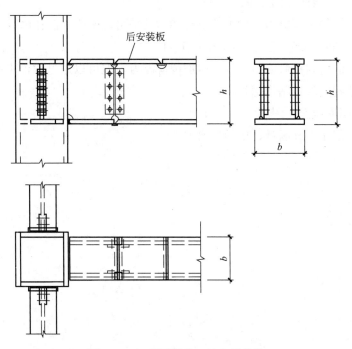

图 2.91-1　箱形梁的工地安装构造

2.92　不规范的箱形截面梁有哪些？

不规范的箱形截面梁有哪些？

不规范的箱形截面梁有图 2.92-1 所示的三种形式。

 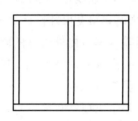 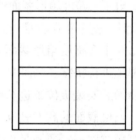

(a) 日字形箱形钢梁　　　　(b) 日字形转90°的箱形截面　　　　(c) 田字形箱形钢梁

图 2.92-1　应避免的钢梁截面形式

1）日字形箱形截面［图 2.92-1（a）］

中间横板不增加抗剪能力，增加的抗弯能力几乎可以略去；制作困难，用钢量增大。

2）日字形转 90°的箱形截面［图 2.92-1（b）］

中间竖板不能增大抗弯能力，可以增加抗剪能力，但可以通过取消中间竖板、加厚两边的腹板厚度达到要求；制作困难。

3）田字形箱形截面［图 2.92-1（c）］

理由同上；制作十分困难；用钢量增大。

2.93　设计大悬挑梁时应注意哪些因素?

设计大悬挑梁时应注意哪些因素?

设计跨度大于 5m 的大悬挑梁时应注意震颤和竖向地震作用两个因素。

1. 震颤

房屋周围 200m 范围内存在公路时,大货车、公交车等行驶会使大悬挑钢结构产生震颤现象,设计中要给予高度重视。

1) 计算上

应进行结构使用寿命期间的疲劳验算。

2) 材料上

应按疲劳设计要求选择钢材。

3) 构造上

应选择合适的现场连接方式,例如:翼缘和腹板全部采用高强度螺栓连接。

2. 竖向地震作用

大跨度悬挑梁对竖向地震作用较敏感,宜进行抗震性能化设计(以竖向地震作用为主项的包络设计)。

2.94 如何初选桁架弦杆和支座斜杆主要截面？

如何初选桁架弦杆和支座斜杆主要截面？

建筑方案阶段，初估桁架高度和上下弦杆的截面尺寸是很重要的内容。由于支座处斜腹杆受力最大，所以初估该杆件的截面尺寸，能够掌控所有腹杆的大概尺寸。

图 2.94-1 所示为桁架受力简图。下面通过一个例子求解桁架主要杆件的截面积。

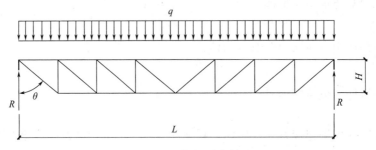

图 2.94-1 桁架受力简图

某桁架基本资料：大跨度多功能厅的桁架跨度 $L=24\mathrm{m}$，桁架之间的开间（柱间距）距离 6m，活荷载标准值为 $3.5\mathrm{kN/m^2}$，采用 Q355B 钢材，钢材的抗拉及抗压强度设计值 $f=305\mathrm{N/mm^2}$，桁架形式为两端简支的平面桁架（图 2.94-1）。

1. 确定桁架高度

由于荷载较大，可按 $L/8$ 确定桁架的高度，即 $H=3\mathrm{m}$。

2. 桁架受到的荷载

初估截面时，可按均布荷载进行计算，而不必按上弦节点荷载进行计算。

（1）恒载计算：

50mm 厚建筑面层：$20\times0.05=1.0\mathrm{kN/m^2}$

150mm 厚混凝土板：$25\times0.15=3.75\mathrm{kN/m^2}$

桁架、次梁，支撑等平均重：$0.6\mathrm{kN/m^2}$

吊顶：$0.5\mathrm{kN/m^2}$

恒载总计：$5.85\mathrm{kN/m^2}$

线荷载的恒载标准值为：$5.85 \times 6 = 35.1 \text{kN/m}$

（2）活载计算：

线荷载的活载标准值为：$3.5 \times 6 = 21 \text{kN/m}$

（3）线荷载设计值计算

$$q = 1.3 \times 35.1 + 1.5 \times 21 = 77.13 \text{kN/m}$$

（4）支座反力计算

$$R = qL/2 = 77.13 \times 24/2 = 925.56 \text{kN}$$

（5）最大弯矩计算

$$M = qL^2/8 = 77.13 \times 24^2/8 = 5553.36 \text{kN} \cdot \text{m}$$

3. 桁架主要杆件受力计算

（1）上弦杆受力计算：

桁架弦杆受力类似于实腹钢梁，弯矩可转化为一对力偶作用于上下弦杆。当桁架两端为简支形式时，上弦杆为压杆，压力为：

$$N^s = \frac{M}{H} = \frac{5553.36}{3} = 1851.12 \text{kN}$$

（2）下弦杆受力计算：

下弦杆为拉杆，拉力为：

$$N_x = \frac{M}{H} = \frac{5553.36}{3} = 1851.12 \text{kN}$$

（3）支座斜杆受力计算：

根据桁架网格的划分，支座斜杆与其反力之间的夹角 $\theta = 45°$。支座斜杆为拉杆，拉力为：

$$N_1 = \frac{R}{\cos\theta} = \frac{925.56}{\cos 45°} = 1309 \text{kN}$$

4. 桁架主要杆件截面积计算

（1）上弦杆截面积计算：

上弦杆为压杆，应按整体稳定计算，初估截面过程，一般设定稳定系数 $\varphi = 0.6$，于是有：

$$\frac{N^s}{\varphi A^s f} \leq 1.0$$

即，

$$A^s \geq \frac{N^s}{\varphi f} = \frac{1851.12 \times 10^3}{0.6 \times 305} = 10115 \text{mm}^2$$

（2）下弦杆截面积计算：

下弦杆为拉杆，应按强度计算，于是有：

$$\frac{N_x}{A_x} \leqslant f$$

即：

$$A_x \geqslant \frac{N_x}{f} = \frac{1851.12 \times 10^3}{305} = 6069\,\text{mm}^2$$

（3）支座斜杆截面积计算：

支座斜杆为拉杆，应按强度计算，于是有：

$$A_1 \geqslant \frac{N_1}{f} = \frac{1309 \times 10^3}{305} = 4292\,\text{mm}^2$$

（4）其他所有腹杆截面积计算：

其他所有腹杆截面积可先按支座斜杆截面积的 0.8 倍估算，即：

$$A_i = 0.8 A_1 = 0.8 \times 4292 = 3434\,\text{mm}^2$$

5. 桁架主要杆件截面形式及尺寸

当桁架杆件采用双角钢、圆管或方管截面时，其主要杆件截面规格见表 2.94-1。

各种桁架杆件形式时主要杆件截面规格　　　　　　表 2.94-1

杆件名称	截面面积（mm²）	双角钢桁架	圆管桁架	方管桁架
上弦杆	10115	2∟200×125×18(短肢相并)	φ219×16	□200×16
下弦杆	6069	2∟140×90×14(短肢相并)	φ219×10	□160×12
支座斜杆	5275	2∟140×90×12(长肢相并)	φ180×10	□140×12
其他腹杆	4206	2∟100×12(等肢相并)	φ152×10	□130×10

6. 试算调整

将表 2.94-1 中的有关杆件截面规格输入到程序中，通过对桁架进行整体计算后查看杆件应力比信息，按以下三种情况调整：

（1）应力比大于 0.9 时，说明杆件截面小了，需要加大截面，应选取更大规格的杆件。

（2）应力比小于 0.5 时，如果是长细比控制说明截面是合适的，否则说明杆件截面大了，需要调小截面，应选取更小规格的杆件。

（3）应力比在 0.5～0.9 之间，说明初选截面是合适的。

调整完截面后再进行计算，基本上八九不离十了。

2.95 如何设置桁架支撑？

疑问

如何设置桁架支撑？

解答

桁架支撑由水平支撑和垂直支撑组成。桁架和水平支撑、垂直支撑及系杆组装成一个稳定的整体桁架体系。桁架支撑系统提供了桁架楼层的整体刚度。

桁架支撑系统实质上就是一个空间几何不变形体系，如果把桁架面定义为 Y 向的竖向几何不变形刚片（沿桁架方向），由垂直支撑及上下弦之间的系杆组成的立面系统则为 X 向的竖向几何不变形刚片（垂直于桁架方向），而由上下弦之间的横向水平支撑、纵向水平支撑及系杆组成的平面系统则为水平上下弦平面几何不变形刚片（垂直于桁架方向）。

1. 水平支撑

水平支撑按功能分为横向水平支撑和纵向水平支撑，按层次分为上弦水平支撑和下弦水平支撑。

1）横向水平支撑

（1）横向水平支撑为十字形交叉斜杆形式，采用单角钢（跨度＜18m 时可采用圆钢），按拉杆设计。

（2）横向上弦水平支撑和横向下弦水平支撑应布置在同一区间。

（3）上弦水平支撑和下弦水平支撑的区格及数量的划分可以不同（图 2.95-1）。

（4）横向水平支撑设在房屋两端（图 2.95-1）或温度伸缩缝区段两端的第一个开间。

（5）当温度伸缩缝区段的长度＞66m 时，还应在该区段中部增设一道横向水平支撑。

2）纵向水平支撑

（1）纵向水平支撑为十字形交叉斜杆形式，采用单角钢（跨度＜18m 时可采用圆钢），按拉杆设计。

（2）纵向水平支撑一般布置在下弦平面屋架两端，与横向水平支撑形成封闭框［图 2.95-1（b）］。

2. 垂直支撑

（1）垂直支撑与水平支撑配套使用，二者布置在同一区间（图 2.95-1）。

（2）垂直支撑布置在桁架两端的支座处和屋脊处（图 2.95-1）。当屋架跨度＞30m 时，尚应在跨度 1/3 左右的竖杆平面内各增设一道垂直支撑。

（3）垂直支撑实际上就是平行弦桁架，其上、下弦兼做平面支撑的横杆。

（4）垂直支撑应根据其高跨比采用不同的形式（图 2.95-2）。

（5）上、下弦杆和竖杆采用双角钢 T 形截面，斜杆采用单角钢截面。

3. 系杆

（1）系杆分刚性系杆（压杆）和柔性系杆（拉杆）两种，布置在上、下弦平面。

（2）刚性系杆为双角钢十字形截面，柔性系杆为单角钢截面。

（3）刚性系杆的布置：横向水平支撑区间内的所有系杆（承受压力）均为刚性杆；与纵向支撑相关联的系杆均为刚性杆；当横向水平支撑布置在温度区段端部第二区间时，第一区间内的系杆设置成刚性系杆。

（4）柔性系杆的布置：除刚性杆外的系杆均为柔性杆。

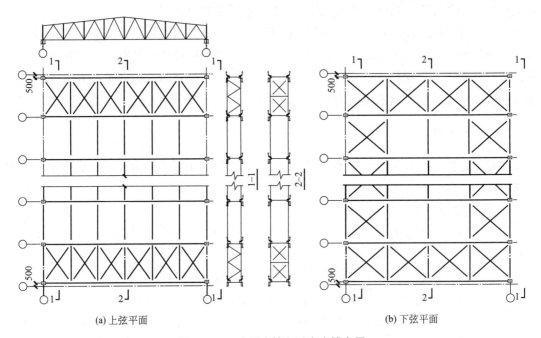

(a) 上弦平面　　　　　　　　　　　　　　(b) 下弦平面

图 2.95-1　水平支撑和垂直支撑布置

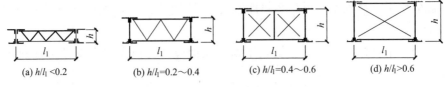

(a) $h/l_1 < 0.2$　　　(b) $h/l_1 = 0.2 \sim 0.4$　　　(c) $h/l_1 = 0.4 \sim 0.6$　　　(d) $h/l_1 > 0.6$

图 2.95-2　垂直支撑的形式

2.96　如何按拉杆工作制计算十字支撑?

疑问

如何按拉杆工作制设计十字支撑?

解答

桁架支撑体系中的十字支撑一般都是按柔性系杆（拉杆）设计的，工业厂房中的柱间支撑也是如此。其工作原理是拉杆工作制，压杆由于太柔而退出工作。

1. 水平支撑计算

以端跨下弦水平支撑为例。在一侧水平荷载作用下，可将水平支撑系统看作是水平桁架，外力作用在刚性系杆上的节点力为 W，实际受力模型如图 2.96-1（a）所示。根据拉杆工作制规定，每个节间只有一根受拉斜杆参加工作，另一根受压斜杆退出工作，这样，水平支撑桁架的内力可以简化成斜杆受拉的模型［图 2.96-1（b）］。

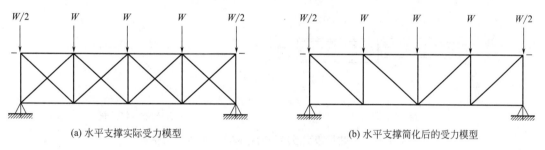

(a) 水平支撑实际受力模型　　　　　　　　(b) 水平支撑简化后的受力模型

图 2.96-1　水平支撑计算模型

2. 垂直支撑计算

以屋脊处垂直支撑为例。在一侧水平荷载作用下，可将垂直支撑系统看作是由两个端跨的竖向桁架和中间跨的刚性系杆组成的系统。外力作用在垂直支撑的上节点力为 W，实际受力模型如图 2.96-2（a）所示。根据拉杆工作制规定，每个节间只有一根受拉斜杆参加工作，另一根受压斜杆退出工作。这样，垂直支撑桁架的内力可以简化成斜杆受拉的模型［图 2.96-2（b）］。

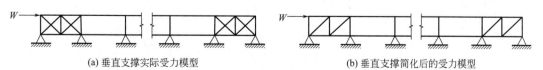

(a) 垂直支撑实际受力模型　　　　　　　　(b) 垂直支撑简化后的受力模型

图 2.96-2　垂直支撑计算模型

2.97 双角钢桁架弦杆变截面时如何设计其节点?

双角钢桁架弦杆变截面时如何设计其节点?

当桁架跨度较大时,弦杆的内力变化也较大,这种情况下不宜采用一成不变的弦杆截面,而要根据内力变化幅度将弦杆划分若干段。

双角钢桁架节点的特点是在弦杆与腹杆相交处均设置节点板,所以,弦杆变截面处不必像管桁架那样出现在节间,而应选在节点处,这样就可以节省一块杆件变截面连接板。

为了便于在桁架上弦放置楼面或屋面构件,节点两侧的双角钢肢背应在同一面内,这时节点两侧角钢的重心线形成一个偏心距 e,此时宜将较大弦杆重心线作为轴线〔图 2.97-1(a)〕。

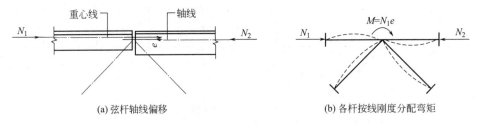

(a) 弦杆轴线偏移　　　　　　　　　(b) 各杆按线刚度分配弯矩

图 2.97-1　弦杆截面改变而引起偏心的节点受力情况

对于偏心距的影响规定如下:

(1) 偏心距 e 不超过较大弦杆截面高度的 5% 时,可忽略偏心对杆件内力的影响。

(2) 偏心距 e 不满足上述要求时,应将弯矩 $M = N_1 e$ 按交会各杆的线刚度分配到各杆端〔图 2.97-1(b)〕,此时每个杆件应按拉弯或压弯杆件计算截面。

$$M_i = \frac{k_i}{\sum k_i} M \qquad (2.97\text{-}1)$$

式中:M_i ——分配于杆件 i 的弯矩;

　　　k_i ——所计算杆的线刚度,$k_i = I_i / l_i$。

2.98　如何确定双角钢桁架中的节点板厚度？

疑问

如何确定双角钢桁架中的节点板厚度？

解答

节点板厚度一般根据所连接杆件的内力计算确定。一榀桁架中，除支座节点外，所有的节点板厚度均为同一厚度。由于节点板与弦杆之间的焊缝较长，所以，按受力最大的腹杆沿焊缝拉裂进行计算。

根据内力最大的腹杆计算出的节点板厚度见表 2.98-1。

桁架节点板厚度选用表　　　　　　　　　　　　表 2.98-1

最大内力 (kN)	Q235	≤150	160～250	260～400	410～550	560～750	760～950	960～1250	1260～1550
	Q355	≤200	210～300	310～450	460～600	610～800	810～1000	1010～1300	1310～1600
一般节点板厚度 (mm)		6	8	10	12	14	16	18	20
支座节点板厚度 (mm)		8	10	12	14	16	18	20	22

当最大杆件内力超过表中数值时，应按节点板局部抗拉裂计算。

当节点板承受较大的拉力时，可按下式验算节点板的局部抗拉强度。

$$\sigma = \frac{1.1N}{Bt} \leqslant f \qquad (2.98\text{-}1)$$

于是导出：

$$t \geqslant \frac{1.1N}{Bf} \qquad (2.98\text{-}2)$$

式中，N ——节点板所连杆件的轴力；

　　　B ——节点板局部抗拉强度验算的有效宽度，可按图 2.98-1 所示的情况采用；

　　　t ——节点板的厚度。

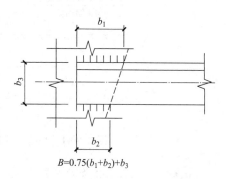

$B = 0.75(b_1 + b_2) + b_3$

图 2.98-1　有效宽度 B 的计算简图

2.99 如何考虑采用相贯焊接的管桁架
节点中的焊接顺序？

疑问

如何考虑采用相贯焊接的管桁架节点中的焊接顺序？

解答

焊接顺序是指管桁架中腹杆与弦杆连接时腹杆之间先后与弦杆焊接的顺序。

1. 拉杆和压杆的焊接次序

在桁架、拱架、塔架和网架等钢管结构中，多根支管与主管相贯的节点是最广泛的相贯节点。当两个支管的直径较大，或接近主管的直径时，两个支管之间也存在着相贯连接的主、次问题，进而存在焊接次序问题。从焊缝的重要性来讲，受拉支管的焊缝质量更重要，所以应该置于上方，便于全焊缝的检测。焊接次序是先焊接受压支管，后焊接受拉支管，见图 2.99-1。

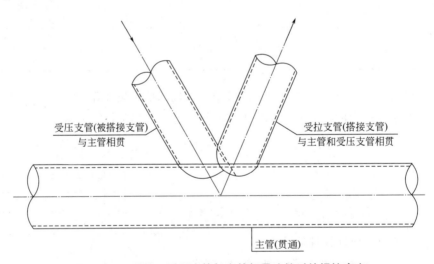

受压支管(被搭接支管)
与主管相贯

受拉支管(搭接支管)
与主管和受压支管相贯

主管(贯通)

图 2.99-1 受拉、受压支管与主管相贯连接时的焊接次序

《钢标》第 13.2.2 条第 2 款中规定：承受轴心压力的支管宜在下方。

简记：后焊拉杆。

在工程设计中，应将支管的受力属性标记在图纸中，受拉支管用"＋"号表示，受压支管用"－"号表示，如图 2.99-2 所示。

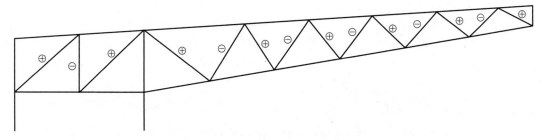

图 2.99-2 支管受拉、受压示意图

2. 较大直径支管与较小直径支管的焊接次序

《钢标》第 13.2.2 条第 2 款中规定：外部尺寸较小者应搭接在尺寸较大者上。

从焊接次序来讲，就是先焊接直径较大的支管，后焊接直径较小的支管，见图 2.99-3。

简记：后焊小管。

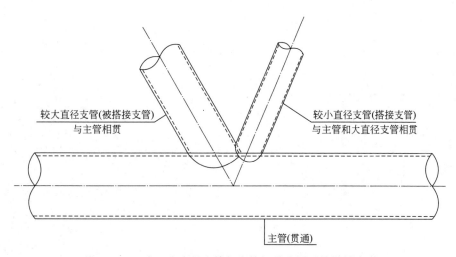

较大直径支管(被搭接支管) 与主管相贯

较小直径支管(搭接支管) 与主管和大直径支管相贯

主管(贯通)

图 2.99-3 大、小直径支管与主管相贯连接时的焊接次序

3. 较大壁厚支管与较小壁厚支管的焊接次序

《钢标》第 13.2.2 条第 2 款中规定：当支管壁厚不同时，较小壁厚者应搭接在较大壁厚者上。

从焊接次序来讲，就是先焊接较大壁厚的支管，后焊接较小壁厚的支管，见图 2.99-4。

简记：后焊薄管。

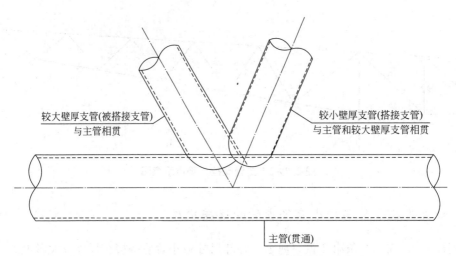

较大壁厚支管(被搭接支管)
与主管相贯

较小壁厚支管(搭接支管)
与主管和较大壁厚支管相贯

主管(贯通)

图 2.99-4　大、小壁厚支管与主管相贯连接时的焊接次序

2.100　如何考虑桁架的高度？

如何考虑桁架的高度？

常用的桁架按端部支撑形式分类，有上弦支撑形式的桁架、下弦支撑形式的桁架和悬挑形式的桁架。桁架高度是建筑师确定方案思路的重要因素，也是结构专业初步设计阶段的试算依据。

1. 上弦支撑形式

上弦两端铰接在主体结构上（图 2.100-1），用于楼盖或屋盖。桁架高度取跨度的 1/16～1/10。对于轻型楼、屋面取小值，对于重型楼、屋面取大值，对于上人屋面，桁架高度宜取跨度的 1/8。

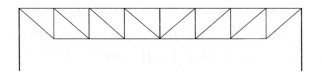

图 2.100-1　上弦支撑形式

2. 下弦支撑形式

下弦两端铰接在主体结构上（图 2.100-2），用于重屋面屋盖。跨中高度取跨度的 1/12～1/8，对于轻型楼、屋面取小值，对于重型楼、屋面取大值。

3. 悬挑形式

悬挑形式的平衡段与柱子刚接（图 2.100-3），一般用于体育场罩棚等。悬挑端根部桁架高度取跨度的 1/8～1/5。

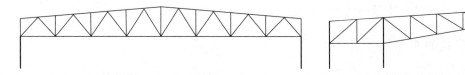

图 2.100-2　下弦支撑形式　　　　　　　　图 2.100-3　悬挑形式

2.101　桁架杆件的设计原则是什么？

疑问

桁架杆件的设计原则是什么？

解答

桁架杆件的设计原则就是尽可能使拉杆长、压杆短（长细比越小，稳定性越好）。

（1）在受力性质明确的情况下让最长的杆件受拉，该杆不存在杆件整体稳定的问题，其他的杆件可以是压杆也可以是拉杆。这样的设计既合理又节省钢材。

（2）在受力性质可变的情况下让大部分受力明确的长杆受拉，少部分受力状态随着半跨不利荷载的组合由拉杆变为压杆的长腹杆则只能按压杆设计。其他的杆件既可以是压杆也可以是拉杆。

1. 上弦支撑形式的桁架（图 2.100-1）

该桁架常用于楼盖或屋盖系统。其形式特点是斜腹杆最长且对称布置；受力特点是在重力荷载作用下，所有的斜杆最长，受到的力均为拉力，根据 y 向力的平衡原理，所有的竖向腹杆全部为压杆，上弦杆均为压杆，下弦杆均为拉杆。图 2.100-1 所示的桁架是一种拉、压杆受力分明的桁架，属于本节中的第一种情况，所以常被采用。

2. 下弦支撑形式的桁架（图 2.100-2）

该桁架常用于重屋面厂房的屋盖结构。其形式特点是每 2 根竖向腹杆与上、下弦杆形成的格内的斜腹杆成人字形布置，越靠近跨中，斜腹杆越长，有时其长度会超过下弦节间弦杆，且对称布置。其受力特点是在重力荷载作用下，所有上弦杆均为压杆，所有下弦杆均为拉杆，竖向腹杆为压杆；斜杆有拉杆也有压杆，但靠近桁架中部的一些腹杆在半跨不利荷载作用下有可能产生变号（拉力变压力或压力变拉力），可能因荷载不利组合而产生力学变化的腹杆均应按压杆设计。图 2.100-2 所示的桁架的大部分的下弦杆件为长杆，上弦杆为短杆，桁架中部的斜腹杆较长（甚至超过下弦杆件）但因其有变号的可能，只能按压杆考虑，这种桁架属于本节中的第二种情况。

3. 悬挑形式的桁架（图 2.100-3）

该桁架常用于体育场罩棚等。其形式特点是每个平行竖杆与上、下弦杆形成的格内都是斜腹杆最长，悬挑部分的斜腹杆与平衡部分的斜腹杆方向相反。该结构需要反向回拉，其受力特点是在重力荷载作用下，所有的斜杆受到的力均为拉力，根据 y 向力的平衡原理，所有的竖向腹杆全部为压杆，上弦杆均为拉杆，下弦杆均为压杆。图 2.100-3 所示的桁架是一种拉、压杆受力分明的桁架，属于本节中的第一种情况。

简记：拉杆长，压杆短。

2.102　如何初选钢柱截面和参数?

疑问

如何初选钢柱截面和参数?

解答

1. 初选钢柱截面面积和初定稳定系数

(1) 初选钢柱截面面积和尺寸首先要考虑方法简单、实用,但不一定精确。在钢结构整体建模中以初选截面尺寸为基准进行第一轮计算,根据计算出的柱子的应力比、长细比及板件高厚比等数据再进行一轮调整,基本上能调整到位。

初选截面面积时,按轴心受压构件的稳定性及稳定系数 $\varphi=0.6$ 两个条件进行预估,由轴心受压柱稳定性计算公式,可以求出所需的面积为:

$$A \geqslant \frac{N}{0.6f} \tag{2.102-1}$$

式中: N ——柱组合的轴心压力设计值 (N);

f ——钢材抗压强度设计值 (N/mm²)。

(2) 初定的稳定系数 $\varphi=0.6$ 是根据优化法确定的。初选截面面积必须要将变量 (φ) 给出一个值,教科书中都是先假定 $\varphi=0.6$,一般都不给出理由。

常用的优化方法有两种。

第一种方法:以本节内容为例,当变量 φ 在一个有限范围内变化时,可以通过函数形式来表达目标函数 A,其表达式为:

$$A = f(\varphi) \tag{2.102-2}$$

如果函数较简单,可以在变量所在区域内通过求一次导数,找出函数在相应区间的极值点,进而求出最小值 A。

第二种方法:变量只有变化区域,但没有具体的表达式,例如,在优化网架用钢量时,针对网架高度变化进行用钢量的优化时,给出一个网架高度值,计算一次网架满足承载力情况下的杆件截面积,进而得到一个用钢量。如果要找到用钢量最小时对应的网架高度,要么是采用穷举法,不断地变换网架高度进行计算,得到最优结果;要么是采用工程中常用的优选法,通过最少的计算次数得到最优的结果。

常用、简单、有效的优选法就是 0.618 法,也称为黄金切割法。

以本节内容为例,当 $0 \leqslant \varphi \leqslant 1.0$ 时,第一轮优化,将该区间的 $\varphi=0.618$ 处为变量 φ 的第一次计算值,求出所需的 A 值;但此 A 值不一定是最优值 (最小截面积),需要通过整体计算分析,判断构件的长细比及应力比,决定稳定系数 φ 是要加大还是要缩小。如果

需要加大 φ 值,那么进行第二轮优化时,将 φ 值原来的区间改为 $0.618\leqslant\varphi\leqslant1.0$,进行第二轮 0.618 法优化;如果需要缩小,那么进行第二轮优化时,将 φ 值原来的区间改为 $0\leqslant\varphi\leqslant0.628$,进行第二轮 0.618 法优化。以此类推,经过几轮优化即可找到最优值。

实际工程中,根据初估柱子截面进行整体计算后按照长细比及应力比依据经验调整一次就可以了。

由于 0.618 的取值位数太多,按工程实际取小数点后一位数就可以了,即 $\varphi=0.6$。

2. 初选截面尺寸

初选截面面积依据的是整体稳定的规定。对于柱构件,初选截面的壁板尺寸则是根据钢柱局部稳定的规定进行操作。下面给出主要按方管柱和圆管柱初选截面尺寸的方法。

1)方管柱的边长 B 和壁厚 t

箱形截面柱(方管柱)壁板的局部稳定性要求为 $b/t\leqslant40\varepsilon_k$,按常用的 Q355 钢材列出截面边长 B(mm)、最小壁厚 t(mm)和面积 A(mm^2)的关系见表 2.102-1。

满足 Q355 方管柱局部稳定的截面尺寸　　　　表 2.102-1

边长 B (mm)	壁厚 t (mm)	面积 A (mm^2)	边长 B (mm)	壁厚 t (mm)	面积 A (mm^2)	边长 B (mm)	壁厚 t (mm)	面积 A (mm^2)
300	10	11600	1000	30	116400	1800	55	383900
400	12	18624	1100	32	136704	2000	60	465600
500	16	30976	1200	36	167616	2200	65	555100
600	18	41904	1300	38	191824	2400	70	652400
700	24	64896	1400	42	228144	2600	80	806400
800	24	74496	1500	45	261900	2800	85	923100
900	28	97664	1600	48	297984	3000	90	1047600

2)圆管柱的直径 D 和壁厚 t

圆管柱截面外径与壁厚的局部稳定性要求为 $D/t\leqslant100\varepsilon_k^2$,按常用的 Q355 钢材列出圆管外径 D(mm)、最小壁厚 t(mm)和面积 A(mm^2)的关系见表 2.102-2。

满足 Q355 圆管柱局部稳定的截面尺寸　　　　表 2.102-2

直径 D (mm)	壁厚 t (mm)	面积 A (mm^2)	直径 D (mm)	壁厚 t (mm)	面积 A (mm^2)	直径 D (mm)	壁厚 t (mm)	面积 A (mm^2)
200	5	3063	900	14	38968	1600	25	123701
300	5	4633	1000	16	49461	1800	28	155874
400	8	9852	1100	18	61186	2000	32	197845
500	8	12365	1200	20	74142	2200	36	244743
600	10	18535	1300	20	80425	2500	40	309133
700	12	25937	1400	25	107993	2800	45	389480
800	14	34570	1500	25	115847	3000	50	463386

3）选择截面尺寸

按式（2.102-1）算出面积后，如果是方管柱，查表 2.102-1，得到箱型截面柱的边长 B 和壁厚 t；如果是圆管柱，则查表 2.102-2，得到圆管柱的圆管外径 D 和壁厚 t。

3. 钢柱设计初选截面例题

【例题 2.102】 某钢结构框架办公楼，地上 10 层，地下 1 层，层高均为 4m，柱网为 8m×8m，采用方管柱或圆管柱，柱子钢材为 Q355B。

要求：分别按方管柱和圆管柱初选首层柱截面尺寸。

【解】

1）求首层一般柱的压力设计值 N

求钢柱轴心压力值时不需要太精确，而是大概估算。

一般情况下办公楼荷载设计值按 15kN/m² 取值。

每层中间柱子的承载面积为 8m×8m＝64m²，于是，首层柱子压力设计值为：

$$N = 15 \times 64 \times 10 = 9600\text{kN}$$

2）求首层一般柱的截面面积

楼层达到 10 层的房屋，首层的柱子受力较大，按壁板厚度大于 16mm 考虑，则 $f = 295\text{N/mm}^2$，首层一般柱的截面面积按式（2.102-1）计算：

$$A \geqslant \frac{N}{0.6f} = \frac{9600 \times 10^3}{0.6 \times 295} = 54237\text{mm}^2$$

3）选择首层一般柱的截面尺寸

（1）选择方管柱截面尺寸：

按求出的柱截面面积，查表 2.102-1，取方柱截面尺寸为 □700×24（$A = 64896\text{mm}^2 > 54237\text{mm}^2$），可行。

（2）选择圆管管柱截面尺寸：

按求出的柱截面面积，查表 2.102-2，取插值得出圆管柱截面尺寸为 ϕ1050×18（$A = 58358\text{mm}^2 > 54237\text{mm}^2$），可行。

在一般情况下，达到同样的截面面积，圆管的外径尺寸要比方管柱的边长尺寸大。为了使圆管柱外径尺寸小一些，可采取加大壁厚的方法把圆管直径变小。由于圆管柱是按最薄壁厚选出的，加大壁厚更能满足局部稳定的要求（不需再验算局部稳定性），但带来的后果是回转半径变小，长细比变大。

当需要减小钢管柱的外径时，可按式（2.102-2）得出一组外径与壁厚满足截面面积的合理数据。依据表 2.102-2，可以得出另一组钢管柱的截面尺寸为 D900×20（$A = 55292\text{mm}^2 > 54237\text{mm}^2$），可行。外径明显小，但要在整体计算中满足长细比要求。

2.103 框架柱节点域有哪些特点?

疑问

框架柱节点域有哪些特点?

解答

1. 节点域

（1）节点域是指由柱翼缘与连接框架梁的横向加劲肋包围的梁柱节点区域的腹板，见图2.103-1。

（2）节点域构造区域是指由于构造及不同焊接工艺的要求，需要将节点域向钢梁上、下翼缘扩大一部分区域所形成的腹板区域，见图2.103-1（b）。

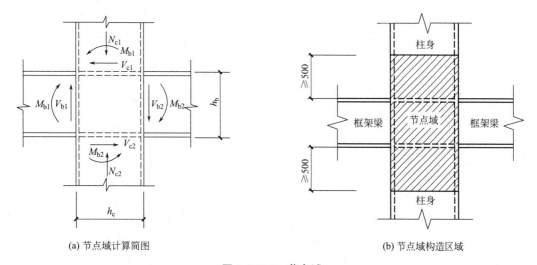

(a) 节点域计算简图　　　　　　　　　(b) 节点域构造区域

图2.103-1　节点域

2. 特点

1）受力与计算

（1）柱身为轴心压弯构件，应进行整体稳定性计算，计算方法见《钢标》式（8.2.1-1）～式（8.2.1-12）。

（2）节点域应按抗剪承载力进行计算，如图2.103-1（a）所示，在周边弯矩和剪力的作用下，其计算方法见《钢标》第12.3.3条。

2）焊接工艺

节点域壁板及横隔板均采用全熔透焊缝，柱身一般采用半熔透焊缝，然后，节点域构件与柱身采用全熔透焊缝。

3）壁板厚度

由于节点域构件与柱身分开加工，所以，节点域板件厚度不必与柱身相同，可以节省钢材。节点域既不能太厚，也不能太薄，太厚节点域不能发挥其耗能作用，太薄将导致框架侧向位移过大。

2.104 为什么要禁止钢柱偏心受压？

为什么要禁止钢柱偏心受压？

为什么要禁止钢柱偏心受压？需要从钢柱稳定性计算的根本要求出发，理解问题的所在。

1. 轴心受压柱的稳定性计算

实腹式轴心受压构件，其整体稳定性计算应符合下式要求：

$$\frac{N}{\varphi A f} \leqslant 1.0 \tag{2.104-1}$$

式中：N——轴心压力（N）

    φ——轴心受压构件的稳定系数；

    A——构件的毛截面积（mm^2）；

    f——钢材的抗压强度设计值（N/mm^2）。

2. 压弯构件的稳定性计算

双轴对称截面单向实腹式压弯构件弯矩作用平面内稳定性计算以相关公式表达如下：

$$\frac{N}{\varphi_x A f} + \frac{\beta_{mx} M_x}{\gamma_x W_{1x} \left(1 - 0.8 \dfrac{N}{N'_{Ex}}\right) f} \leqslant 1.0 \tag{2.104-2}$$

其中：

$$N'_{Ex} = \frac{\pi^2 E A}{1.1 \lambda_x^2} \tag{2.104-3}$$

双轴对称截面单向实腹式压弯构件弯矩作用平面外稳定性计算以相关公式表达如下：

$$\frac{N}{\varphi_y A f} + \eta \frac{\beta_{tx} M_x}{\varphi_b W_{1x} f} \leqslant 1.0 \tag{2.104-4}$$

式中：N——所计算构件范围内轴心压力设计值（N）；

    N'_{Ex}——参数，按式（2.104-3）计算（N）；

    φ_x——弯矩作用平面内轴心受压构件稳定系数；

    M_x——所计算构件段范围内的最大弯矩设计值（N·mm）；

    W_{1x}——在弯矩作用平面内对受压最大纤维的毛截面模量（mm^3）；

    φ_y——弯矩作用平面外的轴心受压构件稳定系数；

φ_b——均匀弯曲的受弯构件整体稳定系数,按《钢结构设计标准》附录 C 计算,其中工字形和 T 形截面的非悬臂构件,可按附录 C 第 C.0.5 条的规定确定;对闭口截面 $\varphi_b=1.0$;

η——截面影响系数,闭口截面 $\eta=0.7$,其他截面 $\eta=1.0$;

β_{mx}、β_{tx}——分别为弯矩作用平面内、外等效弯矩系数,计算方法参见《钢结构设计精讲精读》第 10.3.4 节。

3. 压杆受力特点

(1) 无论是轴心受压构件还是压弯构件,其压力(N)均为轴力。

简记:轴心受力。

(2) 设计中没有偏心受压构件,是因为偏心受压构件承载力很低,一旦用于设计中,截面会很大。20 世纪 80 年代初,清华大学土木系承担了两个钢结构规范课题的研究,一个课题是轴心受压构件极限承载力的研究,另一个课题是偏心受压构件极限承载力的研究。采用有限元进行的理论分析和试验结果相一致,均证明了偏心受压构件的整体稳定承载能力远低于轴心受压构件,且偏心率越大,承载力越低。所以,偏心受压构件不适合应用于设计,只能用于研究或特殊行业的设计。

在早期的《钢结构设计规范》中有偏心受压构件的计算,公式中采用的是偏心受压的稳定系数 φ_p,见 2.72 节。偏心受压的稳定系数远低于轴心受压的稳定系数,所以不适合用于民用建筑,否则会造成钢柱截面尺寸过大,既浪费钢材,又影响使用。

4. 框架梁、柱关系

(1) 框架结构中的柱子:钢梁与钢柱刚接时,框架柱为压弯构件。框架梁端部的剪力传递给柱子,变为钢柱承受的一部分轴力,框架梁端部的弯矩通过梁、柱线刚度的比例分配给柱子,变为钢柱承受的一部分弯矩。

《钢标》中规定的压弯构件是指钢柱轴心受到压力的状况,也就是框架梁中心线与钢柱中心线相交的情况,如图 2.104-1 所示。当钢柱上有悬挑梁或悬挑牛腿时,只要梁、柱中心线相交,则为轴心受压的压弯构件。

当梁、柱中心线不相交时,钢柱为偏心压弯构件,如图 2.104-2 所示。应禁止这种情况。

(2) 正确的框架梁、柱布置见图 2.104-1。

简记:各向居中。

(3) 错误的框架梁、柱布置见图 2.104-2,尤其是在高层或超高层钢结构房屋中易造成钢柱偏心受压而导致柱子整体失稳屈曲。在设计中应该杜绝偏心钢柱的布置。

5. 钢柱变截面

在高层钢结构中,随着楼层的增加,钢柱截面逐渐变小是很正常的事情,但是当上下层钢柱的轴心有了偏心后同样会产生偏心受压的结果。

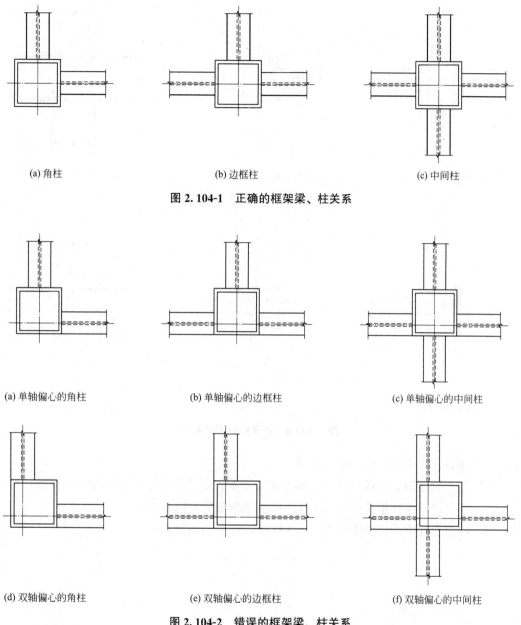

(a) 角柱　　　　　　　　　(b) 边框柱　　　　　　　　　(c) 中间柱

图 2.104-1　正确的框架梁、柱关系

(a) 单轴偏心的角柱　　　　(b) 单轴偏心的边框柱　　　　(c) 单轴偏心的中间柱

(d) 双轴偏心的角柱　　　　(e) 双轴偏心的边框柱　　　　(f) 双轴偏心的中间柱

图 2.104-2　错误的框架梁、柱关系

（1）正确的柱子变截面方法见图 2.104-3。变截面后，柱子的轴线位置不变。

简记：轴线不变。

（2）错误的柱子变截面方法见图 2.104-4，尤其是在高层或超高层钢结构房屋中同样易造成钢柱偏心受压而导致失稳屈曲。在设计中，应杜绝这种情况。

6. 结论

（1）受压构件的稳定性计算中没有偏心受压只有轴心受压，所以在设计中采用偏心受

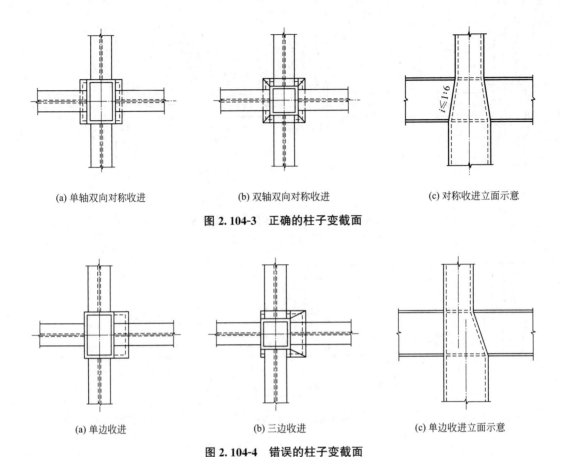

(a) 单轴双向对称收进　　　　　　(b) 双轴双向对称收进　　　　　　(c) 对称收进立面示意

图 2.104-3　正确的柱子变截面

(a) 单边收进　　　　　　　　　(b) 三边收进　　　　　　　　(c) 单边收进立面示意

图 2.104-4　错误的柱子变截面

压布置与计算公式不符，存在安全隐患。

（2）禁止钢柱偏心受压不仅是强制性条文要求，更是对高层钢结构的安全保证。

（3）应在设计中杜绝类似图 2.104-2 错误的框架梁、柱布置。

（4）应在设计中杜绝类似图 2.104-4 错误的柱子变截面方式。

2.105　箱形柱壁板的最小厚度如何取值？

疑问

箱形柱壁板的最小厚度如何取值？

解答

箱形柱壁板的最小厚度应在满足初估柱子截面、焊接工艺要求及截面板件宽厚比等级等因素的最小厚度中选定最大的值作为最终的最小厚度。

1. 初估柱子截面得出的最小厚度

按照 2.102 节方法算出柱子截面积，再根据建筑师预设的截面外形尺寸求出壁板的厚度 t_1。

2. 焊接工艺要求的最小厚度

与框架梁相连的柱内横隔板采用电渣焊时，箱形柱壁板的最小厚度取 $t_2 = 16\text{mm}$。专家们已经论证过，壁板更薄时将难以保证焊件质量。

3. 截面板件宽厚比等级要求的最小厚度

按照《钢结构设计精讲精读》中截面板件宽厚比等级的使用范围，确定截面是 S1 级还是 S2 级。然后由《钢标》表 3.5.1 的规定查出宽厚比：S1 级对应的箱形截面宽厚比为 $30\varepsilon_k$；S2 级对应的箱形截面宽厚比为 $35\varepsilon_k$。最后再根据建筑师预设的截面外形尺寸求出壁板的厚度 t_3。

4. 最终的最小厚度

最终的箱形柱壁板最小厚度 $t_{\min}$ 应该是上述三项最小厚度值中的最大值（注意，要满足三种情况），即：

$$t_{\min} = \max\{t_1,\ t_2,\ t_3\} \tag{2.105-1}$$

5. 例题

【例题 2.105】　某钢结构框架办公楼，抗震设防烈度为 7 度，地上 7 层，地下 1 层，首层层高为 5m，二层及以上各层层高均为 4m，柱网为 8m×8m，采用箱形柱，建筑师要求柱截面外形尺寸为 500mm×500mm，柱子钢材为 Q355B。柱内隔板采用电渣焊。

要求确定首层柱截面的壁厚。

【解】

1）按初估箱形柱截面积求壁板最小厚度 t_1

（1）求首层一般柱的压力设计值 N

求钢柱轴心压力值时不需要太精确，而是大概估算。

一般情况下办公楼荷载设计值按 $15kN/m^2$ 取值。

每层中间柱子的承载面积为 $8m \times 8m = 64m^2$，于是，首层柱子压力设计值为：

$$N = 15 \times 64 \times 7 = 6720kN$$

（2）求首层一般柱的截面面积

楼层达到 7 层的房屋为高层建筑，首层的柱子壁板厚度按大于 16mm 考虑，则 $f = 295N/mm^2$，首层一般柱的截面面积按式（2.102-1）计算：

$$A \geqslant \frac{N}{0.6f} = \frac{6720 \times 10^3}{0.6 \times 295} = 37966mm^2$$

（3）选择首层一般柱的截面尺寸及壁厚

选择箱形柱截面尺寸：

按求出的柱截面面积，得出箱形柱截面尺寸规格为 □500×20（$A = 38400mm^2 > 37966mm^2$），可行。

箱形柱的最小壁厚为 $t_1 = 20mm$。

2）焊接工艺要求的最小厚度 t_2

柱内隔板采用电渣焊时，壁板最小厚度为 $t_2 = 16mm$。

3）截面板件宽厚比等级要求的最小厚度 t_3

抗震烈度为 7 度时，截面板件宽厚比等级采用 S2 级，宽厚比为 $30\varepsilon_k$，$\varepsilon_k = 0.81$，于是：

$$\frac{500}{t_3} \leqslant 30 \times 0.81$$

导出：$t_3 \geqslant 500/（30 \times 0.81）= 21mm$。

4）箱形柱壁板的最小厚度 t_{min}

按式（2.105-1）计算最小厚度：

$$t_{min} = \max\{t_1, t_2, t_3\} = \max\{20, 16, 21\} = 21mm$$

实取箱形柱壁板的最小厚度为 22mm。

2.106　如何设计插到地下室的钢骨柱?

如何设计插到地下室的钢骨柱?

　　首层钢柱下插一层的处理有两方面的考虑:结构方面,首层柱下端钢柱直接承受弯矩、轴力、剪力等内力,通过下插一层免除了通过螺栓来承受柱脚内力的转换受力情况,也省去了复杂的螺栓柱脚设计;建筑方面,由于没有了螺栓柱脚,对美观和实用性都有益处。

　　下插到地下室的钢柱基本要求如下:

　　(1)钢柱应与混凝土组合成钢骨混凝土柱,钢骨部分应设计成十字形钢柱,在地下室顶的梁柱节点处进行柱截面形式的转换(图 2.106-1)。

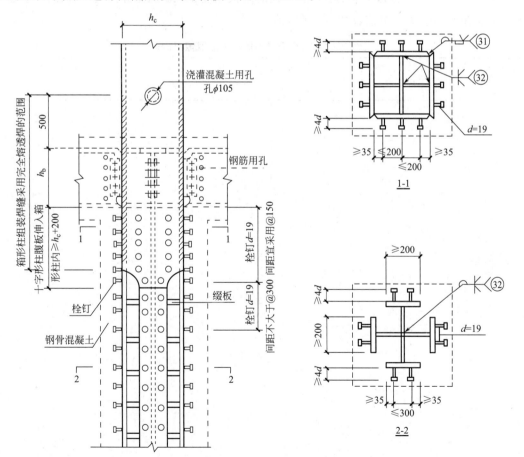

图 2.106-1　钢柱在首层转换

（2）钢骨不参与计算，只按混凝土柱进行内力计算

（3）地脚螺栓主要起定位和临时固定作用，见图 2.106-2。

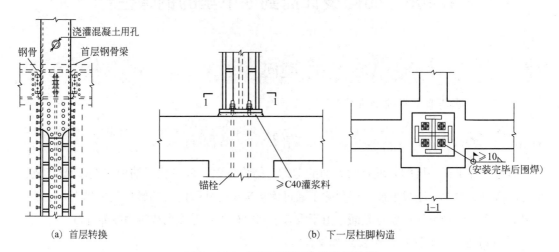

（a）首层转换　　　　　　　　　　　　　　　（b）下一层柱脚构造

图 2.106-2　钢柱在地下室的柱脚构造

（4）十字形钢柱的翼缘厚度与首层钢柱的壁板厚度相同。腹板厚度与钢柱截面高度 h_c 有关，其最小厚度 t_{min} 可按表 2.106-1 取值。

十字形钢骨柱腹板最小厚度 t_{min} 取值（mm）　　　　　表 2.106-1

h_c(mm)	≤700	800	900	1000	1100	1200	1300	1400	1500
t_{min}	16	18	20	22	25	28	30	32	34

2.107　为什么格构柱绕虚轴的换算长细比要比实际的长细比大？

疑问

为什么格构柱绕虚轴的换算长细比要比实际的长细比大？

解答

首先需要介绍格构柱的基本知识，然后再解答问题，最后给出推导出的《钢标》公式。

1. 格构式组合构件的截面形式和缀件形式

（1）格构式组合构件的截面形式分为双肢组合构件和四肢组合构件，如图 2.107-1 所示。

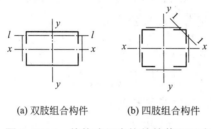

(a) 双肢组合构件　　(b) 四肢组合构件

图 2.107-1　格构式组合构件的截面形式

（2）格构式组合构件是由两个或多个分肢构件之间通过缀件（也称为缀材）连接的组合体。缀件分为缀板和缀条。

对于双肢格构柱和四肢格构柱的缀件可以采用缀板，也可以采用缀条。

格构式组合构件的缀件形式如图 2.107-2 所示。

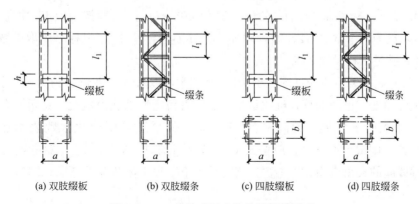

(a) 双肢缀板　　(b) 双肢缀条　　(c) 四肢缀板　　(d) 四肢缀条

图 2.107-2　格构式组合构件的缀件形式

2. 格构柱绕虚轴的换算长细比大于实际的长细比的力学原理

实腹式轴心受压构件的腹板是连续的,其抗剪刚度大,在弯曲失稳时,剪切变形影响很小,对实腹构件临界力的降低不足1%,可以忽略不计。但格构柱绕虚轴弯曲失稳时,由于分肢靠缀件而不是实体连接,缀件的抗剪刚度比实腹式构件的腹板弱,构件在微弯平衡时,除考虑弯曲变形外,还应考虑剪切变形的影响,必然导致稳定承载力有所降低,意味着长细比有所放大。这种放大了的长细比(λ_{0x} 或 λ_{0y}),称为绕格构柱绕虚轴的换算长细比。

简记:虚轴、换算长细比。

3. 绕虚轴换算长细比的部分公式推导

根据弹性稳定理论分析,建立格构柱绕虚轴弯曲失稳的临界应力公式,就可以求解出换算长细比(λ_{0x} 或 λ_{0y})。《钢标》中的换算长细比是将理论值根据一定的限定情况简化得到的。

1)双肢组合构件

(1)当缀件为缀条［图 2.107-1(a)及图 2.107-2(b)］时,换算长细比推导如下:

绕虚轴弯曲失稳的临界应力(σ_{cr})公式为:

$$\sigma_{cr} = \frac{\pi^2 E}{\lambda_x^2 + \dfrac{\pi^2}{\sin^2\alpha\cos\alpha} \cdot \dfrac{A}{A_{1x}}} = \frac{\pi^2 E}{\lambda_{0x}^2} \tag{2.107-1}$$

即,得出缀件为缀条时,换算长细比为:

$$\lambda_{0x} = \sqrt{\lambda_x^2 + \frac{\pi^2}{\sin^2\alpha\cos\alpha} \cdot \frac{A}{A_{1x}}} \tag{2.107-2}$$

式中:λ_x ——整个构件对虚轴(x 轴)的长细比;

A ——分肢毛截面面积之和(mm^2);

A_{1x} ——垂直于 x 轴的各斜缀条毛截面面积之和(mm^2);

α ——缀条与分肢构件轴线间的夹角(°)。

斜缀条与分肢构件轴线间的夹角一般为 40°~70°,一般按 $\alpha = 45°$ 简化计算,使 $\pi^2/\sin^2\alpha\cos\alpha$ 成为一个常数(27.9),即 $\pi^2/\sin^2\alpha\cos\alpha = 27.9$。《钢标》中取整数位为 27,误差为 3%,满足工程设计要求。

$\pi^2/\sin^2\alpha\cos\alpha$-$\alpha$ 关系曲线见图 2.107-3。从图中可以看出,夹角 α 约为 55°时,函数值最小,是最佳角度,也即换算长细比最小,意味着稳定性承载力最大。夹角不在 40°~70° 范围内时,曲线向上发展,偏离常数 27 较远,如果还采用简化常数表示法(取 $\pi^2/\sin^2\alpha\cos\alpha = 27$)则偏于不安全,应按式(2.107-2)计算换算长细比。《钢标》规定,斜缀条与构件轴线间的夹角应为 40°~70°,这既是出于工程实际情况的考虑,同时也达到简化计算的目的。

将 $\pi^2/\sin^2\alpha\cos\alpha = 27$ 代入式(2.107-2),得到《钢标》给出的缀件为缀条的简化

公式：

$$\lambda_{0x} = \sqrt{\lambda_x^2 + 27\frac{A}{A_{1x}}} \tag{2.107-3}$$

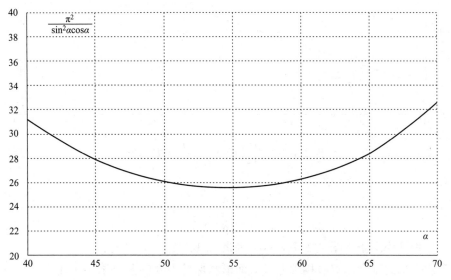

图 2.107-3　$\pi^2/\sin^2\alpha\cos\alpha$-$\alpha$ 曲线图

(2) 当缀件为缀板 [图 2.107-1 (a) 及图 2.107-2 (a)] 时，同理可推导出，换算长细比为：

$$\lambda_{0x} = \sqrt{\lambda_x^2 + \frac{\pi^2}{12}\left(1 + 2\frac{i_1}{i_b}\right)\lambda_1^2} \tag{2.107-4}$$

式中：λ_1——分肢对最小刚度轴 1-1 的长细比，其计算长度取为：焊接时，为相邻两缀板的净距离；螺栓连接时，为相邻两缀板边缘螺栓的距离；

i_1——$i_1 = I_1/l_1$，为一个分肢的线刚度，I_1 为分肢绕 1-1 轴的惯性矩，l_1 为相邻缀板间中心距；

i_b——$i_b = I_b/a$，为两侧缀板线刚度之和，I_b 为各缀板的惯性矩之和，a 为两分肢的轴线距离。

$\frac{\pi^2}{12}\left(1 + 2\frac{i_1}{i_b}\right)$-$\frac{i_1}{i_b}$ 关系曲线见图 2.107-4。

为了保证格构柱的整体稳定性，一般情况下，缀板的线刚度远大于一个分肢的线刚度（$i_b \gg i_1$），《钢标》要求 $i_b/i_1 \geqslant 6$，即，将 $\frac{\pi^2}{12}\left(1 + 2\frac{i_1}{i_b}\right)$ 简化为常数（1.0），得到《钢标》给出的缀件为缀板的简化公式：

$$\lambda_{0x} = \sqrt{\lambda_x^2 + \lambda_1^2} \tag{2.107-5}$$

2）四肢组合构件

(1) 当缀件为缀板 [图 2.107-1 (b) 及图 2.107-2 (c)] 时，同双肢格构柱的缀板，可得：

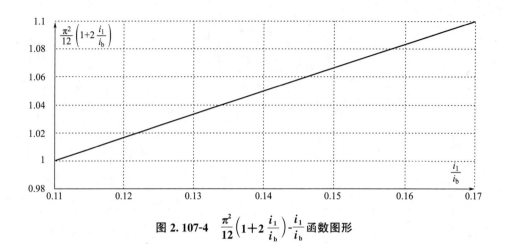

图 2.107-4　$\dfrac{\pi^2}{12}\left(1+2\dfrac{i_1}{i_b}\right)$-$\dfrac{i_1}{i_b}$ 函数图形

$$\lambda_{0x}=\sqrt{\lambda_x^2+\lambda_1^2} \qquad (2.107\text{-}6)$$

$$\lambda_{0y}=\sqrt{\lambda_y^2+\lambda_1^2} \qquad (2.107\text{-}7)$$

（2）当缀件为缀条［图 2.107-1（b）及图 2.107-2（d）］时：

由于构件总的刚度比双肢构件差，截面形状保持不变的假定不一定能实现，且分肢受力也不均匀，因此《钢标》将式（2.107-3）中的常数 27 提高到 40，按下列公式计算换算长细比：

$$\lambda_{0x}=\sqrt{\lambda_x^2+40\dfrac{A}{A_{1x}}} \qquad (2.107\text{-}8)$$

$$\lambda_{0y}=\sqrt{\lambda_y^2+40\dfrac{A}{A_{1y}}} \qquad (2.107\text{-}9)$$

式中：λ_y——整个构件对虚轴（y 轴）的长细比；

A_{1y}——垂直于 y 轴的各斜缀条毛截面面积之和（mm^2）。

2.108　格构柱分肢稳定性的设计原则是什么？

格构柱分肢稳定性的设计原则是什么？

1. 格构柱分肢稳定性的设计原则

格构柱是由各个分肢通过缀件连成的一个整体，分肢可视为独立的实腹式轴心受压构件。从安全角度讲，分肢的稳定性应高于整体的稳定性，即，应保证分肢失稳不先于格构柱整体失稳。

2. 分肢稳定性的规定

由于初始弯曲等缺陷的存在，构件受力产生弯曲变形的同时会产生附加弯矩和剪力，使得各分肢内力并不相等，从而使整体稳定性承载力降低。因此，不能简单地采用 $\lambda_1 \leqslant \lambda_{0x}$ 或 $\lambda_1 \leqslant \lambda_{0y}$ 作为分肢的稳定条件，《钢标》中为了保证分肢的稳定性高于格构柱的整体稳定性，对分肢的稳定有如下的规定：

1）缀件为缀条时

缀条柱的分肢长细比应满足下式要求：

$$\lambda_1 \leqslant 0.7\lambda_{\max} \tag{2.108-1}$$

2）缀件为缀板时

缀板柱的分肢长细比应满足下式要求：

$$\lambda_1 \leqslant 0.5\lambda_{\max} \tag{2.108-2}$$

$$\lambda_1 \leqslant 40\varepsilon_k \tag{2.108-3}$$

缀板与分肢的线刚度比值应满足：

$$\frac{i_b}{i_1} \geqslant 6 \tag{2.108-4}$$

式中：$\lambda_{\max}$ ——格构柱两个方向长细比（对虚轴取换算长细比）的较大值，当 $\lambda_{\max} < 50$ 时，取 $\lambda_{\max} = 50$；

i_b —— $i_b = I_b/a$，为两侧缀板线刚度之和，I_b 为各缀板的惯性矩之和，a 为两分肢的轴线距离；

i_1 —— $i_1 = I_1/l_1$，为一个分肢的线刚度，I_1 为分肢绕 1-1 轴的惯性矩，l_1 为相邻缀板间中心距。

2.109 如何设计双肢格构柱?

如何设计双肢格构柱?

双肢格构柱分为双肢缀条格构柱和双肢缀板格构柱,肢柱一般采用成品工字钢截面或槽钢截面,通过例题可以全面了解其设计内容。

【例题 2.109】 某轴心受压双肢格构柱,承受的轴心压力设计值 $N = 3000\text{kN}$(含格构柱自重),格构柱两端铰接,计算长度 $l_{0x} = l_{0y} = 7.5\text{m}$。缀条式格构柱截面由两个热轧普通工字钢组成 [图 2.109-1(a)],缀板式格构柱截面由两个热轧普通槽钢组成 [图 2.109-1(b)],钢材为 Q235B,抗压强度设计值 $f = 215\text{N/mm}^2$,钢号修正系数 $\varepsilon_k = 1.0$。

要求:分别按缀条柱和缀板柱设计双肢格构柱。

【解】

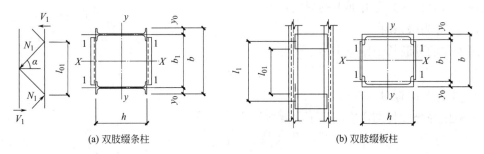

(a) 双肢缀条柱   (b) 双肢缀板柱

图 2.109-1 双肢格构柱例题

1. 双肢缀条柱设计

1) 确定双肢截面面积 A

一般先假定构件的长细比 $\lambda = 50 \sim 100$,当压力较大而计算长度较小时取较小值,反之取大值。

假定 $\lambda_y = 60$。查轴心受压构件的截面分类表,各肢截面对实轴和虚轴都属于 b 类。查 b 类截面轴心受压构件的稳定系数,得到 $\varphi_y = 0.807$。双肢截面面积为:

$$A \geqslant \frac{N}{\varphi_y f} = \frac{3000 \times 10^3}{0.807 \times 215} = 17291\text{mm}^2$$

绕 y-y 轴的回转半径为：

$$i_y = \frac{l_{0y}}{\lambda_y} = \frac{7500}{60} = 125\text{mm}$$

查型钢表，选热轧普通工字钢为 2 I 40b，格构柱形式见图 2.109-1（a），其截面特征为：双肢截面的总面积为 $A = 18814\text{mm}^2$，截面宽度为 144mm，$y_0 = 72\text{mm}$，绕强轴的回转半径为 $i_y = 156\text{mm}$，绕弱轴（1-1 轴）的回转半径为 $i_1 = 27.1\text{mm}$，绕弱轴（1-1 轴）的惯性矩为 $I_1 = 6928000\text{mm}^4$。

格构柱绕实轴的刚度验算：

$$\lambda_y = l_{0y}/i_y = 7500/156 = 48.1 < [\lambda] = 150$$

故绕实轴的刚度满足要求。

格构柱绕实轴的整体稳定性验算：

根据 $\lambda_y = 48.1$，查 b 类截面轴心受压构件的稳定系数，得到 $\varphi_y = 0.865$。

格构柱绕实轴的整体稳定性验算为：

$$\frac{N}{\varphi_y A f} = \frac{3000 \times 10^3}{0.865 \times 18814 \times 215} = 0.857 < 1.0$$

故格构柱绕实轴的整体稳定性满足要求。

2）确定斜缀条的截面面积

根据经验，双肢格构柱斜缀条的截面面积约为双肢面积的 10%，即 $A_{1x} = 0.1A$。采用热轧等边角钢，一个角钢的截面面积为 $A_1 = 0.5A_{1x} = 0.05A = 0.05 \times 18814 = 940.7\text{mm}^2$。查型钢表，选取的角钢为 L 63×8，其截面特征为：

$A_1 = 951\text{mm}^2$，$A_{1x} = 2A_1 = 1902\text{mm}^2$，角钢的最小回转半径为 $i_v = 12.3\text{mm}$（45°斜轴）。

3）确定两肢的间距（对虚轴 x-x 计算）

按照双轴等稳定原则 $\lambda_{0x} = \lambda_y$，绕虚轴（x-x 轴）的长细比按《钢标》式（7.2.3-2）导出：

$$\lambda_x = \sqrt{\lambda_{0x}^2 - 27\frac{A}{A_{1x}}} = \sqrt{\lambda_y^2 - 27\frac{A}{A_{1x}}} = \sqrt{48.1^2 - \frac{27 \times 18814}{1902}} = 45.2$$

按长细比公式得出绕虚轴（x-x 轴）的回转半径为：

$$i_x = \frac{l_{0x}}{\lambda_x} = \frac{7500}{45.2} = 166\text{mm}$$

双工字钢中心距按《钢结构设计精讲精读》式（9.3.14-6）计算：

$$b_1 = 2\sqrt{i_x^2 - i_1^2} = 2 \times \sqrt{166^2 - 27.1^2} = 328\text{mm}$$

实取：$b_1 = 400\text{mm}$。

格构柱的总宽为：

$$b = b_1 + 2y_0 = 400 + 144 = 544\text{mm}$$

4）验算格构柱对虚轴（x-x 轴）的刚度和稳定性

$$I_x = 2\left[I_1 + \frac{A}{2}\left(\frac{b_1}{2}\right)^2\right] = 2 \times \left[6928000 + \frac{18814}{2} \times \left(\frac{400}{2}\right)^2\right] = 766416000\text{mm}^4$$

按实际截面特性计算回转半径为：

$$i_x = \sqrt{\frac{I_x}{A}} = \sqrt{\frac{766416000}{18814}} = 201.8 \text{mm}$$

按实际截面计算对虚轴（x-x 轴）的长细比：

$$\lambda_x = \frac{l_{0y}}{i_x} = \frac{7500}{201.8} = 37.2$$

对虚轴（x-x 轴）的换算长细比：

$$\lambda_{0x} = \sqrt{\lambda_x^2 + 27\frac{A}{A_{1x}}} = \sqrt{37.2^2 + \frac{27 \times 18814}{1902}} = 40.6 < \lambda_y = 48.1 < [\lambda] = 150$$

由于对虚轴和实轴同属 b 类截面，由 $\lambda_{0x} < \lambda_y$，说明刚度和稳定性均满足要求。

5）验算分肢的刚度和稳定性

斜缀条与水平线的夹角定为 $\alpha = 45°$，分肢的计算长度为 $l_{01} = 2b_1 = 2 \times 400 = 800 \text{mm}$。
由于绕实轴的长细比为 $\lambda_y = 48.1 < 50$，绕虚轴的长细比为 $\lambda_x = 45.1$，所以取 $\lambda_{max} = 50$。
缀条柱的分肢绕 1-1 轴的长细比要满足《钢标》第 7.2.4 条要求：

$$\lambda_1 = \frac{l_{01}}{i_1} = \frac{800}{27.1} = 29.5 \leqslant 0.7\lambda_{max} = 0.7 \times 50 = 35$$

故分肢的刚度满足要求。

根据 $\lambda_1 = 29.5$，查 b 类截面轴心受压构件的稳定系数，得到 $\varphi_1 = 0.9375$。
单肢截面积为 $A_{01} = A/2 = 18814/2 = 9407 \text{mm}^2$。
单肢轴力为 $N_1 = N/2 = 3000/2 = 1500 \text{kN}$

分肢对 1-1 轴的稳定性验算为：

$$\frac{N_1}{\varphi_1 A_{01} f} = \frac{1500 \times 10^3}{0.9375 \times 9407 \times 215} = 0.791 < 1.0$$

故，分肢整体稳定性满足要求。

6）验算斜缀条的刚度和稳定性

按《钢标》式（7.2.7）计算格构柱最大剪力为：

$$V = \frac{Af}{85\varepsilon_k} = \frac{18814 \times 215}{85 \times 1.0} \times 10^{-3} = 47.6 \text{kN}$$

一个缀件面的总剪力为：

$$V_1 = \frac{V}{2} = \frac{47.6}{2} = 23.8 \text{kN}$$

斜缀条与水平线的夹角定为 $\alpha = 45°$。斜缀条的计算长度为：

$$l_0 = \frac{b_1}{\cos\alpha} = \frac{400}{\cos 45°} = 566 \text{mm}$$

单根（$n = 1.0$）斜缀条的轴力为：

$$N_1 = \frac{V_1}{n\cos\alpha} = \frac{23.8}{1.0 \times \cos 45°} = 33.7 \text{kN}$$

斜缀条（单角钢）最小回转半径为 $i_v = 12.3 \text{mm}$。

斜缀条的长细比为：

$$\lambda_v = \frac{l_0}{i_v} = \frac{566}{12.3} = 46.02 \leqslant [\lambda] = 150$$

故斜缀条满足刚度要求。

单角钢∟63×8的面积为 $A_1 = A_{1x}/2 = 1902/2 = 951\text{mm}^2$。

角钢截面为 b 类，查 b 类截面轴心受压构件的稳定系数，得 $\varphi = 0.874$。

等边单角钢的折减系数为：

$$\eta = 0.6 + 0.0015\lambda_v = 0.6 + 0.0015 \times 46.02 = 0.669$$

斜缀条（单角钢）的整体稳定性按《钢标》式（7.6.1-1）计算：

$$\frac{N_1}{\eta\varphi A_1 f} = \frac{33.7 \times 10^3}{0.669 \times 0.874 \times 951 \times 215} = 0.28 \leqslant 1.0$$

故斜缀条满足整体稳定性要求。

2. 双肢缀板柱设计

1) 确定双肢截面面积 A

假定 $\lambda_y = 60$，则 $\lambda_y/\varepsilon_k = 60$。查轴心受压构件的截面分类表，各肢截面对实轴和虚轴都属于 b 类，查 b 类截面轴心受压构件的稳定系数，得到 $\varphi_y = 0.807$。双肢截面面积为：

$$A \geqslant \frac{N}{\varphi_y f} = \frac{3000 \times 10^3}{0.807 \times 215} = 17291\text{mm}^2$$

绕 $y\text{-}y$ 轴的回转半径为：

$$i_y = \frac{l_{0y}}{\lambda_y} = \frac{7500}{60} = 125\text{mm}$$

查型钢表，选热轧普通槽钢为 2[40c，格构柱形式见图 2.109-1 (b)，其截面特征为：双肢截面的总面积为 $A = 18208\text{mm}^2$，截面宽度为 104mm，$y_0 = 24.2\text{mm}$，绕强轴的回转半径为 $i_y = 147.1\text{mm}$，绕弱轴（1-1 轴）的回转半径为 $i_1 = 27.5\text{mm}$，绕弱轴（1-1 轴）的惯性矩为 $I_1 = 6878000\text{mm}^4$。

格构柱绕实轴的刚度验算：

$$\lambda_y = l_{0y}/i_y = 7500/147.1 = 51 < [\lambda] = 150$$

故刚度满足要求。

格构柱绕实轴的整体稳定性验算：

根据 $\lambda_y = 51$，查 b 类截面轴心受压构件的稳定系数，得到 $\varphi_y = 0.852$。整体稳定性验算为：

$$\frac{N}{\varphi_y A f} = \frac{3000 \times 10^3}{0.852 \times 18208 \times 215} = 0.899 < 1.0$$

故格构柱绕实轴的整体稳定性满足要求。

2) 确定两肢的间距（对虚轴 $x\text{-}x$ 计算）

缀板柱绕 1-1 轴的分肢长细比要满足《钢标》第 7.2.5 条的要求，即：

$$\begin{cases} \lambda_1 \leqslant 0.5\lambda_{max} = 0.5 \times 51 = 25.5 \\ \lambda_1 \leqslant 40\varepsilon_k = 40 \times 1.0 = 40 \end{cases}$$

考虑留有一点余量，故选定 $\lambda_1 = 24$。

按照双轴等稳定原则 $\lambda_{0x} = \lambda_y$，绕虚轴（x-x 轴）的长细比下式计算：

$$\lambda_x = \sqrt{\lambda_y^2 - \lambda_1^2} = \sqrt{51^2 - 24^2} = 45$$

绕虚轴（x-x 轴）的回转半径为：

$$i_x = \frac{l_{0x}}{\lambda_x} = \frac{7500}{45} = 167\text{mm}$$

双槽钢绕弱轴的中心距按《钢结构设计精讲精读》式（9.3.14-6）计算：

$$b_1 = 2\sqrt{i_x^2 - i_1^2} = 2\sqrt{167^2 - 27.5^2} = 329.4\text{mm}$$

实取 $b_1 = 352\text{mm}$。

格构柱的总宽为：

$$b = b_1 + 2y_0 = 352 + 2 \times 24.2 = 400\text{mm}$$

3）确定缀板尺寸

缀板的厚度按《钢结构设计精讲精读》式（9.3.11-8）计算：

$$t_b \geqslant \frac{b_1}{40} = \frac{352}{40} = 8.8\text{mm}$$

实取缀板厚度为 $t_b = 10\text{mm}$，满足 $t_b \geqslant 6\text{mm}$ 要求。

缀板的高度按《钢结构设计精讲精读》式（9.3.11-9）计算：

$$h_b = \frac{2b_1}{3} = \frac{2 \times 352}{3} = 234.7\text{mm}$$

实取缀板高度为：$h_b = 250\text{mm}$。

一个缀板的惯性矩为：

$$I_{b1} = \frac{10 \times 250^3}{12} = 13020833\text{mm}^4$$

4）确定缀板沿格构柱高度方向的间距

缀板间的净距为：

$$l_{01} = \lambda_1 i_1 = 24 \times 27.5 = 660\text{mm}$$

实取缀板间的净距为：$l_{01} = 650\text{mm}$。

缀板间的中心距：$l_1 = l_{01} + h_b = 650 + 250 = 900\text{mm}$。

5）验算格构柱对虚轴（x-x 轴）的刚度和稳定性

$$I_x = 2\left[I_1 + \frac{A}{2}\left(\frac{b_1}{2}\right)^2\right] = 2 \times \left[6878000 + \frac{18208}{2} \times \left(\frac{352}{2}\right)^2\right] = 577767008\text{mm}^4$$

回转半径为：

$$i_x = \sqrt{\frac{I_x}{A}} = \sqrt{\frac{577767008}{18208}} = 178.1\text{mm}$$

按格构柱实际截面计算对虚轴（x-x 轴）的长细比：

$$\lambda_x = \frac{l_{0y}}{i_x} = \frac{7500}{178.1} = 42.1$$

对虚轴（x-x 轴）的换算长细比：

$$\lambda_{0x} = \sqrt{\lambda_x^2 + \lambda_1^2} = \sqrt{42.1^2 + 24^2} = 48.5 < \lambda_y = 51 < [\lambda] = 150$$

由于对虚轴和实轴同属 b 类截面，由 $\lambda_{0x} < \lambda_y$，说明刚度和稳定性均满足要求。

6）验算分肢的刚度和稳定性

由于绕实轴的长细比为 $\lambda_y = 51$，绕虚轴的长细比为 $\lambda_x = 42.1$，所以取 $\lambda_{max} = 51$。

缀板柱的分肢实际长细比 λ_1 要满足《钢标》第 7.2.5 条的要求：

$$\lambda_1 = \frac{l_{01}}{i_1} = \frac{650}{27.5} = 23.6 \leqslant 0.5\lambda_{max} = 0.5 \times 51 = 25.5$$

$$\lambda_1 \leqslant 40\varepsilon_k = 40 \times 1.0 = 40$$

故，缀板柱的分肢刚度满足要求。

根据 $\lambda_1 = 23.6$，查 b 类截面轴心受压构件的稳定系数，得到 $\varphi_1 = 0.958$。

单肢截面积为 $A_{01} = A/2 = 18208/2 = 9104 \text{mm}^2$。

单肢轴力为 $N_1 = N/2 = 3000/2 = 1500 \text{kN}$

分肢对 1-1 轴的稳定性验算为：

$$\frac{N_1}{\varphi_1 A_{01} f} = \frac{1500 \times 10^3}{0.958 \times 9104 \times 215} = 0.8 < 1.0$$

故，分肢整体稳定性满足要求。

7）验算缀板与分肢的线刚度比值

① 计算缀板的线刚度

两侧缀板的惯性矩之和为：

$$I_b = 2I_{b1} = 2 \times 13020833 = 26041666 \text{mm}^4$$

两分肢的轴线距离：

$$a = b_1 = 352 \text{mm}$$

缀板的线刚度为：

$$i_b = \frac{I_b}{a} = \frac{26041666}{352} = 73982 \text{mm}^3$$

② 计算分肢绕 1-1 轴的线刚度

上、下相邻缀板间中心距离为 $l_1 = 900 \text{mm}$，绕 1-1 轴惯性矩为 $I_1 = 6878000 \text{mm}^4$。

分肢的线刚度为：

$$i_1 = \frac{I_1}{l_1} = \frac{6878000}{900} = 7642 \text{mm}^3$$

缀板与分肢的线刚度比值为：

$$\frac{i_b}{i_1} = \frac{73982}{7642} = 9.68 > 6$$

故缀板与分肢的线刚度比值满足《钢标》第 7.2.5 条线刚度比值的要求。

2.110 如何设计四肢格构柱?

疑问

如何设计四肢格构柱?

解答

四肢格构柱分为四肢缀条格构柱和四肢缀板格构柱,肢柱一般采用成品角钢截面,通过例题可以全面了解其设计内容。

【例题2.110】 某轴心受压四肢格构柱,承受的轴心压力设计值 $N=1000\mathrm{kN}$(含格构柱自重),格构柱两端铰接,计算长度 $l_{0x}=l_{0y}=12\mathrm{m}$。 截面由四个热轧普通角钢组成(图2.110-1),钢材为Q235B,抗压强度设计值 $f=215\mathrm{N/mm^2}$,钢号修正系数 $\varepsilon_k=1.0$。

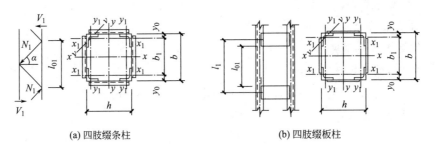

(a) 四肢缀条柱　　　　　　　　　　　(b) 四肢缀板柱

图2.110-1 四肢格构柱例题

要求:分别按缀条柱和缀板柱设计四肢格构柱。

【解】

1. 四肢缀条柱设计

1) 确定四肢截面面积 A

四肢格构柱平面为方形,绕双虚轴(x-x 轴和 y-y 轴)长细比相等,即 $\lambda_x=\lambda_y$。

对于双虚轴格构柱,应按换算长细比进行截面设计。

假定刚度放大系数 $k_x=1.1$,$\lambda_y=60$, 则换算长细比 $\lambda_{0x}=\lambda_{0y}=k_x\lambda_y/\varepsilon_k=1.1\times60/1.0=66$。

查轴心受压构件的截面分类表,各肢截面对两个虚轴都属于 b 类,查 b 类截面轴心受压构件的稳定系数,得到 $\varphi_y=0.774$。

四肢截面面积为:

$$A\geqslant\frac{N}{\varphi_y f}=\frac{1000\times10^3}{0.774\times215}=6009\mathrm{mm^2}$$

查型钢表，选热轧普通角钢为 $4 \llcorner 100 \times 8$，格构柱形式见图 2.110-1 (a)，其截面特征为：一个肢的角钢面积为 $A_1 = 1564 \text{mm}^4$，四肢截面的总面积为 $A = 4 \times 1564 = 6256 \text{mm}^2$，形心至角钢边缘的距离 $x_0 = y_0 = 27.6 \text{mm}$，单角钢绕其双轴的回转半径均为 $i_1 = i_{x1} = i_{y1} = 30.8 \text{mm}$，惯性矩 $I_{x1} = I_{y1} = 1482400 \text{mm}^4$，绕最弱轴（$v$-$v$ 轴）的最小回转半径为 $i_v = 19.8 \text{mm}$。

格构柱绕双虚轴的刚度验算：

$$\lambda_{0x} = \lambda_{0y} = 66 < [\lambda] = 150$$

故刚度满足要求。

格构柱绕双虚轴的整体稳定性验算：

根据 $\lambda_{0x} = \lambda_{0y} = 66$，查 b 类截面轴心受压构件的稳定系数，得到 $\varphi_y = 0.774$。

整体稳定性验算为：

$$\frac{N}{\varphi_y A f} = \frac{1000 \times 10^3}{0.774 \times 6256 \times 215} = 0.961 < 1.0$$

故，格构柱绕双虚轴的整体稳定性满足要求。

2）确定四肢格构柱的平面尺寸：

格构柱绕双虚轴的回转半径为：

$$i_x = i_y = \frac{l_{0y}}{\lambda_y} = \frac{12000}{60} = 200 \text{mm}$$

按《钢结构设计精讲精读》式（9.3.14-11），四肢对双弱轴之间的间距（角钢边到边）为：

$$b = h = 2.33 i_x = 2.33 \times 200 = 466 \text{mm}$$

实取：$b = h = 500 \text{mm}$。

两个角钢实轴（x_1-x_1 轴）之间距离为：

$$b_1 = b - 2y_0 = 500 - 2 \times 27.6 = 444.8 \text{mm}$$

3）确定斜缀条的截面面积：

根据经验，四肢格构柱斜缀条的截面面积约为四肢总面积的 5%，即 $A_1 = 0.05A$。采用热轧等边角钢，一个角钢的截面面积为 $A_1 = 0.05A = 0.05 \times 6256 = 312.8 \text{mm}^2$。查型钢表，按构造选取的角钢为 $\llcorner 50 \times 5$，其截面特征为：$A_1 = 480 \text{mm}^2$，垂直于 x-x 轴或 y-y 轴各斜缀条毛截面面积之和为 $A_{1x} = 2A_1 = 960 \text{mm}^2$，角钢的最小回转半径为 $i_v = 9.8 \text{mm}$（45°斜轴）。

4）验算格构柱对虚轴（x-x 轴或 y-y 轴）的刚度和稳定性：

$$I_x = 4 \left[I_{x1} + \frac{A}{4} \left(\frac{b}{2} - y_0 \right)^2 \right] = 4 \times \left[1482400 + \frac{6256}{4} \times \left(\frac{500}{2} - 27.6 \right)^2 \right] = 315362371 \text{mm}^4$$

回转半径为：

$$i_y = i_x = \sqrt{\frac{I_x}{A}} = \sqrt{\frac{315362371}{6256}} = 225 \text{mm}$$

按格构柱实际截面计算对虚轴（x-x 轴）的长细比：

$$\lambda_x = \lambda_y = \frac{l_{0y}}{i_x} = \frac{12000}{225} = 53.3$$

对虚轴（x-x 轴或 y-y 轴）的换算长细比：

$$\lambda_{0y} = \lambda_{0x} = \sqrt{\lambda_x^2 + 40\frac{A}{A_{1x}}} = \sqrt{53.3^2 + \frac{40 \times 6256}{960}} = 55.7 < [\lambda] = 150$$

故绕双虚轴的刚度满足要求。

按 $\lambda_{0y} = \lambda_{0x} = 55.7$，查 b 类截面轴心受压构件的稳定系数，得到 $\varphi = 0.831$。

整体稳定验算为：

$$\frac{N}{\varphi A f} = \frac{1000 \times 10^3}{0.831 \times 6256 \times 215} = 0.895 < 1.0$$

四肢格构柱整体稳定满足要求。

5）验算分肢的刚度和稳定性：

绕双虚轴最大长细比为：$\lambda_{\max} = \lambda_x = \lambda_y = 53.3 > 50$。

无横缀条时：

斜缀条与水平线的夹角定为 $\alpha = 45°$，分肢的计算长度为 $l_{01} = 2b_1 = 2 \times 444.8 = 890\text{mm}$。

缀条柱的分肢绕最弱轴（v-v 轴）的长细比要满足《钢标》第 7.2.4 条的要求：

$$\lambda_1 = \frac{l_{01}}{i_v} = \frac{890}{19.8} = 45 > 0.7\lambda_{\max} = 0.7 \times 53.3 = 37.3$$

故无横缀条时，分肢的刚度不满足要求，需要设置横缀条（∟50×5）来减小分肢计算长度。

有横缀条时：

分肢的计算长度为 $l_{01} = b_1 = 444.8\text{mm}$。

$$\lambda_v = \frac{l_{01}}{i_v} = \frac{444.8}{19.8} = 22.5 < 0.7\lambda_{\max} = 0.7 \times 53.3 = 37.3$$

故设置横缀条（∟50×5）后，各分肢刚度满足要求。

根据 $\lambda_v = 22.5$，查 b 类截面轴心受压构件的稳定系数，得到 $\varphi_v = 0.9615$。

单肢截面积为 $A_1 = 1564\text{mm}^2$。

单肢轴力为 $N_1 = N/4 = 1000/4 = 250\text{kN}$。

分肢对 v-v 轴的稳定性验算为：

$$\frac{N_1}{\varphi_v A_1 f} = \frac{250 \times 10^3}{0.9615 \times 1564 \times 215} = 0.773 < 1.0$$

故分肢整体稳定性满足要求。

6）验算斜缀条的刚度和稳定性：

按《钢标》式（7.2.7）计算格构柱最大剪力为：

$$V = \frac{Af}{85\varepsilon_k} = \frac{6256 \times 215}{85 \times 1.0} \times 10^{-3} = 15.8\text{kN}$$

一个缀件面的总剪力为：

$$V_1 = \frac{V}{2} = \frac{15.8}{2} = 7.9\text{kN}$$

斜缀条与水平线的夹角定为 $\alpha = 45°$。斜缀条的计算长度为：

$$l_0 = \frac{b_1}{\cos\alpha} = \frac{444.8}{\cos 45°} = 629\text{mm}$$

单根（$n = 1.0$）斜缀条的轴力为：

$$N_1 = \frac{V_1}{n\cos\alpha} = \frac{7.9}{1.0 \times \cos 45°} = 11.2\text{kN}$$

斜缀条（单角钢）最小回转半径为 $i_v = 9.8\text{mm}$。

斜缀条的长细比为：

$$\lambda_v = \frac{l_0}{i_v} = \frac{629}{9.8} = 64.18 \leqslant [\lambda] = 150$$

故斜缀条满足刚度要求。

角钢 L 50×5 的面积为 $A_1 = 480\text{mm}^2$。

角钢截面为 b 类，按 $\lambda_v = 64.18$，查 b 类截面轴心受压构件的稳定系数，得 $\varphi = 0.784$。

等边单角钢的折减系数为：

$$\eta = 0.6 + 0.0015\lambda_v = 0.6 + 0.0015 \times 64.18 = 0.696$$

斜缀条（单角钢）的整体稳定性按《钢标》式（7.6.1-1）计算：

$$\frac{N_1}{\eta\varphi A_1 f} = \frac{11.2 \times 10^3}{0.696 \times 0.784 \times 480 \times 215} = 0.2 \leqslant 1.0$$

故斜缀条满足整体稳定性要求。

2. 四肢缀板柱设计

1) 确定四肢截面面积 A 及平面尺寸

缀板式四肢截面面积 A 及平面尺寸与缀条式四肢格构柱相同，格构柱形式见图 2.110-1 (b)，刚度和整体稳定均满足要求。

2) 确定缀板尺寸

缀板的厚度按《钢结构设计精讲精读》式（9.3.11-8）计算：

$$t_b \geqslant \frac{b_1}{40} = \frac{444.8}{40} = 11.12\text{mm}$$

实取缀板厚度为：$t_b = 12\text{mm}$，且满足 $t_b \geqslant 6\text{mm}$ 的要求

缀板的高度按《钢结构设计精讲精读》式（9.3.11-9）计算：

$$h_b = \frac{2b_1}{3} = \frac{2 \times 444.8}{3} = 296.5\text{mm}$$

实取缀板高度为：$h_b = 300\text{mm}$。

一个缀板的惯性矩为：

$$I_{b1} = \frac{12 \times 300^3}{12} = 27000000\text{mm}^4$$

3）确定缀板沿格构柱高度方向的间距

绕双虚轴最大长细比为：$\lambda_{\max} = \lambda_x = \lambda_y = 53.3 > 50$。所以，取 $\lambda_{\max} = 50$。

缀板柱绕 x_1-x_1 轴或 y_1-y_1 的分肢长细比要满足《钢标》第 7.2.5 条的要求，即：

$$\begin{cases} \lambda_1 \leqslant 0.5\lambda_{\max} = 0.5 \times 50 = 25 \\ \lambda_1 \leqslant 40\varepsilon_k = 40 \times 1.0 = 40 \end{cases}$$

考虑留有一点余量，故，选定 $\lambda_1 = 24$。

设定 $k_x = 1.1$，绕虚轴（x-x 轴和 y-y 轴）的长细比 λ_x 或 λ_y 按《钢结构设计精讲精读》式（9.3.14-8）计算：

$$\lambda_x = \lambda_y = \frac{\lambda_1}{\sqrt{k_x^2 - 1}} = \frac{24}{\sqrt{1.1^2 - 1}} = 52.4$$

绕虚轴（x-x 轴和 y-y 轴）的换算长细比按《钢结构设计精讲精读》式（9.3.14-3）计算：

$$\lambda_{0x} = \lambda_{0y} = \sqrt{\lambda_x^2 - \lambda_1^2} = \sqrt{52.4^2 - 24^2} = 46.6 < [\lambda] = 150$$

缀板间的净距为：

$$l_{01} = \lambda_1 i_1 = 24 \times 30.8 = 739\text{mm}$$

实取缀板间的净距为：$l_{01} = 700\text{mm}$。

缀板间的中心距为：$l_1 = l_{01} + h_b = 700 + 300 = 1000\text{mm}$。

4）验算分肢的刚度和稳定性

缀板柱的分肢实际长细比 λ_1 要满足《钢标》第 7.2.5 条的要求：

$$\lambda_1 = \frac{l_{01}}{i_1} = \frac{700}{30.8} = 22.7 \leqslant 0.5\lambda_{\max} = 0.5 \times 50 = 25$$

$$\lambda_1 \leqslant 40\varepsilon_k = 40 \times 1.0 = 40$$

故缀板柱的分肢刚度满足要求。

根据 $\lambda_1 = 22.7$，查 b 类截面轴心受压构件的稳定系数，得到 $\varphi_1 = 0.962$。

单肢截面积为 $A_{01} = 1564\text{mm}^4$。

单肢轴力为 $N_1 = N/4 = 1000/4 = 250\text{kN}$

分肢对 1-1 轴的稳定性验算为：

$$\frac{N_1}{\varphi_1 A_{01} f} = \frac{250 \times 10^3}{0.962 \times 1564 \times 215} = 0.773 < 1.0$$

故分肢整体稳定性满足要求。

5）验算缀板与分肢的线刚度比值

① 计算缀板的线刚度

两侧缀板的惯性矩之和为：

$$I_b = 2I_{b1} = 2 \times 27000000 = 54000000\text{mm}^4$$

两分肢的轴线距离：

$$a = b_1 = 444.8\text{mm}$$

缀板的线刚度为：

$$i_b = \frac{I_b}{a} = \frac{54000000}{444.8} = 121403 \text{mm}^3$$

② 计算分肢绕 1-1 轴的线刚度

上、下相邻缀板间中心距离为 $l_1 = 1000 \text{mm}$，绕 1-1 轴惯性矩为 $I_1 = 1482400 \text{mm}^4$。

分肢的线刚度为：

$$i_1 = \frac{I_1}{l_1} = \frac{1482400}{1000} = 1482.4 \text{mm}^3$$

缀板与分肢的线刚度比值为：

$$\frac{i_b}{i_1} = \frac{121403}{1482.4} = 81.9 > 6$$

故缀板与分肢的线刚度比值满足《钢标》第 7.2.5 条的要求。

2.111 钢结构中的楼板类型有哪些?

钢结构中的楼板类型有哪些?

钢结构中的楼板类型主要有四种:楼承板、叠合板、现浇板和组合板。

1. 楼承板(图 2.111-1)

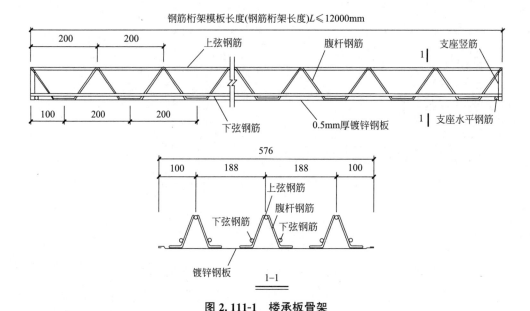

图 2.111-1 楼承板骨架

1) 楼承板形式

楼承板就是在工厂将三角形钢筋桁架固定在薄钢板(Q235)上,运到工地后安装就位,在钢梁位置上焊上栓钉后再现浇混凝土形成的楼板。

薄钢板采用 Q235 镀锌薄板,板厚 0.4~0.6mm。

三角形钢筋桁架施工时作为受力骨架,施工后作为楼板受力钢筋。

2) 适用条件

适用于除钢梁上翼缘为高强度螺栓连接以外的情形,即钢梁工地节点为栓焊形式(腹板采用高强度螺栓连接,翼缘采用等强对接焊)和全焊形式(腹板和翼缘均采用对接焊)。

3) 使用情况

楼承板的推出已经有超过二十年的历史了,现在,这种楼板形式在钢结构中得到了最广泛的应用。

4）施工特点

现场不需支模、大部分钢筋已固定在钢板上，只需焊栓钉和绑扎一点附加上铁，所以施工最快。

2. 叠合板（图 2.111-2）

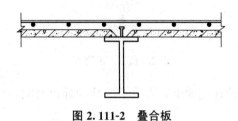

图 2.111-2 叠合板

1）叠合板形式

叠合板由预制板和后浇混凝土叠合而成，由于省去了薄钢板底模，具有一定的经济性。

预制板不能太薄，要有一定的刚度和承载能力，最小厚度不能小于 60mm；后浇混凝土也不能太薄，要满足机电专业走线的最小厚度要求，最小厚度不能小于 70mm。叠合板的总厚度不能小于 130mm。

栓钉在工厂于钢梁上安装就位，省去了工地的焊栓时间，焊接质量优于工地焊接。

叠合板要进行两次设计：一是后浇层达到混凝土强度后的使用阶段承载力的设计，二是施工阶段预制板承受浇筑混凝土等施工荷载时承载力的设计。

2）适用条件

适用于除钢梁上翼缘为高强度螺栓连接以外的情形，即钢梁工地节点为栓焊形式（腹板采用高强度螺栓连接，翼缘采用等强对接焊）和全焊形式（腹板和翼缘均采用对接焊）。

3）使用情况

由于预制板需要专门的制作、养护和放置场地，而钢结构厂家一般不具备生产条件，所以要单独委托专业厂家进行生产，在一定程度上影响了使用性。同时，由于叠合板结构省去了薄钢板底模，具有很好的经济性。

叠合板兼顾了施工速度和经济性，实际工程中也常采用。

4）施工特点

现场不需支模、不需焊栓钉，但要绑扎所有的楼板上铁。施工较快。

3. 现浇板（图 2.111-3）

1）现浇板形式

现浇板与混凝土结构楼板类似，需要在板下支模，然后绑扎所有钢筋，浇筑完混凝土后形成楼板。

混凝土楼板支模是逐层由下向上推进的，而钢结构中现浇板的支模是灵活而又方便的，钢结构安装完毕后可以在任意层或任意区域进行支模，即，利用 H 型钢梁上、下翼缘间的空间进行支模（图 2.111-3）。

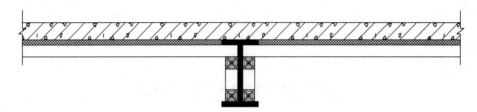

图 2.111-3 现浇板

栓钉在工厂被安装就位在钢梁上，省去了工地的焊栓时间，焊接质量优于工地焊接。

2）适用条件

适用于所有钢梁连接形式：钢梁工地节点为栓焊形式（腹板采用高强度螺栓连接，翼缘采用等强对接焊）、全栓形式（腹板和翼缘均采用高强度螺栓连接）和全焊形式（腹板和翼缘均采用对接焊）。

3）使用情况

混凝土与钢梁顶面紧密接触，受力性能在各种楼板中是最好的，另外省去了薄钢板底模，具有很好的经济性。尽管现浇板体系中使用了模板，但比叠合板中的预制板需要专门委托及运输还是经济的。

综合来看，现浇板受力好，也是最经济的，是设计人员和业主方愿意使用的。

4）施工特点

现场不需要焊栓钉，但需要支模、绑扎所有的楼板钢筋，所以，施工速度是几种楼板中最慢的。

4. 组合板（图 2.111-4）

1）组合板形式

组合板是"压型钢板-混凝土组合楼板"的简称，是指将压型钢板、钢筋与混凝土组合成整体共同工作的受力构件。

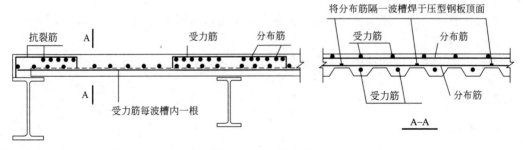

图 2.111-4 组合板

2）适用条件

适用于除钢梁上翼缘为高强度螺栓连接以外的情形，即钢梁工地节点为栓焊形式（腹板采用高强度螺栓连接，翼缘采用等强对接焊）和全焊形式（腹板和翼缘均采用对接焊）。

3）使用情况

组合板中没有三角钢筋桁架，需要现场绑扎所有的楼板钢筋及焊栓钉，与楼承板相比经济上有一定的优势，但与现浇板相比经济性较差。在国内，组合板这些年基本上被楼承板取代了。

4）施工特点

现场不需支模，但要绑扎所有楼板钢筋和焊栓钉，施工较快。

2.112 为什么钢结构中的楼板不能考虑塑性内力重分配?

疑问

为什么钢结构中的楼板不能考虑塑性内力重分配?

解答

铺设在 H 型钢梁上的连续楼板应按弹性计算,而不能按混凝土梁、板结构中考虑塑性内力重分布的方法计算,其原因如下。

在混凝土梁、板结构中,连续板在支座处存在一个在混凝土梁宽或混凝土墙厚范围内形成的较宽的刚域(图 2.112-1)。在该刚域内,板在支座处的最大负弯矩被混凝土梁或混凝土墙"消化"了,板的负弯矩可按梁边缘处弯矩经过一定的放大后进行设计,即,按板净跨通过放大系数得到板的计算跨度,支座处按计算跨度算出的弯矩,比弹性设计中梁的中线到中线跨度产生的弯矩要小,这种方法就是混凝土梁、板结构中考虑塑性内力重分布的计算方法。

然而,在钢结构梁上的混凝土板结构中,连续板在支座处存在一个由钢梁腹板厚度范围内形成的很窄的刚域(图 2.112-2),已经没有调整计算跨度的余地了,只能按钢梁中心线中到中的跨度进行弹性设计。

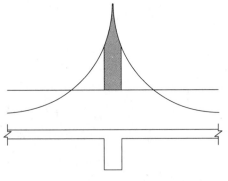

图 2.112-1 混凝土结构连续板支座刚域

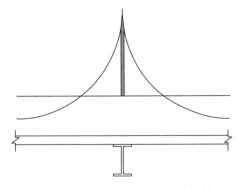

图 2.112-2 钢结构连续板支座刚域

2.113　为什么要在梁式楼梯折板踏步上敷设一层混凝土构造层？

疑问

为什么要在梁式楼梯折板踏步上敷设一层混凝土构造层？

解答

1. 楼梯段的形式

（1）钢板踏步式楼梯为梁式楼梯，踏步板的两侧搭在斜梯梁上，如图 2.113-1（a）所示。

（2）斜梯梁及水平梯梁一般采用热轧普通槽钢，对于跨度较大、宽度较大或荷载较大的楼梯也可采用 H 型钢梁（如过街天桥的楼梯）。

2. 震颤问题

未经构造处理的钢楼梯同城市中过街天桥中的钢楼梯一样，行人踏在楼梯上会产生震颤现象，因此需要对踏步板采取构造处理。

（1）踏步采用厚度≥5mm 的钢板做成 90°折板。为了解决震颤问题，踏步板上面及侧面现浇 50mm 厚钢筋混凝土（C30），按构造配筋，如图 2.113-1（b）所示。

（2）踏步折板与斜梯梁之间形成的三角形洞口用 5mm 厚钢板封堵。

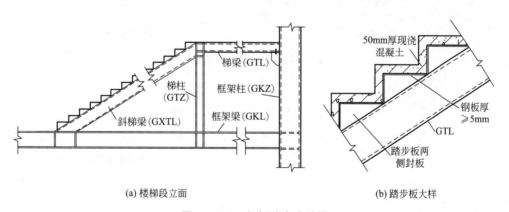

(a) 楼梯段立面　　　　　　　　　　(b) 踏步板大样

图 2.113-1　钢板踏步式楼梯

2.114 如何在钢结构中设置混凝土 板式楼梯?

疑问

如何在钢结构中设置混凝土板式楼梯?

解答

钢结构中传统的楼梯采用钢斜梁和钢板踏步组合的钢楼梯形式（图 2.113-1）。在施工过程中经常是等到结构封顶后再施工钢楼梯，需要搭建竖向临时楼梯解决施工中运输问题，最后还需要拆除临建。为了解决这个问题，近些年实际工程广泛采用了混凝土斜板式楼梯。借鉴混凝土结构中的板式楼梯，只需要将混凝土梯梁改成钢结构梯梁（图 2.114-1）即可。混凝土板式楼梯的优点是设计简单、施工方便、用钢量明显减少，无需涂防腐涂料和防火涂料，美观，工艺简单，可以与楼层同步施工。缺点是重量比传统的钢楼梯略大一些。

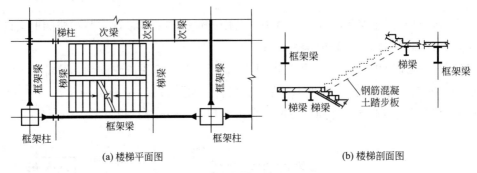

(a) 楼梯平面图 (b) 楼梯剖面图

图 2.114-1　混凝土板式楼梯

2.115 如何使楼梯柱避开柱间支撑的斜杆?

如何使楼梯柱避开柱间支撑的斜杆?

高层钢结构中的柱间支撑一般布置在楼梯间和电梯间的隔墙位置,楼梯踏步与休息平台转折处需要设置楼梯柱 (图 2.115-1)。按照传统楼梯柱的做法,楼梯柱应在休息平台下方的楼层钢梁上生根,这样楼梯柱就可能与柱间支撑杆件发生矛盾。

针对四种不同的柱间支撑形式应采用有效的楼梯柱避开支撑杆件(斜杆)的方法。

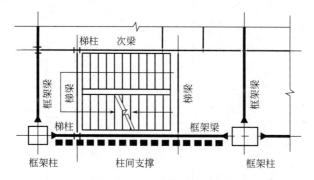

图 2.115-1 楼梯间平面图

1. 单斜杆与梯柱的关系

柱间支撑斜杆为单斜杆时,单斜杆与梯柱的关系有三种情况:

(1) 斜杆与支撑中的横梁上托起的楼梯柱交叉 [图 2.115-2 (a)],方案不成立;

(2) 横梁上托起的楼梯柱能避开斜杆 [图 2.115-2 (b)],方案成立;

(3) 横梁下吊挂的楼梯柱能避开斜杆 [图 2.115-2 (c)],方案成立。

2. 同层内十字交叉斜杆与楼梯柱的关系

柱间支撑斜杆为十字交叉斜杆时,斜杆与楼梯柱的关系有两种情况:

(1) 横梁上托起的楼梯柱不能避开斜杆 [图 2.115-3 (a)],方案不成立;

(2) 横梁上吊挂的楼梯柱不能避开斜杆 [图 2.115-3 (b)],方案不成立。

结论:柱间支撑为十字交叉斜杆的情况下楼梯柱无法设置,需改变支撑斜杆形式。

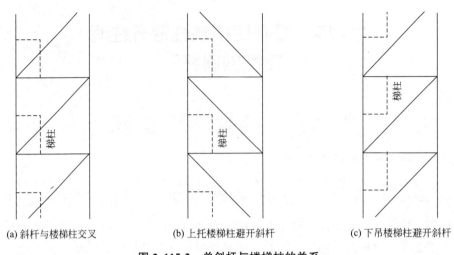

(a) 斜杆与楼梯柱交叉 　　　(b) 上托楼梯柱避开斜杆 　　　(c) 下吊楼梯柱避开斜杆

图 2.115-2　单斜杆与楼梯柱的关系

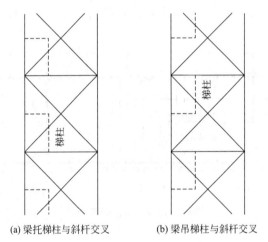

(a) 梁托梯柱与斜杆交叉 　　　(b) 梁吊梯柱与斜杆交叉

图 2.115-3　十字交叉斜杆与楼梯柱的关系

3. 人字形斜杆与梯柱的关系

柱间支撑斜杆为人字形斜杆时，斜杆与梯柱的关系有三种情况：

（1）斜杆与支撑中的横梁上托起的楼梯柱交叉 [图 2.115-4（a）]，方案不成立；

（2）横梁托起的楼梯柱能避开斜杆 [图 2.115-4（b）]，方案成立；

（3）横梁吊挂的楼梯柱能避开斜杆 [图 2.115-4（c）]，方案成立。

4. 跨层 X 形斜杆与楼梯柱的关系

柱间支撑斜杆为跨层 X 形斜杆时，斜杆与楼梯柱的关系有两种情况：

（1）每隔一层，斜杆与支撑中的横梁上托起的楼梯柱存在交叉 [图 2.115-5（a）]，方案不成立；

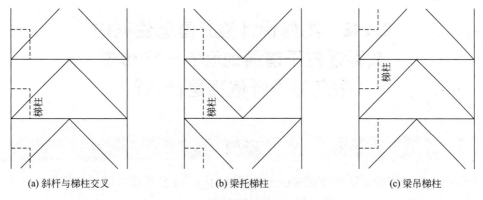

(a) 斜杆与梯柱交叉　　　　　(b) 梁托梯柱　　　　　(c) 梁吊梯柱

图 2.115-4　人字形斜杆与楼梯柱的关系

（2）每隔一层，横梁通过上托并下吊楼梯柱能避开斜杆［图 2.115-5（b）］，方案成立；

简记：上托下吊。

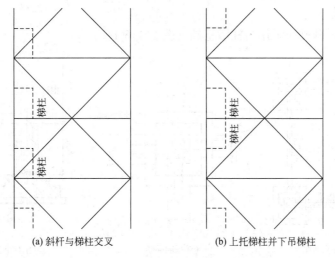

(a) 斜杆与梯柱交叉　　　　　(b) 上托梯柱并下吊梯柱

图 2.115-5　跨层 X 形斜杆与梯柱的关系

当梯柱为吊柱（拉杆）时，吊柱、加劲板与框架梁应在工厂采用熔透等强焊接连为一体，运到工地。

2.116 如何设计独立基础使钢柱嵌固端位于首层地面? 一个传说很久的设计依据是什么?

疑问

如何设计独立基础使钢柱嵌固端位于首层地面? 一个传说很久的设计依据是什么?

解答

1. 独立基础的设计

对于无地下室的框架结构, 其首层地面处作为钢柱嵌固端应满足下列要求。

1) 基础形式

无地下室时, 基础应采用高柱墩基础 (图 2.116-1)。

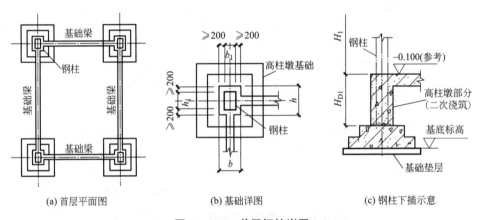

(a) 首层平面图 (b) 基础详图 (c) 钢柱下插示意

图 2.116-1 首层钢柱嵌固

2) 首层钢柱的嵌固

采用高柱墩基础后, 首层钢柱嵌固端可选在高柱墩顶部。

3) 满足嵌固端的条件

(1) 下插的钢管内部灌芯, 混凝土强度等级同基础。首层钢柱侧面预留灌芯孔。

(2) 在基础顶部设置基础梁用于传递首层钢柱柱底水平力及平衡柱底弯矩。

(3) 钢管外包混凝土的厚度≥200mm [图 2.116-1 (b)]。

(4) 高柱墩部分待二层钢梁安装完毕后, 方可浇筑混凝土。

(5) 首层钢柱的线刚度与高柱墩的线刚度之比不大于 0.05, 即按照工程数学的概念不大于 5%时, 可认为高柱墩是钢柱的嵌固端, 即:

$$\frac{I_s E_s / H_1}{I_c E_c / H_{D1}} \leqslant 0.05 \tag{2.116-1}$$

式中：I_c——高柱墩的混凝土惯性矩（mm^4）；

$\quad E_c$——钢筋混凝土的弹性模量（N/mm^2）；

$\quad H_{D1}$——高柱墩的高度（mm）；

$\quad I_s$——钢柱截面惯性矩（mm^4）；

$\quad E_s$——钢柱的弹性模量（N/mm^2）；

$\quad H_1$——首层钢柱的高度（mm）。

简记：线刚度比$\leqslant 5\%$。

4）例题

【例题 2.116】 首层方管柱为□500×20（壁厚 20mm），钢材为 Q235B，$E_s = 2.06 \times 10^5 N/mm^2$，首层钢柱高度为 $H_1 = 4.1m$；高柱墩截面尺寸为钢柱每边外包 200mm 厚钢筋混凝土，混凝土强度等级为 C30，$E_c = 3.0 \times 10^4 N/mm^2$，高柱墩的高度为 $H_{D1} = 0.9m$。

验算高柱墩顶能否作为首层钢柱的固定端。

【解】：

1）求惯性矩

钢柱截面惯性矩为：

$$I_s = \frac{1}{12} \times (500^4 - 460^4) = 1.48 \times 10^9 mm^4$$

高柱墩截面的宽度为：$b = 500 + 2 \times 200 = 900mm$；高度为 $h = 500 + 2 \times 200 = 900mm$。

高柱墩截面惯性矩为：

$$I_c = \frac{900^4}{12} = 5.47 \times 10^{10} mm^4$$

2）计算刚度比

$$\frac{I_s E_s / H_1}{I_c E_c / H_{D1}} = \frac{1.48 \times 10^9 \times 2.06 \times 10^5 / 4100}{5.47 \times 10^{10} \times 3 \times 10^4 / 900} = 0.04 < 0.05$$

故高柱墩基础尺寸满足首层钢柱的嵌固要求。

2. 一个很久传说的设计依据

1）传说的设计依据

对于混凝土柱子，当高柱墩的截面惯性矩是首层柱子的截面惯性矩的 10 倍或以上时（个别情况下 5 倍或以上时），则高柱墩基础顶面处可认为是首层混凝土柱子的固定端。

2) 设计依据

之所以称其为"传说",就是因为这种说法是由老前辈口口相传,不知其源头,或者说找不到依据。上面传说的内容在大部分情况下是正确的,但也不尽然。当高柱墩较高或首层层高较低时,高柱墩基础就不能成为首层柱子的固定端。以下为传说内容的设计依据。

高柱墩基础作为首层混凝土柱的计算简图见图2.116-2。作为嵌固条件,首层柱的线刚度与高柱墩的线刚度之比应不大于0.05,假定首层柱子的截面惯性矩为 I_{c1},于是有:

$$\frac{I_{c1}E_c/H_1}{I_cE_c/H_{D1}} \leqslant 0.05 \qquad (2.116\text{-}2)$$

约掉同类项后,上式改写成:

$$\frac{I_c}{I_{c1}} \geqslant 20\frac{H_{D1}}{H_1} \qquad (2.116\text{-}3)$$

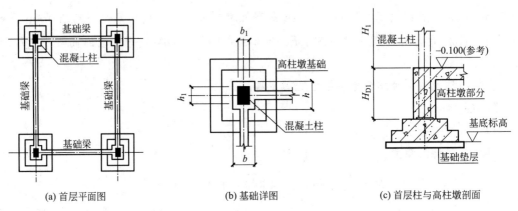

(a) 首层平面图   (b) 基础详图   (c) 首层柱与高柱墩剖面

图 2.116-2　首层混凝土柱嵌固

讨论式(2.116-3):

(1)当首层柱的高度 H_1 与高柱墩高度 H_{D1} 之比大于或等于2时,式(2.116-3)变为:

$$\frac{I_c}{I_{c1}} \geqslant 10 \qquad (2.116\text{-}4)$$

这就是传说中的高柱墩的截面惯性矩是首层混凝土柱子截面惯性矩的10倍及以上时,高柱墩基础顶部位置可作为首层柱子的固定端,其前提条件是上下构件长度的比值要满足不小于2的要求。通常情况下,首层层高都能达到基础埋深的2倍以上。

同理,个别情况下,当首层柱的高度 H_1 与高柱墩高度 H_{D1} 之比不小于4时,式(2.116-3)变为:

$$\frac{I_c}{I_{c1}} \geqslant 5 \qquad (2.116\text{-}5)$$

也就是说高柱墩的截面惯性矩是首层混凝土柱子截面惯性矩的5倍及以上时,高柱墩基础顶部位置也可作为首层柱子的固定端,其前提条件是上下构件的长度比值要满足大于或等于 4 的要求。这种个别情况也会发生。例如，当首层层高高于 6m，而基础埋深为 1.5m 时，上下构件的长度比值大于 4。

（2）当首层柱子长度小于高脖子构件长度的 2 倍时，式（2.116-4）的前提条件不成立，高柱墩基础不能成为首层混凝土柱子的固定端。这也是前文所述的设计依据不尽然正确的情况。

2.117 钢结构防腐保护的基本原理是什么？

钢结构防腐保护的基本原理是什么？

1. 腐蚀对钢结构的影响

钢结构在各种复杂的环境中应用广泛，其防腐蚀问题也一直受到人们的关注。腐蚀是由化学或电化学反应引起的，这些反应会导致钢材的物理和化学变化，从而影响其结构和性能。在工业和海洋环境中，钢结构经常受到这些反应的影响。

钢结构腐蚀的主要原因是钢材与氧气、水分和特定化学物质的接触。在有氧和水的情况下，钢材的表面会形成阳极和阴极，产生电流，电流会加速钢材的腐蚀。此外，一些化学物质，如氯离子、硫酸盐等，也会加速这种腐蚀过程。

2. 钢结构防腐保护的基本原理

钢结构防腐保护的基本原理是阻止钢材与环境中的氧气、水分和化学物质接触，从而减少腐蚀的发生。常见的防腐方法包括涂层、热镀锌和电镀等。其中，涂层是最常用和最有效的防腐方法之一，具体方法是将一层特殊的防腐漆涂覆在钢结构表面，形成一个保护层，阻隔钢材与外界环境的接触。

1）防腐保护层的作用

防腐保护层是防止钢结构腐蚀的最常用和最有效的手段之一，它通过在钢材表面形成一层保护膜，阻隔钢材与外界环境的接触，从而防止腐蚀的发生。以下是防腐保护层的主要作用：

（1）阻隔氧气和水分：防腐保护层可以有效地阻止氧气和水分渗透到钢材表面，从而防止电化学腐蚀的发生。

（2）防止化学物质侵蚀：一些防腐保护层具有抗化学物质侵蚀的能力，可以有效地防止氯离子、硫酸盐等化学物质对钢材的腐蚀。

（3）延长使用寿命：防腐保护层可以有效地延长钢结构的使用寿命。通过阻隔氧气、水分和化学物质的侵蚀，防止钢结构发生物理和化学变化，保持其原有的结构和性能。

（4）提高耐候性：防腐保护层可以增强钢结构的耐候性，使其在各种恶劣的环境条件下仍能保持良好的性能。例如，在高温、高湿、盐雾等恶劣环境下，防腐保护层可以有效地防止钢结构腐蚀。

2）防腐保护层的种类和应用

防腐保护层的种类很多，包括涂层、热镀锌、电镀等，可以根据使用环境、结构要求和防腐效果的不同进行选择。

（1）涂层：涂层是最常用的防腐保护层之一，包括油漆、涂料、薄膜等。这些涂层材料具有很好的阻隔性能，可以有效地阻止氧气、水分和化学物质的渗透。同时，它们还具有很好的附着力和耐磨性，可以在长期使用中保持稳定的性能。涂层的应用范围很广，包括建筑、桥梁、船舶、管道等。

（2）热镀锌：热镀锌是一种将钢材浸入熔融的锌液中形成的防腐保护层，具有很好的耐腐蚀性和耐候性，可以有效地防止氧气、水分和化学物质的侵蚀。热镀锌适用于海洋、化工、电力等领域的大型钢结构设施。

（3）电镀：电镀是一种通过电解原理将金属或合金沉积在钢材表面形成的防腐保护层。电镀层具有很好的耐腐蚀性和耐磨性，可以有效地防止氧气、水分和化学物质的侵蚀。但是，电镀层的附着力较差，容易脱落和剥离。电镀适用于船舶、管道等小型钢结构设备或设施。

总之，钢结构防腐蚀是确保其长期稳定运行的关键因素之一。通过采用合适的防腐保护层，可以有效地防止钢结构腐蚀，延长其使用寿命。在实际应用中，应根据使用环境、结构要求和防腐效果的不同，选择合适的防腐保护层。

2.118 为什么有防火涂料时应取消防腐面漆？

疑问

为什么有防火涂料时应取消防腐面漆？

解答

当钢结构同时有防腐和防火要求时，应先涂防腐涂料，然后再涂防火涂料。

防腐涂料分为底漆、中间漆和面漆。

面漆是防腐涂层的最外层，需要直接面对外部环境。它需要具有出色的防腐性能，能够有效抵抗腐蚀和氧化，保护钢构件免受环境和化学物质的侵蚀。此外，面漆还需要具有耐磨性、耐候性等特点，能够抵御摩擦和磨损，并抵抗外部环境的影响，特别是对紫外线、风雨等环境因素具有良好的耐受性。所以，面漆与底漆、中间漆相比具有更加坚硬而光滑的物理特性。

根据防腐面漆的物理特性，有防火涂料时，在两种情况下应取消防腐面漆。

1. 防腐面漆不应用在防火涂料内层

当防腐面漆涂在中间漆的表面后，由于其光滑坚硬的特性，再涂防火涂料的话，防火涂料很难附着在面漆上。所以，当钢构件表面需要涂防火涂料时，不应在中间漆的表面上涂防腐面漆。

2. 防腐面漆不应用在防火涂料外层

将防腐面漆涂在防火涂料外层也是不允许的。在厚涂型防火涂料和薄涂型防火涂料的外层再涂防腐面漆，会产生如下隐患：

（1）将防腐面漆涂在厚涂型防火涂料的外层时，由于后者材质酥松，表面坑坑洼洼，两者之间很难牢固结合。防腐面漆一旦开裂，会与厚涂型防火涂料一并脱落，造成防火和防腐蚀都达不到设计要求。

（2）将防腐面漆涂在薄涂型防火涂料的外层时，两者材质都比较坚硬，可以紧密结合。薄涂型防火涂料的特性是遇火膨胀，由于薄涂型防火涂料被包裹在防腐面漆里面，着火后薄涂型防火涂料不一定能膨胀起来，存在严重的防火隐患，造成防火达不到设计要求。

综上所述，只要有防火涂料时就应取消防腐面漆，同时要将防腐面漆的漆膜厚度移植到底漆和中间漆当中，使得防腐蚀的漆膜总厚度不变。

2. 119　如何确定不易维护部位
的防腐涂料厚度？

疑问

如何确定不易维护部位的防腐涂料厚度？

解答

不易维护部位是指使用期间不能重新油漆的结构部位；易维护部位是指除不易维护部位以外的所有部位。

在钢结构防腐蚀设计中，不易维护部位和易维护部位的防腐蚀保护厚度确定需要考虑多种因素。

首先，对于不易维护的部位，如钢结构内部不能重新油漆的部位或隐蔽部位等，应采取更加严格的防腐蚀措施，以确保其耐久性和安全性。这些部位可能需要采用更厚的防腐蚀涂层或更耐腐蚀（如富锌底漆则具有更好的耐腐蚀性能）的材料，以延长其使用寿命。

其次，对于易维护的部位，如钢结构表面暴露的部位、易于观察和接触的部位等，可以采取正常的防腐蚀保护厚度。这些部位可以通过定期检查、维护和修复来保持其耐久性。

根据本书表 3.26-2 规定，不易维护部位的防腐蚀设计年限为 25 年，对应的易维护部位的防腐蚀设计年限为 15 年。采用相同材质的防腐蚀涂料时，不易维护部位的防腐蚀涂层厚度应按易维护部位的防腐蚀涂层厚度换算而得，表 2.119-1 为不易维护部位防腐蚀涂层的厚度。

不易维护部位防腐蚀涂层的厚度　　　　表 2. 119-1

不易维护部位防腐蚀涂层最小厚度(μm)			不易维护部位防护层 使用年限（年）
强腐蚀	中腐蚀	弱腐蚀	
540	470	400	25

2.120　钢结构防火保护的基本原理是什么？

钢结构防火保护的基本原理是什么？

1. 火灾对钢结构的影响

钢材对高温很敏感，其强度和变形都会随着温度的升高而发生急剧变化。一般在 300～400℃时，钢材强度开始迅速下降；到 500℃左右，其强度下降到 40%～50%，钢材力学性能，如屈服点、抗拉强度、弹性模量以及承受荷载的能力都会迅速下降；达到 600℃时，其承载力几乎完全丧失。一般裸露钢结构耐火极限只有 10～20min，所以，若采用没有防火涂层的钢结构作为建筑物的主体结构，一旦发生火灾，建筑物就会迅速坍塌，后果不堪设想。

2. 钢结构防火保护的基本原理

钢材表面涂覆的防火涂料具有防火隔热的保护功能，可以防止钢结构在火灾中迅速升温而发生翘曲变形甚至坍塌。其防火保护的基本原理如下：

（1）涂层对钢构件表面起到屏蔽作用，隔离了火焰，使钢构件不直接暴露在火焰或高温中。

（2）涂层吸热后，部分物质分解出水蒸气或其他不燃烧气体，起到消耗热量、降低火焰温度和燃烧速度、稀释氧气的作用。

（3）涂层本身多孔轻质或受热膨胀后形成碳化泡沫层，热导率均在 0.233W/（m·K）以下，阻止了热量向钢材快速传递，推迟了钢材受热后升到极限温度的时间，从而提高了钢结构的耐火极限。

厚涂型防火涂料的涂层厚度有几厘米，火灾中基本保持不变，自身密度小、热导率低；薄涂型防火涂料的涂层在火灾中由几毫米膨胀增厚到几厘米甚至十几厘米，热导率明显降低。

2. 121　膨胀型钢结构防火涂料和非膨胀型钢结构防火涂料有何区别？

疑问

火灾与腐蚀一样，都是钢结构的天敌。防止火灾对钢结构的危害，必须对钢结构采取安全、可靠的防火保护措施。从经济、合理的角度出发，防火涂料是目前在钢结构工程中最常用的防火保护层。

施涂于建（构）筑物钢结构表面，能形成耐火隔热保护层，提高钢结构耐火极限的涂料，称为钢结构防火涂料。防火涂料按防火机制，分为膨胀型钢结构防火涂料和非膨胀型钢结构防火涂料。那么，膨胀型钢结构防火涂料和非膨胀型钢结构防火涂料有何区别？

解答

1. 膨胀型钢结构防火涂料

1）膨胀型钢结构防火涂料的概念

膨胀型钢结构防火涂料的涂层厚度一般为 2～7mm，有一定的装饰作用，高温时膨胀增厚，耐火隔热，耐火极限可达 0.5～1.5h。

膨胀型钢结构防火涂料也称薄涂型钢结构防火涂料。

简记：薄涂、遇火膨胀。

2）膨胀性钢结构防火涂料的性能要求

膨胀型钢结构防火涂料的性能要求见第 3.34 节和第 3.35 节。

3）膨胀性钢结构防火涂料的施工方法

由于膨胀型钢结构防火涂料为薄涂型，所以，一般采用涂刷的施工方法。

2. 非膨胀型钢结构防火涂料

1）非膨胀型钢结构防火涂料的概念

非膨胀型钢结构防火涂料的涂层厚度一般为 7～50mm，表面呈颗粒状，密度较小，热导率低，耐火极限可达 0.5～3.0h。

非膨胀型钢结构防火涂料也称厚涂型结构防火涂料。

简记：厚涂。

2）非膨胀型钢结构防火涂料的性能要求

非膨胀型钢结构防火涂料的性能要求见第 3.34 节和第 3.35 节规定。

3）非膨胀型钢结构防火涂料的施工方法

非膨胀型钢结构防火涂料的施工方法有两种：一种是采用喷枪进行喷涂的方法（喷涂

型），另一种是采用抹灰进行涂敷的方法（涂敷型）。采用抹灰形式也可以起到建筑装饰效果。

3. 膨胀型钢结构防火涂料和非膨胀型钢结构防火涂料的区别

1）防火机制的区别

膨胀型钢结构防火涂料遇火膨胀后才能具备防火性能，而非膨胀型钢结构防火涂料始终具有防火性能。

2）耐火极限的区别

膨胀型钢结构防火涂料的耐火极限在 0.5～1.5h 范围内，近几年这一范围又有扩大；非膨胀型钢结构防火涂料的耐火极限在 0.5～3.0h 范围内。后者可以满足所有民用建筑钢结构防火涂料的要求。

3）涂层厚度的区别

膨胀型钢结构防火涂料为薄涂型，涂料厚度较薄，厚度一般为 2～7mm，有一定的装饰作用。非膨胀型钢结构防火涂料为厚涂型，涂层厚度一般为 7～50mm。当采用喷涂的方法（喷涂型）时，表面呈颗粒状，不太美观，但采用抹灰形式（涂敷型）时；柱、梁通过抹灰处理同样可以起到建筑装饰效果。

4）涂层耐久性的区别

膨胀型钢结构防火涂料涂层薄，易老化；非膨胀型钢结构防火涂料涂层厚，耐久性好。

5）竣工后视觉的区别

膨胀型钢结构防火涂料的涂层较薄，一般都是在工厂完成涂装，现场安装接头处需要后补防火涂料，竣工后有对比性，易产生视觉差异。

非膨胀型钢结构防火涂料的涂层较厚，一般都是在现场完成涂装，竣工后浑然一体。

6）质检的区别

膨胀型防火涂料的涂层厚度应满足设计要求，其表面裂纹宽度不应大于 0.5mm，且 1m 长度内不得多于 1 条。每使用 100t 薄涂型防火涂料，应抽查一次粘结强度。

非膨胀型防火涂料的涂层厚度，80％及以上面积应符合耐火极限的设计要求，且最薄处厚度不应低于设计要求的 85％。其表面裂纹宽度不应大于 1mm，且 1m 长度内不得多于 3 条。每使用 500t 厚涂型防火涂料，应抽查一次粘结强度和抗拉强度。

在《钢通规》第 7.3.2 条中，对防火涂料要求如下：

膨胀型防火涂料的涂层厚度应符合耐火极限的设计要求。非膨胀型防火涂料的涂层厚度，80％及以上面积应符合耐火极限的设计要求，且最薄处厚度不应低于设计要求的 85％。检查数量按同类构件数抽查 10％，且均不应少于 3 件。

膨胀型钢结构防火涂料质检要求比非膨胀型钢结构防火涂料严格，前者有微小面积的涂层厚度不满足要求，就会影响防火性能。

2.122 使用薄涂型防火涂料
应注意哪些问题?

疑问

薄涂型防火涂料的耐火极限只有 0.5～1.5h。随着时代的发展,近几年已经出现耐火极限能达到 2.0h 要求的薄涂型防火涂料,将其伸展到了钢梁的防火要求范围。薄涂型防火涂料具有一定的装饰效果,尽管由于耐火极限短,仅适合于梁、板等顶棚处的构件,但也深得建筑师的喜爱。那么,使用薄涂型防火涂料应注意哪些问题?

解答

1. 法规问题

有些厂家对建筑师承诺其生产的薄涂型防火涂料耐火极限能达到 2.0h,甚至更高,而且还有鉴定报告;等到中标后将防火涂料递交给消防部门审查时却被判为不合格产品。究其原因,尽管厂家有鉴定报告,没有实际的耐久性作为支持。薄涂型防火涂料易老化,需要有时间因素作为支撑,即,必须有较长时间的不间断测试,且其结果都能证明涂料有遇火膨胀的能力,达到防火要求,才可能通过消防部门的认证。

钢结构防火涂料生产厂家必须具有由消防部门监督检查并核发的生产许可证。

为了避免这种情况,应在设计文件中写明:不得使用未经消防部门审批通过的防火涂料。

2. 防腐面漆对防火涂料不利影响的问题

凡是需要采用防火涂料的钢结构,其防腐涂料应取消防腐面漆,这是因为防腐面漆光滑又坚实,不易与防火涂料牢靠地结合,详见 2.118 节。

近几年面市的耐火极限可达 2.0h 的薄涂型防火涂料广受欢迎。曾经有人建议将防腐面漆涂在薄涂型防火涂料的外层,对防火涂料做进一步的保护,这是不可取的。薄涂型防火涂料工作的机制是遇火膨胀后才能形成防火保护层。如果薄涂型防火涂料外层包裹一层强度较高的防腐面层,遇火后防火涂料有可能不能有效膨胀,就会影响防火效果。

2.123 钢管混凝土构件需要设置防火保护层吗？

疑问

钢管混凝土构件需要设置防火保护层吗？

解答

1. 钢管混凝土构件类型

钢管混凝土构件类型为两种：实心钢管混凝土构件和空心钢管混凝土构件，其构件截面可为圆形、矩形及多边形。

（1）实心钢管混凝土构件就是在钢管中填满混凝土的构件，适合于现场施工，图2.123-1 为几种典型构件截面。

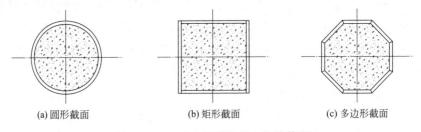

(a) 圆形截面　　　　　　(b) 矩形截面　　　　　　(c) 多边形截面

图 2.123-1　实心钢管混凝土构件截面

（2）空心钢管混凝土构件就是在空钢管中灌入一定量的混凝土，在离心机上用离心力将混凝土密贴于钢管内壁，然后自然养护或蒸汽养护，制成中部空心的钢管混凝土构件。构件在工厂制作，适合于预制构件的设计。图 2.123-2 为几种典型构件截面。

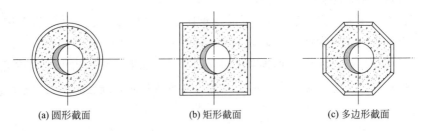

(a) 圆形截面　　　　　　(b) 矩形截面　　　　　　(c) 多边形截面

图 2.123-2　空心钢管混凝土构件截面

2. 防火计算中的荷载比

防火计算中的荷载比是指荷载效应（轴力设计值）和正常设计时的承载能力（轴压强

度设计值）之比。

荷载比相当于钢管混凝土构件的轴压比，比值越大，安全储备空间越小。

3. 实心钢管混凝土构件的防火设计

民用建筑钢结构中一般都采用实心钢管混凝土构件，下面对此进行防火设计分析。

在钢管混凝土结构中，实心钢管混凝土构件用于柱子，其耐火极限一般为 2.5h 或 3.0h，采用非膨胀型（厚涂型）防火涂料。参考《实心与空心钢管混凝土结构技术规程》CECS 254：2012 表 8.0.2-1、表 8.0.2-2 的实心柱列，耐火极限为 2.5h 时非膨胀型防火涂料厚度取值见表 2.123-1；耐火极限为 3.0h 时非膨胀型防火涂料厚度取值见表 2.123-2。

耐火极限为 2.5h 时非膨胀型防火涂料厚度 d（mm）取值表　　　　表 2.123-1

等效外径 （mm）	荷载比＝0.3	荷载比＝0.4	荷载比＝0.5	荷载比＝0.6	荷载比＝0.7	荷载比＝0.8
200	7	9	11	14	18	24
400	4	6	9	12	15	21
600	1	4	7	10	13	19
800	0	1	5	8	12	17
1000	0	0	3	6	10	15
1200	0	0	1	5	9	14
1400	0	0	0	3	8	13
1600	0	0	0	1	6	12
1800	0	0	0	0	5	10
2000	0	0	0	0	3	9

注：1. 等效外径对于圆形截面为钢管外径；对于多边形截面，按面积相等等效成圆形截面。
　　2. 保护层导热系数 $\lambda=0.116W/（m·℃）$。

耐火极限为 3.0h 时非膨胀型防火涂料厚度 d（mm）取值表　　　　表 2.123-2

等效外径 （mm）	荷载比＝0.3	荷载比＝0.4	荷载比＝0.5	荷载比＝0.6	荷载比＝0.7	荷载比＝0.8
200	9	11	14	17	22	29
400	5	8	11	14	19	26
600	2	5	8	12	16	23
800	0	2	6	10	14	21
1000	0	0	4	8	13	19
1200	0	0	1	6	11	17
1400	0	0	0	4	10	16
1600	0	0	0	2	8	14
1800	0	0	0	0	6	13
2000	0	0	0	0	4	11

注：1. 等效外径对于圆形截面为钢管外径；对于多边形截面，按面积相等等效成圆形截面。
　　2. 保护层导热系数 $\lambda=0.116W/（m·℃）$。

4. 结论

根据表 2.123-1 和表 2.123-2 中防火涂料厚度和等效外径之间的关系，得到以下结论：

（1）实心钢管混凝土构件大多数情况需要涂防火保护层，对于防火涂料厚度 $d=0$mm 的情况可不用涂防火涂料。设计中如果只有部分钢管柱改成了实心钢管混凝土柱，则与其他钢柱一样涂相同厚度的防火涂料。

（2）荷载比越大及等效外径越小，防火涂料厚度越厚；反之，荷载比越小及等效外径越大，防火涂料厚度越薄，直至不需涂防火涂料。

（3）防火涂料的厚度是根据非膨胀型（厚涂型）防火计算得出的结果，所以，不能因为防火涂料厚度取值较小就改为采用薄涂型防火涂料。

（4）表中的防火涂料厚度是根据防火计算得出的最小厚度。设计时（d=0mm 的情况除外），非膨胀型防火涂料的厚度应按照耐火极限为 2.5h 或 3.0h 规定的厚度确定。

（5）空心钢管混凝土柱在不同耐火极限下非膨胀型防火涂料的厚度按《实心与空心钢管混凝土结构技术规程》CECS 254：2012 表 8.0.2-1 和表 8.0.2-2 取值。可以肯定的是，其涂料厚度要超过实心钢管混凝土的涂料厚度。所以，空心钢管混凝土构件在大多数情况下更需要涂防火保护层。

2.124　如何考虑承载防火墙
钢梁的耐火等级？

疑问

如何考虑承载防火墙钢梁的耐火等级？

解答

《建筑防火通用规范》GB 55037—2022 第 6.1.1 条指出，**防火墙应直接设置在建筑的基础或具有相应耐火性能的框架、梁等承重结构上，并应从楼地面基层隔断至结构梁、楼板或屋面板的底面。**

防火墙定义：防止火灾蔓延至相邻建筑或相邻水平防火分区且耐火极限不低于 3.00h 的不燃性墙体。

民用建筑中防火墙的耐火等级为 3.00h 不燃性，见表 3.33-1。

钢结构建筑中的防火墙为自承重墙体，置于钢梁上。

对于一般的梁，其耐火极限随耐火等级而变化，见表 2.124-1。

对于承载防火墙的钢梁，其耐火极限应具有与防火墙相同的耐火性能，即该钢梁的耐火等级应为 3.00h 不燃性。

不同耐火等级时梁的燃烧性能和耐火极限（h）　　　　表 2.124-1

构件名称	耐火等级			
	一级	二级	三级	四级
梁	不燃性 2.00	不燃性 1.50	不燃性 1.00	难燃性 0.50

结论：

（1）楼层防火墙下应设置钢梁。

（2）承载防火墙的钢梁的耐火等级为 3.00h 不燃性，并按此设计防火涂料的厚度。

（3）由于大部分钢梁的耐火极限低于 3.00h，所以，应在图纸中将承载防火墙的钢梁采用专门的标注方法标示出来。

简记：防火墙钢梁。

2.125 楼承板需要涂防火涂料吗？

疑问

楼承板需要涂防火涂料吗？

解答

对于民用建筑中的楼板，其耐火极限根据耐火等级确定，表 2.125-1 为《建筑防火规范》表 5.1.2 中楼板部分。

耐火等级为一级时，其耐火极限最高（1.50h）。

耐火等级为四级时，没有耐火极限的要求，楼板也可以是可燃性材料。

本节按最高耐火极限（1.50h）解答问题。

不同耐火等级时楼板的燃烧性能和耐火极限（h）   表 2.125-1

构件名称	耐火等级			
	一级	二级	三级	四级
楼板	不燃性 1.50	不燃性 1.00	不燃性 0.50	可燃性

楼承板属于现浇整体式楼板。确定了楼板的耐火极限后，需要在《建筑防火规范》附表 1 中查找能满足耐火极限的楼板的厚度。

表 2.125-2 是《建筑防火规范》附表 1 中现浇板的部分。可以看出，随着楼板厚度增加，耐火极限也会相应提高。楼板越厚，越能抵抗火灾中产生的热量，从而延长火灾下楼板耐火的时间。

现浇混凝土楼板的燃烧性能和耐火极限   表 2.125-2

现浇整体式楼板的保护层厚度(mm)	构件厚度(mm)	耐火极限(h)	燃烧性能
10	80	1.40	不燃性
15	80	1.45	不燃性
20	80	1.50	不燃性
10	90	1.75	不燃性
20	90	1.85	不燃性
10	100	2.00	不燃性
15	100	2.00	不燃性
20	100	2.10	不燃性

现浇整体式楼板的保护层厚度(mm)	构件厚度(mm)	耐火极限(h)	燃烧性能
30	100	2.15	不燃性
10	110	2.25	不燃性
15	110	2.30	不燃性
20	110	2.30	不燃性
30	110	2.40	不燃性
10	120	2.50	不燃性
20	120	2.65	不燃性

钢结构中的楼板不能太薄,否则人员活动时会产生轻微的震颤。曾经有国内单位研究证明,当楼板厚度 $h \geqslant 140mm$ 时,其效果与混凝土结构中的楼板一样,人员在楼板上活动时没有震颤的感觉。目前,大部分钢结构的楼板厚度为 120mm,效果也很好,这是由于混凝土楼板上面有一层建筑面层,起到了辅助作用。考虑在板中铺设电线管的实际情况,混凝土板的最小厚度也就是 110mm。

综上所述,根据表 2.125-2 的规定,楼承板厚度 $h \geqslant 90mm$ 时,其耐火极限均能满足 1.50h 的要求。楼承板中的下层钢板仅在施工中起到模板的作用,并未考虑承载作用。混凝土板本身已经达到防火要求了,在施工阶段起辅助作用的钢板不需要考虑防火功能,即不需要涂防火涂料。

2.126 为什么要强调钢结构的维护与保养?

疑问

为什么要强调钢结构的维护与保养?

解答

1. 钢结构防腐蚀使用年限低于其设计工作年限

混凝土结构没有维护与保养的必须要求,一般过了结构设计工作年限或使用了一些年头后需要进行功能改造时才进行质量检测。

钢结构的设计工作年限与混凝土结构是相同的,但对于钢结构而言,由于防腐防护层的设计工作年限远低于钢结构的设计工作年限,所以,必须在每一个防腐蚀年限内至少进行一次维护保养,通过连续的维护和保养达到钢结构的设计工作年限。

2. 《钢通规》对维护与保养的规定

在《钢通规》第8.1.2条中,对钢结构维护与保养规定如下:

钢结构维护应遵守预防为主、防治结合的原则,应进行日常维护、定期检测与鉴定。

3. 防腐蚀设计工作年限与结构设计工作年限之间的关系

在钢结构设计说明的结尾都会写入钢结构维护保养的时间段要求。

混凝土结构的设计工作年限为50年,是通过混凝土构件的保护层来保证的。使用时间超过50年后,随着保护层混凝土的碳化,保护层出现裂缝,包裹在混凝土内部的钢筋开始锈蚀,承载力开始降低,这时就要对混凝土结构进行检测、鉴定和维护,确保混凝土结构能够继续工作。

钢结构设计的工作年限为50年,是通过钢结构表面的防腐蚀涂料来保证的。然而,防腐涂料的防护层设计工作年限一般为11~15年,对于超长使用年限也只能保证大于15年,但不能保证达到50年。所以,为了达到钢结构设计工作年限50年的要求,就需要在每一个防护层使用年限内进行一次维护和保养,通过多次接力,使钢结构能够达到与混凝土结构同样的工作年限。

1) 防护层设计工作年限的规定

防腐蚀设计工作年限应根据腐蚀性等级、工作环境和维修养护条件综合确定。

防腐蚀设计工作年限分为低使用年限、中使用年限、长使用年限和超长使用年限。防腐蚀设计工作年限的划分与结构工作年限的对应关系见表2.126-1。

	防腐蚀设计工作年限的划分与结构工作年限的对应关系	表 2. 126-1
序号	防腐蚀设计工作年限划分	对应的结构设计工作年限（年）
1	低使用年限	2～5
2	中使用年限	6～10
3	长使用年限	11～15
4	超长使用年限	>15

2）防腐蚀设计原则

（1）钢结构防腐蚀设计应根据建筑物的重要性、环境腐蚀条件、施工和维修条件等要求合理确定防腐设计年限。一般钢结构防腐设计年限不宜低于 5 年，重要结构不宜低于 15 年。

（2）钢结构防腐蚀设计应考虑环保节能的要求。

（3）钢结构除必须采取防腐蚀措施外，尚应尽量避免加速腐蚀的不良设计。

（4）钢结构防腐蚀设计中应考虑钢结构全寿命期内的检查、维护和大修。

3）防腐蚀设计工作年限与结构设计工作年限的对应关系

防腐蚀设计工作年限一般按长使用年限采用。根据防腐蚀设计原则，防腐蚀设计工作年限与结构设计工作年限的对应关系见表 2.126-2。

		防腐蚀设计工作年限与结构设计工作年限的对应关系（建议值） 表 2. 126-2
类型	结构设计工作年限（年）	防腐蚀设计工作年限（年）	
		易维护	不易维护
钢结构	25、50、100	15	25
建筑金属制品构件	25、50	15	25

注：不易维护指使用期间不能重新油漆的结构部位；易维护指除不易维护的结构部位外的所有部位。

同一结构的不同部位可采用不同的防腐设计年限。在设计中不能因为有局部属于不易维护的范围，就将整个结构都按不易维护确定防腐蚀设计年限。

4. 在设计文件中落实维护与保养

（1）应在钢结构说明中给出防护层使用年限。

（2）应在钢结构说明中给出钢结构维护与保养的要求，其时间周期应与防护层使用年限相一致。

第 3 章

钢结构设计图表

3.1 手工电弧焊焊接接头的基本形式与尺寸

手工电弧焊（也称手工焊），是以手工操作的焊条和被焊接的工件作为两个电极，利用焊条与焊件之间的电弧热量熔化金属进行焊接的方法。手工电弧焊焊缝在工厂完成。手工电弧焊焊接接头的基本形式与尺寸见表 3.1-1。

手工电弧焊焊接接头的基本形式与尺寸（mm）　　　　　　　表 3.1-1

①		②			③		
t	$\leqslant 6$	t	6～9	10～16	t	6～9	10～15	16～26
b	$t/2$	b	1	2	b	6	8	9

④		⑤			⑥		
		t	6～12	13～26			
t	6～9	10～16	β	45°	35°	t	12～30
b	1	2	b	6	9	b	2

续表

⑦		⑧ h_f		⑨	
60° ... 60°		55°		30°	
		t	6～10	11～20	
t	16～60	b	1	2	t	≥12
b	2	h_{fmin}	4	5	b	6～9

⑩		⑪			⑫	
55° ... 55°		55°			45° ... 60°	
		t	6～10	11～17	18～30	
t	12～40	b	1	2	3	t	≥16
b	2	p	1	2	2	b	2

3.2 埋弧自动焊焊接接头的基本形式与尺寸

埋弧自动焊（也称埋弧焊）的工作原理是电弧在焊剂层下燃烧，用机械自动引燃电弧。埋弧自动焊焊缝在工厂完成。埋弧自动焊焊接接头的基本形式与尺寸见表 3.2-1。

埋弧焊焊接接头的基本形式与尺寸（mm）　　　　表 3.2-1

㉑		㉒			㉓		
t	≤12	t	10~16	17~20	t	10~20	21~30	31~50
b	0^{+1}	p	6	7	b	6	8	10

㉔			㉕				㉖	
t	10~16	17~24	t	16~20	21~30	31~50	t	20~30
β	70°	90°						
p	6	8	b	6	8	10	β	55°

㉗		㉘			㉙		
t	20~40	t	10~15	16~20	t	6~12	≥13
β	80°	$h_{f\min}$	4	6	β	45°	35°
					b	6	9

㉚	㉛	㉜

㉚ 60° $t/2$ t t

㉛ 35° 5 5~10 30

㉜ t β β 4

t	16~40
β	60°

㉝	㉞	

㉝ t β β 32 16 16

㉞ 50 28 28 G

—

t	≥19
β	50°

t	≤22	≥25
G	22	25

3.3 工地焊焊接接头的基本形式与尺寸

工地焊（也称现场焊接）焊接接头的基本形式与尺寸见表 3.3-1。

工地焊焊接接头的基本形式与尺寸（mm）　　　　　表 3.3-1

㊶箱形柱的焊接			㊷箱形柱的焊接			㊸工字形梁翼缘与柱的焊接		
t	≤36	≥38	t_1	≤36	≥38	t	6～12	≥13
β	45°	35°	β	45°	35°	β	45°	35°
b	5	9	b	5	9	b	6	9
㊹工字梁翼缘的焊接			㊺工字梁翼缘的焊接			㊻工字柱翼缘的焊接		
t	6～12	≥13	t	6～12	≥13	t	≤36	≥38
β	45°	35°	β	45°	35°	β	45°	35°
b	6	9	b	6	9			

㊼工字柱腹板的焊接	㊽工字柱腹板的焊接	㊾梁与柱采用完全焊透的坡口对接焊缝连接时,其梁端需做引弧板的加工大样

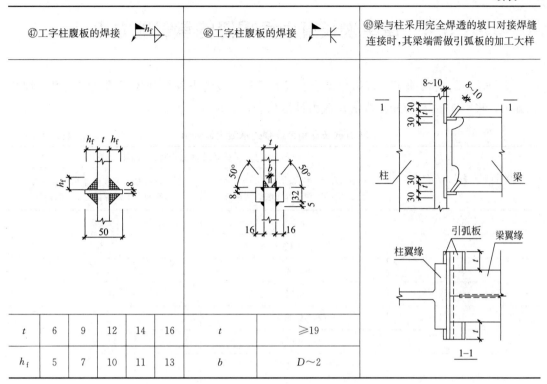

t	6	9	12	14	16	t	$\geqslant 19$
h_f	5	7	10	11	13	b	$D\sim 2$

3.4 每厘米长直角角焊缝的承载能力表

为便于设计时快速了解直角角焊缝承载力情况，或者去现场处理问题时快速确定焊缝承载力，将每 1cm 长直角角焊缝承载力计算列表，见表 3.4-1。

每 1cm 长直角角焊缝的承载力设计值 表 3.4-1

角焊缝的焊脚尺寸 h_f (mm)	受压、受拉、受剪承载力设计值 N_f^w (kN/cm)	
	采用自动焊、半自动焊和用 E43 型焊条的手工焊焊接 Q235 钢构件	采用自动焊、半自动焊和用 E50 型焊条的手工焊焊接 Q355 钢构件
3	3.36	4.20
4	4.48	5.60
5	5.60	7.00
6	6.72	8.40
8	8.96	11.20
10	11.20	14.00
12	13.44	16.80
14	15.68	19.60
16	17.92	22.40
18	20.16	25.20
20	22.40	28.00
22	24.64	30.80
24	26.88	33.60
26	29.12	36.40
28	31.36	39.20

注：对施工条件较差的高空安装焊缝，其承载力设计值应乘系数 0.9。

3.5　角焊缝的构造要求

角焊缝多用于角钢与钢板的连接焊接，在大跨度角钢桁架中全部采用角焊缝连接，其构造要求也比较多。角焊缝的构造要求汇总于表 3.5-1。

角焊缝的构造要求　　　　　　　　　　　　　　　　　　表 3.5-1

项次	内容(圆钢除外)	构造要求
1	侧焊缝或端焊缝的最小计算长度 l_w	$\geq 8h_f$ 和 $\geq 40mm$
2	侧焊缝的最大计算长度 l_w	1)在静载下宜 $l_w \leq 60h_f$。 2)当 $l_w > 60h_f$，计算中可不予考虑超出部分。当需要考虑焊缝作用时，焊缝承载力设计值应乘以折减系数 α_f，$\alpha_f = 1.5 - \dfrac{l_w}{120h_f}$，且 $\alpha_f \geq 0.5$，α_f 为双控。 3)在静载下 l_w 不应超过 $180h_f$。 4)当内力沿侧面焊缝全长分布，其计算长度全部有效
3	间断焊缝的最小长度	$\geq 8h_f$ 和 $\geq 40mm$
4	间断焊缝的最大间距	焊缝长度：$\geq 10h_f$ 或 $\geq 50mm$。 间距：受压时，$\leq 15t$；受拉时，$\leq 30t$，t 为较薄焊件的厚度
5	角焊缝最小焊脚尺寸 h_f，母材厚度为 t	$t \leq 6mm$ 时，3mm； $6mm < t \leq 12mm$ 时，5mm； $12mm < t \leq 20mm$ 时，6mm； $t > 20mm$ 时，8mm
6	角焊缝最大焊脚尺寸 h_f，母材厚度为 t	$h_f \leq 1.2t$（t 为较薄焊件的厚度），但尚应符合下列要求： 1)当 $t \leq 6mm$ 时，$h_f \leq 6mm$； 2)当 $t > 6mm$ 时，$h_f \leq t - (1 \sim 2)mm$
7	搭接连接中的最小搭接长度	不得小于焊件较小厚度的 5 倍，且不得小于 25mm
8	杆件与节点板的连接焊接方式	一般采用两面侧焊缝，也可采用三面围焊；围焊转角处必须连续施焊
9	角焊缝端部在构件转角处	当长度作为 $2h_f$ 绕角焊时，转角处必须连续施焊
10	较薄板的厚度 $\geq 25mm$	宜采用开局部剖口的角焊缝

3.6 抗滑移系数和高强度螺栓预拉力

3.6.1 钢材摩擦面的抗滑移系数 μ

钢材摩擦面的抗滑移系数 μ 的取值见表 3.6-1。

钢材摩擦面的抗滑移系数 μ 表 3.6-1

连接处构件接触面的处理方法	构件的钢材牌号		
	Q235 钢	Q355 钢或 Q390 钢	Q420 钢或 Q460 钢
喷硬质石英砂或铸钢棱角砂	0.45	0.45	0.45
抛丸(喷砂)	0.40	0.40	0.40
钢丝刷清除浮锈或未经处理的干净轧制面	0.300	0.35	—

注：1. 钢丝刷除锈方向应与受力方向垂直；
2. 当连接构件采用不同钢材牌号时，μ 按相应较低强度者取值；
3. 采用其他方法处理时，其处理工艺及抗滑移系数值均需经试验确定。

3.6.2 一个高强度螺栓预拉力设计值 P (kN)

常用的高强度螺栓规格为 M16～M30，其预拉力设计值 P 见表 3.6-2。

一个高强度螺栓的预拉力设计值 P (kN) 表 3.6-2

螺栓的承载性能等级	螺栓公称直径(mm)					
	M16	M20	M22	M24	M27	M30
8.8 级	80	125	150	175	230	280
10.9 级	100	155	190	225	290	355

3.7 螺栓排列和施工操作尺寸

3.7.1 关键性条文规定

普通螺栓和高强度螺栓的排列和允许距离应符合表 3.7-1 的规定。

螺栓的排列和允许距离 表 3.7-1

名称	位置和方向			最大允许距离 （取两者的较小值）	最小允许距离
中心间距	外排（垂直内力方向或顺内力方向）			$8d_0$ 或 $12t$	$3d_0$
	中间排	垂直内力方向		$16d_0$ 或 $24t$	
		顺内力方向	构件受压力	$12d_0$ 或 $18t$	
			构件受拉力	$16d_0$ 或 $24t$	
	沿对角线方向			—	
中心至构件 边缘距离	顺内力方向			$4d_0$ 或 $8t$	$2d_0$
	垂直内力方向	剪切边或手工气割边			$1.5d_0$
		轧制边、自动气 割或锯割边	高强度螺栓		$1.5d_0$
			其他螺栓		$1.2d_0$

注：1. d_0 为螺栓的孔径，t 为外层较薄板件的厚度。

2. 钢板边缘与刚性构件（如角钢、槽钢等）相连的高强度螺栓或普通螺栓的最大间距，可按中间排的数值采用。

3. 当有试验依据时，螺栓的允许间距可适当调整，但应按相关标准执行。

3.7.2 高强度螺栓安装要求

设计、布置高强度螺栓时，应考虑工地可操作的空间，相关要求见表 3.7-2。

施工扳手操作空间参考尺寸 表 3.7-2

扳手种类		参考尺寸（mm）		示意图
		a	b	
手动定扭矩扳手		$1.5d_0$ 且不小于 45	$140+c$	
扭剪型电动扳手		65	$530+c$	
大六角电动扳手	M24 及以下	50	$450+c$	
	M24 以上	60	$500+c$	

3.8 梁与梁和梁与柱采用螺栓铰接连接的参考尺寸

3.8.1 连接节点的基本形式

螺栓铰接连接的节点基本形式见图 3.8-1～图 3.8-4。

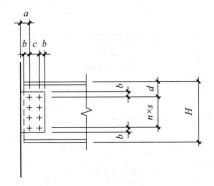

图 3.8-1 简支梁与钢柱或预埋件连接

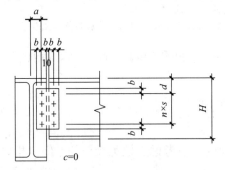

图 3.8-2 简支梁与主梁加劲板双面连接

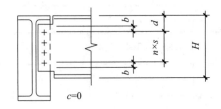

图 3.8-3 简支梁伸入主梁与加劲板单面连接

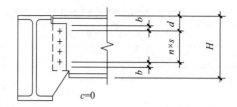

图 3.8-4　简支梁与主梁探出的加劲板单面连接

3.8.2　采用螺栓铰接连接的参考尺寸

采用螺栓铰接连接的参考尺寸见表 3.8-1～表 3.8-3。

采用 **M20** 螺栓铰接连接的参考尺寸　　　　　　　　　表 **3.8-1**

梁高 H(mm)	图 3.8-1～图 3.8-4 的连接螺栓 M20				
	a(mm)	b(mm)	c(mm)	d(mm)	n(个)$\times s$(mm)
200			图 3.8-1 $c=70$ 图 3.8-2～ 图 3.8-4 $c=0$	65	1×65
250				90	1×70
300				80	2×70
350				105	2×70
400				95	3×70
450	$55\sim60$	45		85	4×70
500				110	4×70
550				100	5×70
600				90	6×70
650				115	6×70
700				105	7×70

采用 **M22**、（**M20**）螺栓铰接连接的参考尺寸　　　　表 **3.8-2**

梁高 H(mm)	图 3.8-1～图 3.8-4 的连接螺栓 M22,(M20)				
	a(mm)	b(mm)	c(mm)	d(mm)	n(个)$\times s$(mm)
200			图 3.8-1 $c=75$ $c=(70)$ 图 3.8-2～ 图 3.8-4 $c=0$	—	
250				85	1×75
300				75	2×75
350				100	2×75
400	$60\sim65$ $(55\sim60)$	50 (45)		85	3×75
450				110	3×75
500				100	4×75
550				85	5×75
600				110	5×75
650				100	6×75
700				125	6×75

采用 M24、[M22] (M20) 螺栓铰接连接的参考尺寸　　　　表 3.8-3

梁高 H(mm)	图 3.8-1～图 3.8-4 的连接螺栓 M24、[M22]、(M20)				
	a(mm)	b(mm)	c(mm)	d(mm)	n(个)×s(mm)
200				——	——
250				85	1×80
300				110	1×80
350			图 3.8-1	95	2×80
400	60～65 [60～65] (55～60)	50 [50] (45)	c=80 c=[75] c=(70)	80	3×80
450				105	3×80
500			图 3.8-2～ 图 3.8-4	90	4×80
550			c=0	115	4×80
600				100	5×80
650				125	5×80
700				110	6×80

注：1. 所有螺栓孔均为钻孔，用于摩擦型高强度螺栓的孔径应比螺栓公称直径大 2mm；用于普通螺栓和承压型高强度螺栓的孔径应比螺栓公称直径大 1.5mm。

2. 当连接板为单板时，其连接板的厚度不应小于梁腹板的厚度。

3. 当连接板为双板时，其连接板的厚度宜取梁腹板厚度的 0.7 倍，且不宜小于 6mm。

4. 螺栓直径应通过计算确定。

5. 建议采用图 3.8-1 和图 3.8-2 的铰接连接方式。图 3.8-3 和图 3.8-4 节点加工复杂，且一排螺栓不一定布置得下。

3.9　梁与梁和梁与柱采用栓焊刚接连接的参考尺寸

3.9.1　连接节点的基本形式

栓焊刚接连接的节点基本形式见图 3.9-1～图 3.9-3。

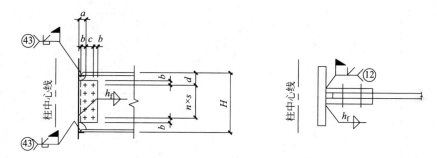

图 3.9-1　梁与钢柱或预埋件刚性连接

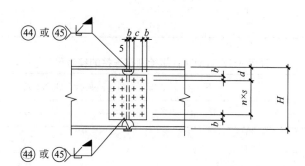

图 3.9-2　梁与梁刚性连接

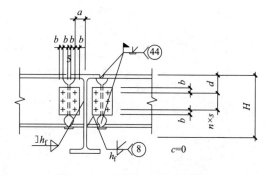

图 3.9-3　次梁与主梁刚性连接

3.9.2 采用螺栓刚接连接的参考尺寸

采用螺栓刚接连接的参考尺寸见表 3.9-1～表 3.9-3。

采用 M20 螺栓铰接连接的参考尺寸　　　　表 3.9-1

梁高 H(mm)	图 3.9-1～图 3.9-3 的连接螺栓 M20				
	a(mm)	b(mm)	c(mm)	d(mm)	n(个)$\times s$(mm)
300	60	45	图 3.9-1、图 3.9-2 $c=70$ 图 3.9-3 $c=0$	105	1×70
350				95	2×70
400				120	2×70
450				110	3×70
500				100	4×70
550				125	4×70
600				115	5×70
650				140	5×70
700				130	6×70
800				140	7×70

采用 M22、(M20) 螺栓刚接连接的参考尺寸　　　　表 3.9-2

梁高 H(mm)	图 3.9-1～图 3.9-3 的连接螺栓　M22、(M20)				
	a(mm)	b(mm)	c(mm)	d(mm)	n(个)$\times s$(mm)
300	65 (60)	50 (45)	图 3.9-1、图 3.9-2 $c=75$ $c=(70)$ 图 3.9-3 $c=0$	105	1×75
350				130	1×75
400				115	2×75
450				140	2×75
500				130	3×75
550				115	4×75
600				140	4×75
650				130	5×75
700				150	5×75
800				130	7×75

采用 M24、[M22]、(M20) 螺栓刚接连接的参考尺寸　　　　表 3.9-3

梁高 H(mm)	图 3.9-1～图 3.9-3 的连接螺栓 M24、[M22]、(M20)				
	a(mm)	b(mm)	c(mm)	d(mm)	n(个)×s(mm)
300				100	1×80
350				125	1×80
400			图 3.9-1、图 3.9-2 c=80 c=[75] c=(70) 图 3.9-3 c=0	110	2×80
450				135	2×80
500	65 [65] (60)	50 [50] (45)		120	3×80
550				110	4×80
600				130	4×80
650				120	5×80
700				140	5×80
800				150	6×80

注：1. 所有螺栓孔均为钻孔，用于摩擦型高强度螺栓的孔径应比螺栓公称直径大 2mm；用于普通螺栓和承压型高强度螺栓的孔径应比螺栓公称直径大 1.5mm。

2. 图 3.9-1～图 3.9-3 的刚接连接为栓焊连接，即腹板采用螺栓连接，翼缘采用熔透焊接。

3. 连接板为双板，其连接板的厚度宜取梁腹板厚度的 0.7 倍，且不宜小于 6mm。

4. 螺栓直径应通过计算确定。

3.10　H型钢杆件采用全螺栓刚接连接的参考尺寸

3.10.1　节点连接的基本形式

H型钢杆件采用全螺栓刚接连接，是指腹板和翼缘全部采用摩擦型高强度螺栓进行现场连接，一般用于钢框架支撑中的斜杆的现场连接，需要进行疲劳验算的钢梁的现场连接，或非常重要工程的钢梁的现场连接。

腹板的螺栓连接要求同第3.9节。

翼缘的螺栓布置分为正交布置和斜交布置。

1. 翼缘螺栓正交布置（图3.10-1）

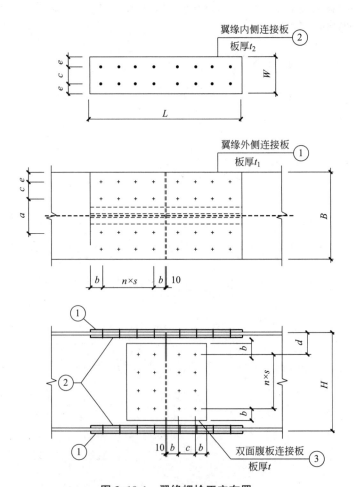

图3.10-1　翼缘螺栓正交布置

2. 翼缘螺栓斜交布置（图 3.10-2）

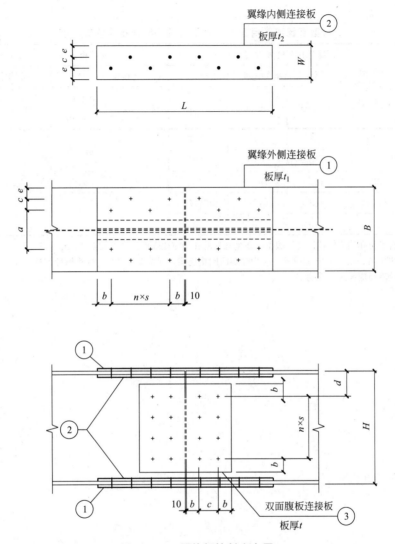

图 3.10-2　翼缘螺栓斜交布置

3. 翼缘连接板的构造要求

每个翼缘板件用三块板连接。其翼缘连接板①和②的板厚 t_1 和 t_2 应分别满足下列要求：

$t_1 \geq t_f/2$，且不宜小于 8mm；

$t_2 \geq t_f B/(4W)$，且不宜小于 10mm。

其中，t_f 为翼缘厚度。

3.10.2 翼缘采用螺栓刚接连接的参考尺寸（表 3.10-1）

H 型钢翼缘采用 M20、M22 螺栓刚接连接的参考尺寸 表 3.10-1

图号	H 型钢翼缘宽度 B(mm)	翼缘连接板①宽度: $B=a+2(c+e)$			连接板长: $L=4b+2ns+10$			
		翼缘连接板②宽度: $W=2e+c$			连接螺栓 M20		连接螺栓 M22、(M20)	
		a(mm)	c(mm)	e(mm)	b(mm)	n(个)× s(mm)	b(mm)	n(个)× s(mm)
图 3.10-1	200	125	0	37.5	45	$n×70$	50 (45)	$n×75$
	250	150	0	50				
图 3.10-2	300	140	40	40		$n×60$		$n×65$
图 3.10-1	350	135	70	37.5		$n×70$		$n×75$
	400	140	90	40				

注: 1. 所有螺栓孔均为钻孔, 其摩擦型高强度螺栓的孔径应比螺栓公称直径大 2mm。

2. 图 3.10-1、图 3.10-2 的刚接连接为全螺栓刚接连接, 即腹板和翼缘均采用螺栓连接。

3. 螺栓直径应通过计算确定。

3.11 Q235 钢材常用 H 型钢腹板 抗剪的高强度螺栓个数

Q235 钢材常用 H 型钢腹板抗剪的高强度螺栓个数见表 3.11-1。

Q235 钢材常用 H 型钢腹板抗剪的高强度螺栓个数　　　　　表 3.11-1

H 型钢	截面尺寸(mm)				梁腹板(抗剪)螺栓个数			
	H	B	t_1	t_2	f_v	$n_{(M20)}$	$n_{(M22)}$	$n_{(M24)}$
HW200×200	200	200	8	12	125	1.4	1.1	1.0
HW300×300	300	300	10	15	125	2.7	2.2	1.9
HW350×350	350	350	12	19	125	3.7	3.0	2.6
HW400×400	400	400	13	21	125	4.6	3.8	3.2
HM300×200	294	200	8	12	125	2.2	1.8	1.5
HM350×250	340	250	9	14	125	2.9	2.3	1.9
HM400×300	390	300	10	16	125	3.6	2.9	2.5
HM450×300	440	300	11	18	125	4.4	3.6	3.0
HM500×300	488	300	11	18	125	5.0	4.0	3.4
HM600×300	588	300	12	20	125	6.5	5.3	4.5
HN400×200	400	200	8	13	125	3.0	2.4	2.1
HN450×200	450	200	9	14	125	3.8	3.1	2.6
HN500×200	500	200	10	16	125	4.7	3.8	3.2
HN600×200	600	200	11	17	125	6.2	5.1	4.3
HN700×300	700	300	13	24	125	8.4	6.9	5.8
HN800×300	800	300	14	26	125	10.4	8.5	7.2
HN900×300	900	300	16	28	125	13.4	11.0	9.3
H550×200(非标)	550	200	12	18	125	6.1	5.0	4.2
H550×300(非标)	550	300	12	20	125	6.1	5.0	4.2
H650×200(非标)	650	200	14	20	125	8.5	6.9	5.9
H650×300(非标)	650	300	14	25	125	8.4	6.8	5.8
H750×300(非标)	750	300	14	25	125	9.8	8.0	6.7
H850×300(非标)	850	300	16	30	125	12.6	10.3	8.7
H950×300(非标)	950	300	20	30	120	17.0	13.9	11.7
H1000×400(非标)	1000	400	20	30	120	18.0	14.7	12.4

注：高强度螺栓为 10.9 级；$\mu=0.45$；连接板为双面夹板；标准孔；腹板的抗剪截面为 $t_1 \times (H-2t_2)$。

3.12 Q235 钢材常用 H 型钢腹板抗拉、抗压的高强度螺栓个数

Q235 钢材常用 H 型钢腹板抗拉、抗压的高强度螺栓个数见表 3.12-1。

Q235 钢材常用 H 型钢腹板抗拉、抗压的高强度螺栓个数　　　　　表 3.12-1

H 型钢	截面尺寸(mm)					梁腹板(抗拉、抗压)螺栓个数		
	H	B	t_1	t_2	f	$n_{(M20)}$	$n_{(M22)}$	$n_{(M24)}$
HW200×200	200	200	8	12	215	2.4	2.0	1.7
HW300×300	300	300	10	15	215	4.6	3.8	3.2
HW350×350	350	350	12	19	215	6.4	5.2	4.4
HW400×400	400	400	13	21	215	8.0	6.5	5.5
HM300×200	294	200	8	12	215	3.7	3.0	2.5
HM350×250	340	250	9	14	215	4.8	3.9	3.3
HM400×300	390	300	10	16	215	6.1	5.0	4.2
HM450×300	440	300	11	18	215	7.6	6.2	5.2
HM500×300	488	300	11	18	215	8.5	6.9	5.9
HM600×300	588	300	12	20	215	11.3	9.2	7.8
HN400×200	400	200	8	13	215	5.1	4.2	3.5
HN450×200	450	200	9	14	215	6.5	5.3	4.5
HN500×200	500	200	10	16	215	8.0	6.5	5.5
HN600×200	600	200	11	17	215	10.7	8.7	7.3
HN700×300	700	300	13	24	215	14.5	11.8	10.0
HN800×300	800	300	14	26	215	17.9	14.6	12.4
HN900×300	900	300	16	28	215	23.1	18.9	15.9
H550×200(非标)	550	200	12	18	215	10.6	8.6	7.3
H550×300(非标)	550	300	12	20	215	10.5	8.5	7.2
H650×200(非标)	650	200	14	20	215	14.6	11.9	10.1
H650×300(非标)	650	300	14	25	215	14.4	11.7	9.9
H750×300(非标)	750	300	14	25	215	16.8	13.7	11.6
H850×300(非标)	850	300	16	30	215	21.6	17.7	14.9
H950×300(非标)	950	300	20	30	205	29.1	23.7	20.0
H1000×400(非标)	1000	400	20	30	205	30.7	25.0	21.1

注：高强度螺栓为 10.9 级；$\mu=0.45$；连接板为双面夹板；标准孔；腹板的抗拉、抗压截面为 $t_1 \times (H-2t_2)$。

3.13 Q235 钢材常用 H 型钢翼缘抗拉、抗压的高强度螺栓个数

Q235 钢材常用 H 型钢翼缘抗拉、抗压的高强度螺栓个数见表 3.13-1。

Q235 钢材常用 H 型钢翼缘抗拉、抗压的高强度螺栓个数　　　　表 3.13-1

H 型钢	截面尺寸(mm)				梁翼缘(抗拉、抗压)螺栓个数			
	H	B	t_1	t_2	f	$n_{(M20)}$	$n_{(M22)}$	$n_{(M24)}$
HW200×200	200	200	8	12	215	4.1	3.4	2.8
HW300×300	300	300	10	15	215	7.7	6.3	5.3
HW350×350	350	350	12	19	205	10.9	8.9	7.5
HW400×400	400	400	13	21	205	13.7	11.2	9.4
HM300×200	294	200	8	12	215	4.1	3.4	2.8
HM350×250	340	250	9	14	215	6.0	4.9	4.1
HM400×300	390	300	10	16	215	8.2	6.7	5.7
HM500×300	488	300	11	18	205	8.8	7.2	6.1
HM600×300	588	300	12	20	205	9.8	8.0	6.7
HN400×200	400	200	8	13	215	4.5	3.6	3.1
HN450×200	450	200	9	14	215	4.8	3.9	3.3
HN500×200	500	200	10	16	215	5.5	4.5	3.8
HN600×200	600	200	11	17	205	5.6	4.5	3.8
HN700×300	700	300	13	24	205	11.8	9.6	8.1
HN800×300	800	300	14	26	205	12.7	10.4	8.8
HN900×300	900	300	16	28	205	13.7	11.2	9.4
H550×200(非标)	550	200	12	18	205	5.9	4.8	4.0
H550×300(非标)	550	300	12	20	205	9.8	8.0	6.7
H650×200(非标)	650	200	14	20	205	6.5	5.3	4.5
H650×300(非标)	650	300	14	25	205	12.2	10.0	8.4
H850×300(非标)	850	300	16	30	205	14.7	12.0	10.1
H1000×400(非标)	1000	400	20	30	205	19.6	16.0	13.5

注：1. 高强度螺栓为 10.9 级；$\mu=0.45$；连接板为双面夹板；标准孔；翼缘的抗拉、抗压截面为 $B \times t_2$。

2. 刚接条件下，翼缘栓接是与腹板栓接配套使用的，简称为全栓连接。

3. 需进行疲劳验算的结构、斜杆宜采用工地全栓连接。

4. 全栓连接中，杆件之间的缝隙宽度为 10mm。

3.14 Q355 钢材常用 H 型钢腹板抗剪的高强度螺栓个数

Q355 钢材常用 H 型钢腹板抗剪的高强度螺栓个数见表 3.14-1。

Q355 钢材常用 H 型钢腹板抗剪的高强度螺栓个数   表 3.14-1

H 型钢	截面尺寸(mm)				梁腹板(抗剪)螺栓个数			
	H	B	t_1	t_2	f_v	$n_{(M20)}$	$n_{(M22)}$	$n_{(M24)}$
HW200×200	200	200	8	12	175	2.0	1.6	1.4
HW300×300	300	300	10	15	175	3.8	3.1	2.6
HW350×350	350	350	12	19	175	5.2	4.3	3.6
HW400×400	400	400	13	21	175	6.5	5.3	4.5
HM300×200	294	200	8	12	175	3.0	2.5	2.1
HM350×250	340	250	9	14	175	3.9	3.2	2.7
HM400×300	390	300	10	16	175	5.0	4.1	3.4
HM450×300	440	300	11	18	175	6.2	5.1	4.3
HM500×300	488	300	11	18	175	6.9	5.7	4.8
HM600×300	588	300	12	20	175	9.2	7.5	6.3
HN400×200	400	200	8	13	175	4.2	3.4	2.9
HN450×200	450	200	9	14	175	5.3	4.3	3.6
HN500×200	500	200	10	16	175	6.5	5.3	4.5
HN600×200	600	200	11	17	175	8.7	7.1	6.0
HN700×300	700	300	13	24	175	11.8	9.6	8.1
HN800×300	800	300	14	26	175	14.6	11.9	10.1
HN900×300	900	300	16	28	175	18.8	15.4	13.0
H550×200(非标)	550	200	12	18	175	8.6	7.0	5.9
H550×300(非标)	550	300	12	20	175	8.5	7.0	5.9
H650×200(非标)	650	200	14	20	175	11.9	9.7	8.2
H650×300(非标)	650	300	14	25	175	11.7	9.6	8.1
H750×300(非标)	750	300	14	25	175	13.7	11.1	9.4
H850×300(非标)	850	300	16	30	175	17.6	14.4	12.1
H950×300(非标)	950	300	20	30	170	24.1	19.7	16.6

注：高强度螺栓为 10.9 级；$\mu=0.45$；连接板为双面夹板；标准孔；腹板的抗剪截面为 $t_1 \times (H-2t_2)$。

3.15　Q355 钢材常用 H 型钢腹板抗拉、抗压的高强度螺栓个数

Q355 钢材常用 H 型钢腹板抗拉、抗压的高强度螺栓个数见表 3.15-1。

Q355 钢材常用 H 型钢腹板抗拉、抗压的高强度螺栓个数　　　表 3.15-1

H 型钢	截面尺寸(mm)					梁腹板(抗拉、抗压)螺栓个数		
	H	B	t_1	t_2	f	$n_{(M20)}$	$n_{(M22)}$	$n_{(M24)}$
HW200×200	200	200	8	12	305	3.4	2.8	2.4
HW300×300	300	300	10	15	305	6.6	5.4	4.5
HW350×350	350	350	12	19	305	9.1	7.4	6.3
HW400×400	400	400	13	21	305	11.3	9.2	7.8
HM300×200	294	200	8	12	305	5.2	4.3	3.6
HM350×250	340	250	9	14	305	6.8	5.6	4.7
HM400×300	390	300	10	16	305	8.7	7.1	6.0
HM450×300	440	300	11	18	305	10.8	8.8	7.4
HM500×300	488	300	11	18	305	12.1	9.9	8.3
HM600×300	588	300	12	20	305	16.0	13.0	11.0
HN400×200	400	200	8	13	305	7.3	5.9	5.0
HN450×200	450	200	9	14	305	9.2	7.5	6.4
HN500×200	500	200	10	16	305	11.4	9.3	7.8
HN600×200	600	200	11	17	305	15.1	12.3	10.4
HN700×300	700	300	13	24	305	20.6	16.8	14.2
HN800×300	800	300	14	26	305	25.4	20.8	17.5
HN900×300	900	300	16	28	305	32.8	26.8	22.6
H550×200(非标)	550	200	12	18	305	15.0	12.2	10.3
H550×300(非标)	550	300	12	20	305	14.9	12.1	10.2
H650×200(非标)	650	200	14	18	305	20.7	16.9	14.3
H650×300(非标)	650	300	14	25	305	20.4	16.6	14.1
H750×300(非标)	750	300	14	25	305	23.8	19.4	16.4
H850×300(非标)	850	300	16	30	305	30.7	25.1	21.2
H950×300(非标)	950	300	20	30	295	41.8	34.1	28.8
H1000×400(非标)	1000	400	20	30	295	44.2	36.0	30.4

注：高强度螺栓为 10.9 级；$\mu=0.45$；连接板为双面夹板；标准孔；腹板的抗拉、抗压截面为 $t_1 \times (H-2t_2)$。

3.16 Q355 钢材常用 H 型钢翼缘抗拉、抗压的高强度螺栓个数

Q355 钢材常用 H 型钢翼缘抗拉、抗压的高强度螺栓个数见表 3.16-1。

Q355 钢材常用 H 型钢翼缘抗拉、抗压的高强度螺栓个数　　表 3.16-1

H 型钢	截面尺寸(mm)				梁翼缘(抗拉、抗压)螺栓个数			
	H	B	t_1	t_2	f	$n_{(M20)}$	$n_{(M22)}$	$n_{(M24)}$
HW200×200	200	200	8	12	305	5.8	4.8	4.0
HW300×300	300	300	10	15	305	10.9	8.9	7.5
HW350×350	350	350	12	19	295	15.6	12.7	10.8
HW400×400	400	400	13	21	295	19.7	16.1	13.6
HM350×250	340	250	9	14	305	8.5	6.9	5.9
HM400×300	390	300	10	16	305	11.7	9.5	8.0
HM450×300	440	300	11	18	295	12.7	10.4	8.7
HM500×300	488	300	11	18	295	12.7	10.4	8.7
HM600×300	588	300	12	20	295	14.1	11.5	9.7
HN400×200	400	200	8	13	305	6.3	5.2	4.4
HN450×200	450	200	9	14	305	6.8	5.5	4.7
HN500×200	500	200	10	16	305	7.8	6.3	5.4
HN600×200	600	200	11	17	295	8.0	6.5	5.5
HN700×300	700	300	13	24	295	16.9	13.8	11.7
HN800×300	800	300	14	26	295	18.3	15.0	12.6
HN900×300	900	300	16	28	295	19.7	16.1	13.6
H550×200(非标)	550	200	12	18	295	8.5	6.9	5.8
H550×300(非标)	550	300	12	20	295	14.1	11.5	9.7
H650×200(非标)	650	200	14	20	295	9.4	7.7	6.5
H650×300(非标)	650	300	14	25	295	17.6	14.4	12.1
H850×300(非标)	850	300	16	30	295	21.1	17.3	14.6
H1000×400(非标)	1000	400	20	30	295	28.2	23.0	19.4

注：1. 高强度螺栓为 10.9 级；$\mu=0.45$；连接板为双面夹板；标准孔；翼缘的抗拉、抗压截面为 $B×t_2$。

2. 刚接条件下，翼缘栓接是与腹板栓接配套使用的，简称为全栓连接。

3. 需进行疲劳验算的结构、斜杆宜采用工地全栓连接。

4. 全栓连接中，杆件之间的缝隙宽度为 10mm。

3.17　常用热轧 H 型钢的规格及截面特性

常用热轧 H 型钢的规格及截面特性见表 3.17-1。

常用热轧 H 型钢的规格及截面特性　　　　　　　表 3.17-1

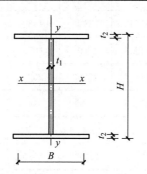

I—截面惯性矩；
W—截面模量；
i—截面回转半径

类别型号	尺寸(mm) $H \times B \times t_1 \times t_2$	面积 (cm²)	x-x 轴			y-y 轴		
			I_x (cm⁴)	W_x (cm³)	i_x (cm)	I_y (cm⁴)	W_y (cm³)	i_y (cm)
HW200×200	200×200×8×12	63.53	4720	472	8.61	1600	160	5.02
HW250×250	250×250×9×14	91.43	10700	860	10.8	3650	292	6.31
HW300×300	300×300×10×15	118.5	20200	1350	13.1	6750	450	7.55
HW350×350	350×350×12×19	171.9	39800	2280	15.2	13600	776	8.88
HW400×400	400×400×13×21	218.7	66600	3330	17.5	22400	1120	10.1
HM250×175	244×175×7×11	55.49	6040	495	10.4	984	112	4.21
HM300×200	294×200×8×12	71.05	11100	756	12.5	1600	160	4.74
HM350×250	340×250×9×14	99.53	21200	1250	14.6	3650	292	6.05
HM400×300	390×300×10×16	133.3	37900	1940	16.9	7200	480	7.35
HM450×300	440×300×11×18	153.9	54700	2490	18.9	8110	540	7.25
HM500×300	488×300×11×18	159.2	68900	2280	20.8	8110	540	7.13
HM600×300	588×300×12×20	187.2	114000	3890	24.7	9010	601	6.93
HN200×100	200×100×5.5×8	26.66	1810	181	8.22	134	26.7	2.23
HN250×125	250×125×6×9	36.96	3960	317	10.4	294	47.0	2.81
HN300×150	300×150×6.5×9	46.78	7210	481	12.4	508	67.7	3.29

类别型号	尺寸(mm) $H \times B \times t_1 \times t_2$	面积 (cm²)	x-x 轴			y-y 轴		
			I_x (cm⁴)	W_x (cm³)	i_x (cm)	I_y (cm⁴)	W_y (cm³)	i_y (cm)
HN350×175	350×175×7×11	62.91	13500	771	14.6	984	112	3.95
HN400×200	400×200×8×13	83.37	23500	1170	16.8	1740	174	4.56
HN450×200	450×200×9×14	95.43	32900	1460	18.6	1870	187	4.42
HN500×200	500×200×10×16	112.3	46800	1870	20.4	2140	214	4.36
HN600×200	600×200×11×17	131.7	75600	2520	24.0	2270	227	4.15
HN700×300	700×300×13×24	231.5	197000	5640	29.2	10800	721	6.83
HN800×300	800×300×14×26	263.5	286000	7160	33.0	11700	781	6.66
HN900×300	900×300×16×28	305.8	404000	8990	36.4	12600	842	6.42

3.18 常用热轧 H 型钢承压加劲肋的宽度和最小厚度

常用热轧 H 型钢承压加劲肋的宽度和最小厚度见表 3.18-1。

常用热轧 H 型钢承压加劲肋的宽度和最小厚度 表 3.18-1

H 型钢	截面尺寸(mm)				宽度 b_s (mm)、最小厚度 t_s (mm)	
	H	B	t_1	t_2	b_s	t_s
HW200×200	200	200	8	12	96	8
HW300×300	300	300	10	15	145	10
HW350×350	350	350	12	19	169	12
HW400×400	400	400	13	21	193.5	14
HM350×250	340	250	9	14	120.5	10
HM400×300	390	300	10	16	145	10
HM450×300	440	300	11	18	144.5	10
HM500×300	488	300	11	18	144.5	10
HM600×300	588	300	12	20	144	10
HN400×200	400	200	8	13	96	8
HN450×200	450	200	9	14	95.5	8
HN500×200	500	200	10	16	95	8
HN600×200	600	200	11	17	94.5	8
HN700×300	700	300	13	24	143.5	10
HN800×300	800	300	14	26	143	10
HN900×300	900	300	16	28	142	10

注：1. 当简支梁支座处有承压加劲肋时，其最小厚度取表中数值＋2mm；

2. 承压加劲肋宽度 $b_s = (b - t_1) / 2$；

3. 承压加劲肋最小厚度 $t_s = b_s/15$，并按钢板厚度模数取整。

3.19 热轧型钢的规格及截面特性

热轧型钢的规格及截面特性见表 3.19-1～表 3.19-4。

工字钢规格及截面特性 表 3.19-1

I — 截面惯性矩；
W — 截面模数；
S — 半截面面积矩；
i — 惯性半径

型号	截面尺寸(mm)						截面面积 (cm^2)	理论重量 (kg/m)	外表面积 (m^2/m)	惯性矩 (cm^4)		惯性半径 (cm)		截面模量 (cm^3)	
	h	b	d	t	r	r_1				I_x	I_y	i_x	i_y	W_x	W_y
10	100	68	4.5	7.6	6.5	3.3	14.33	11.3	0.432	245	33.0	4.14	1.52	49.0	9.72
12	120	74	5.0	8.4	7.0	3.5	17.80	14.0	0.493	436	46.9	4.95	1.62	72.2	12.7
12.6	126	74	5.0	8.4	7.0	3.5	18.10	14.2	0.505	488	46.9	5.20	1.61	77.5	12.7
14	140	80	5.5	9.1	7.5	3.8	21.50	16.9	0.553	712	64.4	5.76	1.73	102	16.1
16	160	88	6.0	9.9	8.0	4.0	26.11	20.5	0.621	1130	93.1	6.58	1.89	141	21.2
18	180	94	6.5	10.7	8.5	4.3	30.74	24.1	0.681	1660	122	7.36	2.00	185	26.0
20a	200	100	7.0	11.4	9.0	4.5	35.55	27.9	0.742	2370	158	8.15	2.12	237	31.5
20b	200	102	9.0	11.4	9.0	4.5	39.55	31.1	0.746	2500	169	7.96	2.06	250	33.1
22a	220	110	7.5	12.3	9.5	4.8	42.10	33.1	0.817	3400	225	8.99	2.31	309	40.9
22b	220	112	9.5	12.3	9.5	4.8	46.50	36.5	0.821	3570	239	8.78	2.27	325	42.7
24a	240	116	8.0	13.0	10.0	5.0	47.71	37.5	0.878	4570	280	9.77	2.42	381	48.4
24b	240	118	10.0	13.0	10.0	5.0	52.51	41.2	0.882	4800	297	9.57	2.38	400	50.4
25a	250	116	8.0	13.0	10.0	5.0	48.51	38.1	0.898	5020	280	10.2	2.40	402	48.3
25b	250	118	10.0	13.0	10.0	5.0	53.51	42.0	0.902	5280	309	9.94	2.40	423	52.4
27a	270	122	8.5	13.7	10.5	5.3	54.52	42.8	0.958	6550	345	10.9	2.51	485	56.6
27b	270	124	10.5	13.7	10.5	5.3	59.92	47.0	0.962	6870	366	10.7	2.47	509	58.9
28a	280	122	8.5	13.7	10.5	5.3	55.37	43.5	0.978	7110	345	11.3	2.50	508	56.6
28b	280	124	10.5	13.7	10.5	5.3	60.97	47.9	0.982	7480	379	11.1	2.49	534	61.2

续表

型号	截面尺寸(mm)						截面面积 (cm²)	理论重量 (kg/m)	外表面积 (m²/m)	惯性矩 (cm⁴)		惯性半径 (cm)		截面模量 (cm³)	
	h	b	d	t	r	r_1				I_x	I_y	i_x	i_y	W_x	W_y
30a		126	9.0				61.22	48.1	1.031	8950	400	12.1	2.55	597	63.5
30b	300	128	11.0	14.4	11.0	5.5	67.22	52.8	1.035	9400	422	11.8	2.50	627	65.9
30c		130	13.0				73.22	57.5	1.039	9850	445	11.6	2.46	657	68.5
32a		130	9.5				67.12	52.7	1.084	11100	460	12.8	2.62	692	70.8
32b	320	132	11.5	15.0	11.5	5.8	73.52	57.7	1.088	11600	502	12.6	2.61	726	76.0
32c		134	13.5				79.92	62.7	1.092	12200	544	12.3	2.61	760	81.2
36a		136	10.0				76.44	60.0	1.185	15800	552	14.4	2.69	875	81.2
36b	360	138	12.0	15.8	12.0	6.0	83.64	65.7	1.189	16500	582	14.1	2.64	919	84.3
36c		140	14.0				90.84	71.3	1.193	17300	612	13.8	2.60	962	87.4
40a		142	10.5				86.07	67.6	1.285	21700	660	15.9	2.77	1090	93.2
40b	400	144	12.5	16.5	12.5	6.3	94.07	73.8	1.289	22800	692	15.6	2.71	1140	96.2
40c		146	14.5				102.1	80.1	1.293	23900	727	15.2	2.65	1190	99.6
45a		150	11.5				102.4	80.4	1.411	32200	855	17.7	2.89	1430	114
45b	450	152	13.5	18.0	13.5	6.8	111.4	87.4	1.415	33800	894	17.4	2.84	1500	118
45c		154	15.5				120.4	94.5	1.419	35300	938	17.1	2.79	1570	122
50a		158	12.0				119.2	93.6	1.539	46500	1120	19.7	3.07	1860	142
50b	500	160	14.0	20.0	14.0	7.0	129.2	101	1.543	48600	1170	19.4	3.01	1940	146
50c		162	16.0				139.2	109	1.547	50600	1220	19.0	2.96	2080	151
55a		166	12.5				134.1	105	1.667	62900	1370	21.6	3.19	2290	164
55b	550	168	14.5				145.1	114	1.671	65600	1420	21.2	3.14	2390	170
55c		170	16.5	21.0	14.5	7.3	156.1	123	1.675	68400	1480	20.9	3.08	2490	175
56a		166	12.5				135.4	106	1.687	65600	1370	22.0	3.18	2340	165
56b	560	168	14.5				146.6	115	1.691	68500	1490	21.6	3.16	2450	174
56c		170	16.5				157.8	124	1.695	71400	1560	21.3	3.16	2550	183
63a		176	13.0				154.6	121	1.862	93900	1700	24.5	3.31	2980	193
63b	630	178	15.0	22.0	15.0	7.5	167.2	131	1.866	98100	1810	24.2	3.29	3160	204
63c		180	17.0				179.8	141	1.870	102000	1920	23.8	3.27	3300	214

表 3.19-2

槽钢规格及截面特性

I —— 截面惯性矩；
W —— 截面模数；
S —— 半截面面积矩；
i —— 惯性半径；
Z_0 —— 重心距离

| 型号 | 截面尺寸 (mm) | | | | | | 截面面积 (cm²) | 理论重量 (kg/m) | 外表面积 (m²/m) | 惯性矩 (cm⁴) | | | 惯性半径 (cm) | | 截面模量 (cm³) | | 重心距离 (cm) |
	h	b	d	t	r	r_1				I_x	I_y	I_{y1}	i_x	i_y	W_x	W_y	Z_0
5	50	37	4.5	7.0	7.0	3.5	6.925	5.44	0.226	26.0	8.30	20.9	1.94	1.10	10.4	3.55	1.35
6.3	63	40	4.8	7.5	7.5	3.8	8.446	6.63	0.262	50.8	11.9	28.4	2.45	1.19	16.1	4.50	1.36
6.5	65	40	4.3	7.5	7.5	3.8	8.292	6.51	0.267	55.2	12.0	28.3	2.54	1.19	17.0	4.59	1.38
8	80	43	5.0	8.0	8.0	4.0	10.24	8.04	0.307	101	16.6	37.4	3.15	1.27	25.3	5.79	1.43
10	100	48	5.3	8.5	8.5	4.2	12.74	10.0	0.365	198	25.6	54.9	3.95	1.41	39.7	7.80	1.52
12	120	53	5.5	9.0	9.0	4.5	15.36	12.1	0.423	346	37.4	77.7	4.75	1.56	57.7	10.2	1.62
12.6	126	53	5.5	9.0	9.0	4.5	15.69	12.3	0.435	391	38.0	77.1	4.95	1.57	62.1	10.2	1.59
14a	140	58	6.0	9.5	9.5	4.8	18.51	14.5	0.480	564	53.2	107	5.52	1.70	80.5	13.0	1.71
14b	140	60	8.0	9.5	9.5	4.8	21.31	16.7	0.484	609	61.1	121	5.35	1.69	87.1	14.1	1.67
16a	160	63	6.5	10.0	10.0	5.0	21.95	17.2	0.538	866	73.3	144	6.28	1.83	108	16.3	1.80
16b	160	65	8.5	10.0	10.0	5.0	25.15	19.8	0.542	935	83.4	161	6.10	1.82	117	17.6	1.75

续表

型号	h	b	d	t	r	r_1	截面面积 (cm²)	理论重量 (kg/m)	外表面积 (m²/m)	I_x	I_y	I_{y1}	i_x	i_y	W_x	W_y	Z_0
										惯性矩 (cm⁴)			惯性半径 (cm)		截面模量 (cm³)		重心距离 (cm)
18a	180	68	7.0	10.5	10.5	5.2	25.69	20.2	0.596	1270	98.6	190	7.04	1.96	141	20.0	1.88
18b	180	70	9.0	10.5	10.5	5.2	29.29	23.0	0.600	1370	111	210	6.84	1.95	152	21.5	1.84
20a	200	73	7.0	11.0	11.0	5.5	28.83	22.6	0.654	1780	128	244	7.86	2.11	178	24.2	2.01
20b	200	75	9.0	11.0	11.0	5.5	32.83	25.8	0.658	1910	144	268	7.64	2.09	191	25.9	1.95
22a	220	77	7.0	11.5	11.5	5.8	31.83	25.0	0.709	2390	158	298	8.67	2.23	218	28.2	2.10
22b	220	79	9.0	11.5	11.5	5.8	36.23	28.5	0.713	2570	176	326	8.42	2.21	234	30.1	2.03
24a	240	78	7.0	12.0	12.0	6.0	34.21	26.9	0.752	3050	174	325	9.45	2.25	254	30.5	2.10
24b	240	80	9.0	12.0	12.0	6.0	39.01	30.6	0.756	3280	194	355	9.17	2.23	274	32.5	2.03
24c	240	82	11.0	12.0	12.0	6.0	43.81	34.4	0.760	3510	213	388	8.96	2.21	293	34.4	2.00
25a	250	78	7.0	12.0	12.0	6.0	34.91	27.4	0.722	3370	176	322	9.82	2.24	270	30.6	2.07
25b	250	80	9.0	12.0	12.0	6.0	39.91	31.3	0.776	3530	196	353	9.41	2.22	282	32.7	1.98
25c	250	82	11.0	12.0	12.0	6.0	44.91	35.3	0.780	3690	218	384	9.07	2.21	295	35.9	1.92
27a	270	82	7.5	12.5	12.5	6.2	39.27	30.8	0.826	4360	216	393	10.5	2.34	323	35.5	2.13
27b	270	84	9.5	12.5	12.5	6.2	44.67	35.1	0.830	4690	239	428	10.3	2.31	347	37.7	2.06
27c	270	86	11.5	12.5	12.5	6.2	50.07	39.3	0.834	5020	261	467	10.1	2.28	372	39.8	2.03

截面尺寸 (mm)

续表

型号	截面尺寸（mm）						截面面积（cm²）	理论重量（kg/m）	外表面积（m²/m）	惯性矩（cm⁴）			惯性半径（cm）		截面模量（cm³）		重心距离（cm）
	h	b	d	t	r	r_1				I_x	I_y	I_{y1}	i_x	i_y	W_x	W_y	Z_0
28a	280	82	7.5	12.5	12.5	6.2	40.02	31.4	0.846	4760	218	388	10.9	2.33	340	35.7	2.10
28b		84	9.5	12.5	12.5	6.2	45.62	35.8	0.850	5130	242	428	10.6	2.30	366	37.9	2.02
28c		86	11.5				51.22	40.2	0.854	5500	268	463	10.4	2.29	393	40.3	1.95
30a	300	85	7.5	13.5	13.5	6.8	43.89	34.5	0.897	6050	260	467	11.7	2.43	403	41.1	2.17
30b		87	9.5	13.5			49.89	39.2	0.901	6500	289	515	11.4	2.41	433	44.0	2.13
30c		89	11.5				55.89	43.9	0.905	6950	316	560	11.2	2.38	463	46.4	2.09
32a	320	88	8.0	14.0	14.0	7.0	48.50	38.1	0.947	7600	305	552	12.5	2.50	475	46.5	2.24
32b		90	10.0	14.0			54.90	43.1	0.951	8140	336	593	12.2	2.47	509	49.2	2.16
32c		92	12.0				61.30	48.1	0.955	8690	374	643	11.9	2.47	543	52.6	2.09
36a	360	96	9.0	16.0	16.0	8.0	60.89	47.8	1.053	11900	455	818	14.0	2.73	560	63.5	2.44
36b		98	11.0	16.0			68.09	53.5	1.057	12700	497	880	13.6	2.70	703	66.9	2.37
36c		100	13.0				75.29	59.1	1.061	13400	536	948	13.4	2.67	746	70.0	2.34
40a	400	100	10.5	18.0	18.0	9.0	75.04	58.9	1.144	17600	592	1070	15.3	2.81	879	78.8	2.49
40b		102	12.5	18.0			83.04	65.2	1.148	18600	640	1140	15.0	2.78	932	82.5	2.44
40c		104	14.5				91.04	71.5	1.152	19700	688	1220	14.7	2.75	986	86.2	2.42

表 3. 19-3

等边钢规格及截面特性

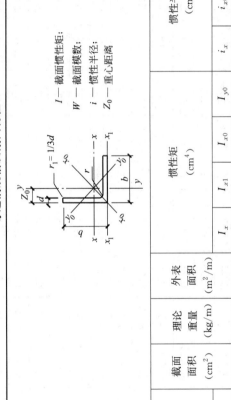

I — 截面惯性矩；
W — 截面模量；
i — 惯性半径；
Z_0 — 重心距离

型号	截面尺寸 (mm)			截面面积 (cm²)	理论重量 (kg/m)	外表面积 (m²/m)	惯性矩 (cm⁴)				惯性半径 (cm)			截面模量 (cm³)			重心距离 (cm)
	b	d	r				I_x	I_{x1}	I_{x0}	I_{y0}	i_x	i_{x0}	i_{y0}	W_x	W_{x0}	W_{y0}	Z_0
2	20	3	3.5	1.132	0.89	0.078	0.40	0.81	0.63	0.17	0.59	0.75	0.39	0.29	0.45	0.20	0.60
		4		1.459	1.15	0.077	0.50	1.09	0.78	0.22	0.58	0.73	0.38	0.36	0.55	0.24	0.64
2.5	25	3		1.432	1.12	0.098	0.82	1.57	1.29	0.34	0.76	0.95	0.49	0.46	0.73	0.33	0.73
		4		1.859	1.46	0.097	1.03	2.11	1.62	0.43	0.74	0.93	0.48	0.59	0.92	0.40	0.76
3	30	3	4.5	1.749	1.37	0.117	1.46	2.71	2.31	0.61	0.91	1.15	0.59	0.68	1.09	0.51	0.85
		4		2.276	1.79	0.117	1.84	3.63	2.92	0.77	0.90	1.13	0.58	0.87	1.37	0.62	0.89
3.6	36	3		2.109	1.66	0.141	2.58	4.68	4.09	1.07	1.11	1.39	0.71	0.99	1.61	0.76	1.00
		4		2.756	2.16	0.141	3.29	6.25	5.22	1.37	1.09	1.38	0.70	1.28	2.05	0.93	1.04
		5		3.382	2.65	0.141	3.95	7.84	6.24	1.65	1.08	1.36	0.70	1.56	2.45	1.00	1.07
4	40	3	5	2.359	1.85	0.157	3.59	6.41	5.69	1.49	1.23	1.55	0.79	1.23	2.01	0.96	1.09
		4		3.086	2.42	0.157	4.60	8.56	7.29	1.91	1.22	1.54	0.79	1.60	2.58	1.19	1.13
		5		3.792	2.98	0.156	5.53	10.7	8.76	2.30	1.21	1.52	0.78	1.96	3.10	1.39	1.17

示意图

续表

型号	截面尺寸 (mm) b	d	r	截面面积 (cm^2)	理论重量 (kg/m)	外表面积 (m^2/m)	惯性矩 (cm^4) I_x	I_{x1}	I_{x0}	I_{y0}	惯性半径 (cm) i_x	i_{x0}	i_{y0}	截面模量 (cm^3) W_x	W_{x0}	W_{y0}	重心距离 (cm) Z_0
4.5	45	3	5	2.659	2.09	0.177	5.17	9.12	8.20	2.14	1.40	1.76	0.89	1.58	2.58	1.24	1.22
		4		3.486	2.74	0.177	6.65	12.2	10.6	2.75	1.38	1.74	0.89	2.05	3.32	1.54	1.26
		5		4.292	3.37	0.176	8.04	15.2	12.7	3.33	1.37	1.72	0.88	2.51	4.00	1.81	1.30
		6		5.077	3.99	0.176	9.33	18.4	14.8	3.89	1.36	1.70	0.80	2.95	4.64	2.06	1.33
5	50	3	5.5	2.971	2.33	0.197	7.18	12.5	11.4	2.98	1.55	1.96	1.00	1.96	3.22	1.57	1.34
		4		3.897	3.06	0.197	9.26	16.7	14.7	3.82	1.54	1.94	0.99	2.56	4.16	1.96	1.38
		5		4.803	3.77	0.196	11.2	20.9	17.8	4.64	1.53	1.92	0.98	3.13	5.03	2.31	1.42
		6		5.688	4.46	0.196	13.1	25.1	20.7	5.42	1.52	1.91	0.98	3.68	5.85	2.63	1.46
5.6	56	3	6	3.343	2.62	0.221	10.2	17.6	16.1	4.24	1.75	2.20	1.13	2.48	4.08	2.02	1.48
		4		4.390	3.45	0.220	13.2	23.4	20.9	5.46	1.73	2.18	1.11	3.24	5.28	2.52	1.53
		5		5.415	4.25	0.220	16.0	29.3	25.4	6.61	1.72	2.17	1.10	3.97	6.42	2.98	1.57
		6		6.420	5.04	0.220	18.7	35.3	29.7	7.73	1.71	2.15	1.10	4.68	7.49	3.40	1.61
		7		7.404	5.81	0.219	21.2	41.2	33.6	8.82	1.69	2.13	1.09	5.36	8.49	3.80	1.64
		8		8.367	6.57	0.219	23.6	47.2	37.4	9.89	1.68	2.11	1.09	6.03	9.44	4.16	1.68
6	60	5	6.5	5.829	4.58	0.236	19.9	36.1	31.6	8.21	1.85	2.33	1.19	4.59	7.44	3.48	1.67
		6		6.914	5.43	0.235	23.4	43.3	36.9	9.60	1.83	2.31	1.18	5.41	8.70	3.98	1.70
		7		7.977	6.26	0.235	26.4	50.7	41.9	11.0	1.82	2.29	1.17	6.21	9.88	4.45	1.74
		8		9.020	7.08	0.235	29.5	58.0	46.7	12.3	1.81	2.27	1.17	6.98	11.0	4.88	1.78
6.3	63	4	7	4.978	3.91	0.248	19.0	33.4	30.2	7.89	1.96	2.46	1.26	4.13	6.78	3.29	1.70
		5		6.143	4.82	0.248	23.2	41.7	36.8	9.57	1.94	2.45	1.25	5.08	8.25	3.90	1.74
		6		7.288	5.72	0.247	27.1	50.1	43.0	11.2	1.93	2.43	1.24	6.00	9.66	4.46	1.78

续表

型号	截面尺寸 (mm)			截面面积 (cm²)	理论重量 (kg/m)	外表面积 (m²/m)	惯性矩 (cm⁴)				惯性半径 (cm)			截面模量 (cm³)			重心距离 (cm)
	b	d	r				I_x	I_{x1}	I_{x0}	I_{y0}	i_x	i_{x0}	i_{y0}	W_x	W_{x0}	W_{y0}	Z_0
6.3	63	7	7	8.412	6.60	0.247	30.9	58.6	49.0	12.8	1.92	2.41	1.23	6.88	11.0	4.98	1.82
		8		9.515	7.47	0.247	34.5	67.1	54.6	14.3	1.90	2.40	1.23	7.75	12.3	5.47	1.85
		10		11.66	9.15	0.246	41.1	84.3	64.9	17.3	1.88	2.36	1.22	9.39	14.6	6.36	1.93
7	70	4	8	5.570	4.37	0.275	26.4	45.7	41.8	11.0	2.18	2.74	1.40	5.14	8.44	4.17	1.86
		5		6.876	5.40	0.275	32.2	57.2	51.1	13.3	2.16	2.73	1.39	6.32	10.3	4.95	1.91
		6		8.160	6.41	0.275	37.8	68.7	59.9	15.6	2.15	2.71	1.38	7.48	12.1	5.67	1.95
		7		9.424	7.40	0.275	43.1	80.3	68.4	17.8	2.14	2.69	1.38	8.59	13.8	6.34	1.99
		8		10.67	8.37	0.274	48.2	91.9	76.4	20.0	2.12	2.68	1.37	9.68	15.4	6.98	2.03
7.5	75	5	9	7.412	5.82	0.295	40.0	70.6	63.3	16.6	2.33	2.92	1.50	7.32	11.9	5.77	2.04
		6		8.797	6.91	0.294	47.0	84.6	74.4	19.5	2.31	2.90	1.49	8.64	14.0	6.67	2.07
		7		10.16	7.98	0.294	53.6	98.7	85.0	22.2	2.30	2.89	1.48	9.93	16.0	7.44	2.11
		8		11.50	9.03	0.294	60.0	113	95.1	24.9	2.28	2.88	1.47	11.2	17.9	8.19	2.15
		9		12.83	10.1	0.294	66.1	127	105	27.5	2.27	2.86	1.46	12.4	19.8	8.89	2.18
		10		14.13	11.1	0.293	72.0	142	114	30.1	2.26	2.84	1.46	13.6	21.5	9.56	2.22
8	80	5	9	7.912	6.21	0.315	48.8	85.4	77.3	20.3	2.48	3.13	1.60	8.34	13.7	6.66	2.15
		6		9.397	7.38	0.314	57.4	103	91.0	23.7	2.47	3.11	1.59	9.87	16.1	7.65	2.19
		7		10.86	8.53	0.314	65.6	120	104	27.1	2.46	3.10	1.58	11.4	18.4	8.58	2.23
		8		12.30	9.66	0.314	73.5	137	117	30.4	2.44	3.08	1.57	12.8	20.6	9.46	2.27
		9		13.73	10.8	0.314	81.1	154	129	33.6	2.43	3.06	1.56	14.3	22.7	10.3	2.31
		10		15.13	11.9	0.313	88.4	172	140	36.8	2.42	3.04	1.56	15.6	24.8	11.1	2.35

续表

型号	截面尺寸(mm)			截面面积(cm²)	理论重量(kg/m)	外表面积(m²/m)	惯性矩(cm⁴)				惯性半径(cm)			截面模量(cm³)			重心距离(cm)
	b	d	r				I_x	I_{x1}	I_{x0}	I_{y0}	i_x	i_{x0}	i_{y0}	W_x	W_{x0}	W_{y0}	Z_0
9	90	6	10	10.64	8.35	0.354	82.8	146	131	34.3	2.79	3.51	1.80	12.6	20.6	9.95	2.44
		7		12.30	9.66	0.354	94.8	170	150	39.2	2.78	3.50	1.78	14.5	23.6	11.2	2.48
		8		13.94	10.9	0.353	106	195	169	44.0	2.76	3.48	1.78	16.4	26.6	12.4	2.52
		9		15.57	12.2	0.353	118	219	187	48.7	2.75	3.46	1.77	18.3	29.4	13.5	2.56
		10		17.17	13.5	0.353	129	244	204	53.3	2.74	3.45	1.76	20.1	32.0	14.5	2.59
		12		20.31	15.9	0.352	149	294	236	62.2	2.71	3.41	1.75	23.6	37.1	16.5	2.67
10	100	6	12	11.93	9.37	0.393	115	200	182	47.9	3.10	3.90	2.00	15.7	25.7	12.7	2.67
		7		13.80	10.8	0.393	132	234	209	54.7	3.09	3.89	1.99	18.1	29.6	14.3	2.71
		8		15.64	12.3	0.393	148	267	235	61.4	3.08	3.88	1.98	20.5	33.2	15.8	2.76
		9		17.46	13.7	0.392	164	300	260	68.0	3.07	3.86	1.97	22.8	36.8	17.2	2.80
		10		19.26	15.1	0.392	180	334	285	74.4	3.05	3.84	1.96	25.1	40.3	18.5	2.84
		12		22.80	17.9	0.391	209	402	331	86.8	3.03	3.81	1.95	29.5	46.8	21.1	2.91
		14		26.26	20.6	0.391	237	471	374	99.0	3.00	3.77	1.94	33.7	52.9	23.4	2.99
		16		29.63	23.3	0.390	263	540	414	111	2.98	3.74	1.94	37.8	58.6	25.6	3.06
11	110	7	12	15.20	11.9	0.433	177	311	281	73.4	3.41	4.30	2.20	22.1	36.1	17.5	2.96
		8		17.24	13.5	0.433	199	355	316	82.4	3.40	4.28	2.19	25.0	40.7	19.4	3.01
		10		21.26	16.7	0.432	242	445	384	100	3.38	4.25	2.17	30.6	49.4	22.9	3.09
		12		25.20	19.8	0.431	283	535	448	117	3.35	4.22	2.15	36.1	57.6	26.2	3.16
		14		29.06	22.8	0.431	321	625	508	133	3.32	4.18	2.14	41.3	65.3	29.1	3.24
12.5	125	8	14	19.75	15.5	0.492	297	521	471	123	3.88	4.88	2.50	32.5	53.3	25.9	3.37
		10		24.37	19.1	0.491	362	652	574	149	3.85	4.85	2.48	40.0	64.9	30.6	3.45

续表

型号	b	d	r	截面面积 (cm²)	理论重量 (kg/m)	外表面积 (m²/m)	I_x	I_{x1}	I_{x0}	I_{y0}	i_x	i_{x0}	i_{y0}	W_x	W_{x0}	W_{y0}	Z_0 (cm)
	截面尺寸 (mm)						惯性矩 (cm⁴)				惯性半径 (cm)			截面模量 (cm³)			重心距离
12.5	125	12	14	28.91	22.7	0.491	423	783	671	175	3.83	4.82	2.46	41.2	76.0	35.0	3.53
		14		33.37	26.2	0.490	482	916	764	200	3.80	4.78	2.45	54.2	86.4	39.1	3.61
		16		37.74	29.6	0.489	537	1050	851	224	3.77	4.75	2.43	60.9	96.3	43.0	3.68
14	140	10	14	27.37	21.5	0.551	515	915	817	212	4.34	5.46	2.78	50.6	82.6	39.2	3.82
		12		32.51	25.5	0.551	604	1100	959	249	4.31	5.43	2.76	59.8	96.9	45.0	3.90
		14		37.57	29.5	0.550	689	1280	1090	284	4.28	5.40	2.75	68.8	110	50.5	3.98
		16		42.54	33.4	0.549	770	1470	1220	319	4.26	5.36	2.74	77.5	123	55.6	4.06
15	150	8	14	23.75	18.6	0.592	521	900	827	215	4.69	5.90	3.01	47.4	78.0	38.1	3.99
		10		29.37	23.1	0.591	638	1130	1010	262	4.66	5.87	2.99	58.1	95.5	45.5	4.08
		12		34.91	27.4	0.591	749	1350	1190	308	4.63	5.84	2.97	69.0	112	52.4	4.15
		14		40.37	31.7	0.590	856	1580	1360	352	4.60	5.80	2.95	79.5	128	58.8	4.23
		15		43.06	33.8	0.590	907	1690	1440	374	4.59	5.78	2.95	84.6	136	61.9	4.27
		16		45.74	35.9	0.589	958	1810	1520	395	4.58	5.77	2.94	89.6	143	64.9	4.31
16	160	10	16	31.50	24.7	0.630	780	1370	1240	322	4.98	6.27	3.20	66.7	109	52.8	4.31
		12		37.44	29.4	0.630	917	1640	1460	377	4.95	6.24	3.18	79.0	129	60.7	4.39
		14		43.30	34.0	0.629	1050	1910	1670	432	4.92	6.20	3.16	91.0	147	68.2	4.47
		16		49.07	38.5	0.629	1180	2190	1870	485	4.89	6.17	3.14	103	165	75.3	4.55
18	180	12	16	42.24	33.2	0.710	1320	2330	2100	543	5.59	7.05	3.58	101	165	78.4	4.89
		14		48.90	38.4	0.709	1510	2720	2410	622	5.56	7.02	3.56	116	189	88.4	4.97
		16		55.47	43.5	0.709	1700	3120	2700	699	5.54	6.98	3.55	131	212	97.8	5.05
		18		61.96	48.6	0.708	1880	3500	2990	762	5.50	6.94	3.51	146	235	105	5.13

续表

型号	截面尺寸(mm) b	d	r	截面面积(cm²)	理论重量(kg/m)	外表面积(m²/m)	惯性矩(cm⁴) I_x	I_{x1}	I_{x0}	I_{y0}	惯性半径(cm) i_x	i_{x0}	i_{y0}	截面模量(cm³) W_x	W_{x0}	W_{y0}	重心距离(cm) Z_0
20	200	14	18	54.64	42.9	0.788	2100	3730	3340	864	6.20	7.82	3.98	145	236	112	5.46
		16		62.01	48.7	0.788	2370	4270	3760	971	6.18	7.79	3.96	164	266	124	5.54
		18		69.30	54.4	0.787	2620	4810	4160	1080	6.15	7.75	3.94	182	294	136	5.62
		20		76.51	60.1	0.787	2870	5350	4550	1180	6.12	7.72	3.93	200	322	147	5.69
		24		90.66	71.2	0.785	3340	6460	5290	1380	6.07	7.64	3.90	236	374	167	5.87
22	220	16	21	68.67	53.9	0.866	3190	5680	5060	1310	6.81	8.59	4.37	200	326	154	6.03
		18		76.75	60.3	0.866	3540	6400	5620	1450	6.79	8.55	4.35	223	361	168	6.11
		20		84.76	66.5	0.865	3870	7110	6150	1590	6.76	8.52	4.34	245	395	182	6.18
		22		92.68	72.8	0.865	4200	7830	6670	1730	6.73	8.48	4.32	267	429	195	6.26
		24		100.5	78.9	0.864	4520	8550	7170	1870	6.71	8.45	4.31	289	461	208	6.33
		26		108.3	85.0	0.864	4830	9280	7690	2000	6.68	8.41	4.30	310	492	221	6.41
25	250	18	24	87.84	69.0	0.985	5270	9380	8370	2170	7.75	9.76	4.97	290	473	224	6.84
		20		97.05	76.2	0.984	5780	10400	9180	2380	7.72	9.73	4.95	320	519	243	6.92
		22		106.2	83.3	0.983	6280	11500	9970	2580	7.69	9.69	4.93	349	564	261	7.00
		24		115.2	90.4	0.983	6770	12500	10700	2790	7.67	9.66	4.92	378	608	278	7.07
		26		124.2	97.5	0.982	7240	13600	11500	2980	7.64	9.62	4.90	406	650	295	7.15
		28		133.0	104	0.982	7700	14600	12200	3180	7.61	9.58	4.89	433	691	311	7.22
		30		141.8	111	0.981	8160	15700	12900	3380	7.58	9.55	4.88	461	731	327	7.30
		32		150.5	118	0.981	8600	16800	13600	3570	7.56	9.51	4.87	488	770	342	7.37
		35		163.4	128	0.980	9240	18400	14600	3850	7.52	9.46	4.86	527	827	364	7.48

不等边钢规格及截面特性

表 3.19-4

I — 截面惯性矩；
W — 截面模数；
i — 惯性半径；
x_0, y_0 — 重心距离；

型号	截面尺寸(mm)				截面面积 (cm²)	理论重量 (kg/m)	外表面积 (m²/m)	惯性矩 (cm⁴)					惯性半径 (cm)			截面模量 (cm³)			tan α	重心距离 (cm)	
	B	b	d	r				I_x	I_{x1}	I_y	I_{y1}	I_u	i_x	i_y	i_u	W_x	W_y	W_u		x_0	y_0
2.5/1.6	25	16	3	3.5	1.162	0.91	0.080	0.70	1.56	0.22	0.43	0.14	0.78	0.44	0.34	0.43	0.19	0.16	0.392	0.42	0.86
			4		1.499	1.18	0.079	0.88	2.09	0.27	0.59	0.17	0.77	0.43	0.34	0.55	0.24	0.20	0.381	0.46	0.90
3.2/2	32	20	3	3.5	1.492	1.17	0.102	1.53	3.27	0.46	0.82	0.28	1.01	0.55	0.43	0.72	0.30	0.25	0.382	0.49	1.08
			4		1.939	1.52	0.101	1.93	4.37	0.57	1.12	0.35	1.00	0.54	0.42	0.93	0.39	0.32	0.374	0.53	1.12
4/2.5	40	25	3	4	1.890	1.48	0.127	3.08	5.39	0.93	1.59	0.56	1.28	0.70	0.54	1.15	0.49	0.40	0.385	0.59	1.32
			4		2.467	1.94	0.127	3.93	8.53	1.18	2.14	0.71	1.36	0.69	0.54	1.49	0.63	0.52	0.381	0.63	1.37
4.5/2.8	45	28	3	5	2.149	1.69	0.143	4.45	9.10	1.34	2.23	0.80	1.44	0.79	0.61	1.47	0.62	0.51	0.383	0.64	1.47
			4		2.806	2.20	0.143	5.69	12.1	1.70	3.00	1.02	1.42	0.78	0.60	1.91	0.80	0.66	0.380	0.68	1.51
5/3.2	50	32	3	5.5	2.431	1.91	0.161	6.24	12.5	2.02	3.31	1.20	1.50	0.91	0.70	1.84	0.82	0.68	0.404	0.73	1.60
			4		3.177	2.49	0.160	8.02	16.7	2.58	4.45	1.53	1.59	0.90	0.69	2.39	1.06	0.87	0.402	0.77	1.65
5.6/3.6	56	36	3	6	2.743	2.15	0.181	8.88	17.5	2.92	4.70	1.73	1.80	1.03	0.79	2.32	1.05	0.87	0.408	0.80	1.78
			4		3.590	2.82	0.180	11.5	23.4	3.76	6.33	2.23	1.79	1.02	0.79	3.03	1.37	1.13	0.408	0.85	1.82
			5		4.415	3.47	0.180	13.9	29.3	4.49	7.94	2.67	1.77	1.01	0.78	3.71	1.65	1.36	0.404	0.88	1.87

示意图

续表

型号	截面尺寸(mm)				截面面积(cm²)	理论重量(kg/m)	外表面积(m²/m)	惯性矩(cm⁴)					惯性半径(cm)			截面模量(cm³)			tan α	重心距离(cm)	
	B	b	d	r				I_x	I_{x1}	I_y	I_{y1}	I_u	i_x	i_y	i_u	W_x	W_y	W_u		x_0	y_0
6.3/4	63	40	4	7	4.058	3.19	0.202	16.5	33.3	5.23	8.63	3.12	2.02	1.14	0.88	3.87	1.70	1.40	0.398	0.92	2.04
			5		4.993	3.92	0.202	20.0	41.6	6.31	10.9	3.76	2.00	1.12	0.87	4.74	2.07	1.71	0.396	0.95	2.08
			6		5.908	4.64	0.201	23.4	50.0	7.29	13.1	4.34	1.96	1.11	0.86	5.59	2.43	1.99	0.393	0.99	2.12
			7		6.802	5.34	0.201	26.5	58.1	8.24	15.5	4.97	1.98	1.10	0.86	6.40	2.78	2.29	0.389	1.03	2.15
7/4.5	70	45	4	7.5	4.553	3.57	0.226	23.2	45.9	7.55	12.3	4.40	2.26	1.29	0.98	4.86	2.17	1.77	0.410	1.02	2.24
			5		5.609	4.40	0.225	28.0	57.1	9.13	15.4	5.40	2.23	1.28	0.98	5.92	2.65	2.19	0.407	1.06	2.28
			6		6.644	5.22	0.225	32.5	68.4	10.6	18.6	6.35	2.21	1.26	0.98	6.95	3.12	2.59	0.404	1.09	2.32
			7		7.658	6.01	0.225	37.2	80.0	12.0	21.8	7.16	2.20	1.25	0.97	8.03	3.57	2.94	0.402	1.13	2.36
7.5/5	75	50	5	8	6.126	4.81	0.245	34.9	70.0	12.6	21.0	7.41	2.39	1.44	1.10	6.83	3.30	2.74	0.435	1.17	2.40
			6		7.260	5.70	0.245	41.1	84.3	14.7	25.4	8.54	2.38	1.42	1.08	8.12	3.88	3.19	0.435	1.21	2.44
			8		9.467	7.43	0.244	52.4	113	18.5	34.2	10.9	2.35	1.40	1.07	10.5	4.99	4.10	0.429	1.29	2.52
			10		11.59	9.10	0.244	62.7	141	22.0	43.4	13.1	2.33	1.38	1.06	12.8	6.04	4.99	0.423	1.36	2.60
8/5	80	50	5	8	6.376	5.00	0.255	42.0	85.2	12.8	21.1	7.66	2.56	1.42	1.10	7.78	3.32	2.74	0.388	1.14	2.60
			6		7.560	5.93	0.255	49.5	103	15.0	25.4	8.85	2.56	1.41	1.08	9.25	3.91	3.20	0.387	1.18	2.65
			7		8.724	6.85	0.255	56.2	119	17.0	29.8	10.2	2.54	1.39	1.08	10.6	4.48	3.70	0.384	1.21	2.69
			8		9.867	7.75	0.254	62.8	136	18.9	34.3	11.4	2.52	1.38	1.07	11.9	5.03	4.16	0.381	1.25	2.73
9/5.6	90	56	5	9	7.212	5.66	0.287	60.5	121	18.3	29.5	11.0	2.90	1.59	1.23	9.92	4.21	3.49	0.385	1.25	2.91
			6		8.557	6.72	0.286	71.0	146	21.4	35.6	12.9	2.88	1.58	1.23	11.7	4.96	4.13	0.384	1.29	2.95
			7		9.881	7.76	0.286	81.0	170	24.4	41.7	14.7	2.86	1.57	1.22	13.5	5.70	4.72	0.382	1.33	3.00
			8		11.18	8.78	0.286	91.0	194	27.2	47.9	16.3	2.85	1.56	1.21	15.3	6.41	5.29	0.380	1.36	3.04

续表

型号	截面尺寸(mm)				截面面积(cm²)	理论重量(kg/m)	外表面积(m²/m)	惯性矩(cm⁴)					惯性半径(cm)			截面模量(cm³)			tan α	重心距离	
	B	b	d	r				I_x	I_{x1}	I_y	I_{y1}	I_u	i_x	i_y	i_u	W_x	W_y	W_u		x_0	y_0
10/6.3	100	63	6	10	9.618	7.55	0.320	99.1	200	30.9	50.5	18.4	3.21	1.79	1.38	14.6	6.35	5.25	0.394	1.43	3.24
			7		11.11	8.72	0.320	113	233	35.3	59.1	21.0	3.20	1.78	1.38	16.9	7.29	6.02	0.394	1.47	3.28
			8		12.58	9.88	0.319	127	266	39.4	67.9	23.5	3.18	1.77	1.37	19.1	8.21	6.78	0.391	1.50	3.32
			10		15.47	12.1	0.319	154	333	47.1	85.7	28.3	3.15	1.74	1.35	23.3	9.98	8.24	0.387	1.58	3.40
10/8	100	80	6	10	10.64	8.35	0.354	107	200	61.2	103	31.7	3.17	2.40	1.72	15.2	10.2	8.37	0.627	1.97	2.95
			7		12.30	9.66	0.354	123	233	70.1	120	36.2	3.16	2.39	1.72	17.5	11.7	9.60	0.626	2.01	3.00
			8		13.94	10.9	0.353	138	267	78.6	137	40.6	3.14	2.37	1.71	19.8	13.2	10.8	0.625	2.05	3.04
			10		17.17	13.5	0.353	167	334	94.7	172	49.1	3.12	2.35	1.69	24.2	16.1	13.1	0.622	2.13	3.12
11/7	110	70	6	10	10.64	8.35	0.354	133	266	42.9	69.1	25.4	3.54	2.01	1.54	17.9	7.90	6.53	0.403	1.57	3.53
			7		12.30	9.66	0.354	153	310	49.0	80.8	29.0	3.53	2.00	1.53	20.6	9.09	7.50	0.402	1.61	3.57
			8		13.94	10.9	0.353	172	354	54.9	92.7	32.5	3.51	1.98	1.53	23.3	10.3	8.45	0.401	1.65	3.62
			10		17.17	13.5	0.353	208	443	65.9	117	39.2	3.48	1.96	1.51	28.5	12.5	10.3	0.397	1.72	3.70
12.5/8	125	80	7	11	14.10	11.1	0.403	228	455	74.4	120	43.8	4.02	2.30	1.76	26.9	12.0	9.92	0.408	1.80	4.01
			8		15.99	12.6	0.403	257	520	83.5	138	49.2	4.01	2.28	1.75	30.4	13.6	11.2	0.407	1.84	4.06
			10		19.71	15.5	0.402	312	650	101	173	59.5	3.98	2.26	1.74	37.3	16.6	13.6	0.404	1.92	4.14
			12		23.35	18.3	0.402	364	780	117	210	69.4	3.95	2.24	1.72	44.0	19.4	16.0	0.400	2.00	4.22
14/9	140	90	8	12	18.04	14.2	0.453	366	731	121	196	70.8	4.50	2.59	1.98	38.5	17.3	14.3	0.411	2.04	4.50
			10		22.26	17.5	0.452	446	913	140	246	85.8	4.47	2.56	1.96	47.3	21.2	17.5	0.409	2.12	4.58
			12		26.40	20.7	0.451	522	1100	170	297	100	4.44	2.54	1.95	55.9	25.0	20.5	0.406	2.19	4.66
			14		30.46	23.9	0.451	594	1280	192	349	114	4.42	2.51	1.94	64.2	28.5	23.5	0.403	2.27	4.74

3.20 轴心受压构件的稳定系数

3.20.1 a 类截面

a 类截面轴心受压构件的稳定系数应按表 3.20-1 取值。

a 类截面轴心受压构件的稳定系数 φ 表 3.20-1

λ/ε_k	0	1	2	3	4	5	6	7	8	9
0	1.000	1.000	1.000	1.000	0.999	0.999	0.998	0.998	0.997	0.996
10	0.995	0.994	0.993	0.992	0.991	0.989	0.988	0.986	0.985	0.983
20	0.981	0.979	0.977	0.976	0.974	0.972	0.970	0.968	0.966	0.964
30	0.963	0.961	0.959	0.957	0.954	0.952	0.950	0.948	0.946	0.944
40	0.941	0.939	0.937	0.934	0.932	0.929	0.927	0.924	0.921	0.918
50	0.916	0.913	0.910	0.907	0.903	0.900	0.897	0.893	0.890	0.886
60	0.883	0.879	0.875	0.871	0.867	0.862	0.858	0.854	0.849	0.844
70	0.839	0.834	0.829	0.824	0.818	0.813	0.807	0.801	0.795	0.789
80	0.783	0.776	0.770	0.763	0.756	0.749	0.742	0.735	0.728	0.721
90	0.713	0.706	0.698	0.691	0.683	0.676	0.668	0.660	0.653	0.645
100	0.637	0.630	0.622	0.614	0.607	0.599	0.592	0.584	0.577	0.569
110	0.562	0.555	0.548	0.541	0.534	0.527	0.520	0.513	0.507	0.500
120	0.494	0.487	0.481	0.475	0.469	0.463	0.457	0.451	0.445	0.439
130	0.434	0.428	0.423	0.417	0.412	0.407	0.402	0.397	0.392	0.387
140	0.382	0.378	0.373	0.368	0.364	0.360	0.355	0.351	0.347	0.343
150	0.339	0.335	0.331	0.327	0.323	0.319	0.316	0.312	0.308	0.305
160	0.302	0.298	0.295	0.292	0.288	0.285	0.282	0.279	0.276	0.273
170	0.270	0.267	0.264	0.261	0.259	0.256	0.253	0.250	0.248	0.245
180	0.243	0.240	0.238	0.235	0.233	0.231	0.228	0.226	0.224	0.222
190	0.219	0.217	0.215	0.213	0.211	0.209	0.207	0.205	0.203	0.201
200	0.199	0.197	0.196	0.194	0.192	0.190	0.188	0.187	0.185	0.183
210	0.182	0.180	0.178	0.177	0.175	0.174	0.172	0.171	0.169	0.168
220	0.166	0.165	0.163	0.162	0.161	0.159	0.158	0.157	0.155	0.154
230	0.153	0.151	0.150	0.149	0.148	0.147	0.145	0.144	0.143	0.142
240	0.141	0.140	0.139	0.137	0.136	0.135	0.134	0.133	0.132	0.131

注：表中值系按第 3.20.5 节中的公式计算而得。

3.20.2　b 类截面

b 类截面轴心受压构件的稳定系数应按表 3.20-2 取值。

b 类截面轴心受压构件的稳定系数 φ　　　　　表 3.20-2

λ/ε_k	0	1	2	3	4	5	6	7	8	9
0	1.000	1.000	1.000	0.999	0.999	0.998	0.997	0.996	0.995	0.994
10	0.992	0.991	0.989	0.987	0.985	0.983	0.981	0.978	0.976	0.973
20	0.970	0.967	0.963	0.960	0.957	0.953	0.950	0.946	0.943	0.939
30	0.936	0.932	0.929	0.925	0.921	0.918	0.914	0.910	0.906	0.903
40	0.899	0.895	0.891	0.886	0.882	0.878	0.874	0.870	0.865	0.861
50	0.856	0.852	0.847	0.842	0.837	0.833	0.828	0.823	0.818	0.812
60	0.807	0.802	0.796	0.791	0.785	0.780	0.774	0.768	0.762	0.757
70	0.751	0.745	0.738	0.732	0.726	0.720	0.713	0.707	0.701	0.694
80	0.687	0.681	0.674	0.668	0.661	0.654	0.648	0.641	0.634	0.628
90	0.621	0.614	0.607	0.601	0.594	0.587	0.581	0.574	0.568	0.561
100	0.555	0.548	0.542	0.535	0.529	0.523	0.517	0.511	0.504	0.498
110	0.492	0.487	0.481	0.475	0.469	0.464	0.458	0.453	0.447	0.442
120	0.436	0.431	0.426	0.421	0.416	0.411	0.406	0.401	0.396	0.392
130	0.387	0.383	0.378	0.374	0.369	0.365	0.361	0.357	0.352	0.348
140	0.344	0.340	0.337	0.333	0.329	0.325	0.322	0.318	0.314	0.311
150	0.308	0.304	0.301	0.297	0.294	0.291	0.288	0.285	0.282	0.279
160	0.276	0.273	0.270	0.267	0.264	0.262	0.259	0.256	0.253	0.251
170	0.248	0.246	0.243	0.241	0.238	0.236	0.234	0.231	0.229	0.227
180	0.225	0.222	0.220	0.218	0.216	0.214	0.212	0.210	0.208	0.206
190	0.204	0.202	0.200	0.198	0.196	0.195	0.193	0.191	0.189	0.188
200	0.186	0.184	0.183	0.181	0.179	0.178	0.176	0.175	0.173	0.172
210	0.170	0.169	0.167	0.166	0.164	0.163	0.162	0.160	0.159	0.158
220	0.156	0.155	0.154	0.152	0.151	0.150	0.149	0.147	0.146	0.145
230	0.144	0.143	0.142	0.141	0.139	0.138	0.137	0.136	0.135	0.134
240	0.133	0.132	0.131	0.130	0.129	0.128	0.127	0.126	0.125	0.124
250	0.123	—	—	—	—	—	—	—	—	—

注：表中值系按第 3.20.5 节中的公式计算而得。

3.20.3 c类截面

c类截面轴心受压构件的稳定系数应按表3.20-3取值。

c 类截面轴心受压构件的稳定系数 φ

表 3.20-3

λ/ε_k	0	1	2	3	4	5	6	7	8	9
0	1.000	1.000	1.000	0.999	0.999	0.998	0.997	0.996	0.995	0.993
10	0.992	0.990	0.988	0.986	0.983	0.981	0.978	0.976	0.973	0.970
20	0.966	0.959	0.953	0.947	0.940	0.934	0.928	0.921	0.915	0.909
30	0.902	0.896	0.890	0.883	0.877	0.871	0.865	0.858	0.852	0.845
40	0.839	0.833	0.826	0.820	0.813	0.807	0.800	0.794	0.787	0.781
50	0.774	0.768	0.761	0.755	0.748	0.742	0.735	0.728	0.722	0.715
60	0.709	0.702	0.695	0.689	0.682	0.675	0.669	0.662	0.656	0.649
70	0.642	0.636	0.629	0.623	0.616	0.610	0.603	0.597	0.591	0.584
80	0.578	0.572	0.565	0.559	0.553	0.547	0.541	0.535	0.529	0.523
90	0.517	0.511	0.505	0.499	0.494	0.488	0.483	0.477	0.471	0.467
100	0.462	0.458	0.453	0.449	0.445	0.440	0.436	0.432	0.427	0.423
110	0.419	0.415	0.411	0.407	0.402	0.398	0.394	0.390	0.386	0.383
120	0.379	0.375	0.371	0.367	0.363	0.360	0.356	0.352	0.349	0.345
130	0.342	0.338	0.335	0.332	0.328	0.325	0.322	0.318	0.315	0.312
140	0.309	0.306	0.303	0.300	0.297	0.294	0.291	0.288	0.285	0.282
150	0.279	0.277	0.274	0.271	0.269	0.266	0.263	0.261	0.258	0.256
160	0.253	0.251	0.248	0.246	0.244	0.241	0.239	0.237	0.235	0.232
170	0.230	0.228	0.226	0.224	0.222	0.220	0.218	0.216	0.214	0.212
180	0.210	0.208	0.206	0.204	0.203	0.201	0.199	0.197	0.195	0.194
190	0.192	0.190	0.189	0.187	0.185	0.184	0.182	0.181	0.179	0.178
200	0.176	0.175	0.173	0.172	0.170	0.169	0.167	0.166	0.165	0.163
210	0.162	0.161	0.159	0.158	0.157	0.155	0.154	0.153	0.152	0.151
220	0.149	0.148	0.147	0.146	0.145	0.144	0.142	0.141	0.140	0.139
230	0.138	0.137	0.136	0.135	0.134	0.133	0.132	0.131	0.130	0.129
240	0.128	0.127	0.126	0.125	0.124	0.123	0.123	0.122	0.121	0.120
250	0.119	—	—	—	—	—	—	—	—	—

注：表中值系按第3.20.5节中的公式计算而得。

3.20.4　d 类截面

d 类截面轴心受压构件的稳定系数应按表 3.20-4 取值。

d 类截面轴心受压构件的稳定系数 φ　　　　表 3.20-4

λ/ε_k	0	1	2	3	4	5	6	7	8	9
0	1.000	1.000	0.999	0.999	0.998	0.996	0.944	0.992	0.990	0.987
10	0.984	0.981	0.978	0.974	0.969	0.965	0.960	0.955	0.949	0.944
20	0.937	0.927	0.918	0.909	0.900	0.891	0.883	0.874	0.865	0.857
30	0.848	0.840	0.831	0.823	0.815	0.807	0.798	0.790	0.782	0.774
40	0.766	0.758	0.751	0.743	0.735	0.727	0.720	0.712	0.705	0.697
50	0.690	0.682	0.675	0.668	0.660	0.653	0.646	0.639	0.632	0.625
60	0.618	0.611	0.605	0.598	0.591	0.585	0.578	0.571	0.565	0.559
70	0.552	0.546	0.540	0.534	0.528	0.521	0.516	0.510	0.504	0.498
80	0.492	0.487	0.481	0.476	0.470	0.465	0.459	0.454	0.449	0.444
90	0.439	0.434	0.429	0.424	0.419	0.414	0.409	0.405	0.401	0.397
100	0.393	0.390	0.386	0.383	0.380	0.376	0.373	0.369	0.366	0.363
110	0.359	0.356	0.353	0.350	0.346	0.343	0.340	0.337	0.334	0.331
120	0.328	0.325	0.322	0.319	0.316	0.313	0.310	0.307	0.304	0.301
130	0.298	0.296	0.293	0.290	0.288	0.285	0.282	0.280	0.277	0.275
140	0.272	0.270	0.267	0.265	0.262	0.260	0.257	0.255	0.253	0.250
150	0.248	0.246	0.244	0.242	0.239	0.237	0.235	0.233	0.231	0.229
160	0.227	0.225	0.223	0.221	0.219	0.217	0.215	0.213	0.211	0.210
170	0.208	0.206	0.204	0.202	0.201	0.199	0.197	0.196	0.194	0.192
180	0.191	0.189	0.187	0.186	0.184	0.183	0.181	0.180	0.178	0.177
190	0.175	0.174	0.173	0.171	0.170	0.168	0.167	0.166	0.164	0.163
200	0.162	—	—	—	—	—	—	—	—	—

注：表中值系按第 3.20.5 节中的公式计算而得。

3.20.5　稳定系数超范围情况

当构件的 λ/ε_k 超出表 3.20-1～表 3.20-4 范围时，轴心受压构件的稳定系数应按下列公式计算。当 $\lambda_n \leqslant 0.215$ 时：

$$\varphi = 1 - \alpha_1 \lambda_n^2 \qquad (3.20.5\text{-}1)$$

$$\lambda_{n} = \frac{\lambda}{\pi} \sqrt{\frac{f_{y}}{E}} \tag{3.20.5-2}$$

当 $\lambda_{n} > 0.215$ 时：

$$\varphi = \frac{1}{2\lambda_{n}^{2}} \left[(\alpha_{2} + \alpha_{3}\lambda_{n} + \lambda_{n}^{2}) - \sqrt{(\alpha_{2} + \alpha_{3}\lambda_{n} + \lambda_{n}^{2})^{2} - 4\lambda_{n}^{2}} \right] \tag{3.20.5-3}$$

式中：α_{1}、α_{2}、α_{3}——系数，应根据《钢标》表 7.2.1-1、表 7.2.1-2（即本书表 3.21-1、表 3.21-2）的截面分类，按表 3.20-5 采用。

系数 $\pmb{\alpha_{1}}$、$\pmb{\alpha_{2}}$、$\pmb{\alpha_{3}}$ 表 3.20-5

截面类别		α_{1}	α_{2}	α_{3}
a 类		0.41	0.986	0.152
b 类		0.65	0.965	0.300
c 类	$\lambda_{n} \leqslant 1.05$	0.73	0.906	0.595
	$\lambda_{n} > 1.05$		1.216	0.302
d 类	$\lambda_{n} \leqslant 1.05$	1.35	0.868	0.915
	$\lambda_{n} > 1.05$		1.375	0.432

3.21 轴心受压构件的截面分类

轴心受压构件的截面分类见表 3.21-1、表 3.21-2。

轴心受压构件的截面分类（板厚 $t<40\text{mm}$）　　　　　　表 3.21-1

截面形式		对 x 轴	对 y 轴
轧制		a 类	a 类
轧制	$b/h\leqslant0.8$	a 类	b 类
	$b/h>0.8$	a* 类	b* 类
轧制等边角钢		a* 类	a* 类
焊接、翼缘为焰切边 / 焊接		b 类	b 类
轧制		b 类	b 类
轧制、焊接(板件宽厚比>20) / 轧制或焊接			

续表

截面形式		对 x 轴	对 y 轴
焊接	轧制截面和翼缘为焰切边的焊接截面	b 类	b 类
格构式	焊接，板件边缘焰切		
焊接，翼缘为轧制或剪切边		b 类	c 类
焊接，板件边缘轧制或剪切	轧制、焊接(板件宽厚比≤20)	c 类	c 类

注：1. a* 类含义为 Q235 钢取 b 类，Q345（Q355）、Q390、Q420 和 Q460 钢取 a 类；

b* 类含义为 Q235 钢取 c 类，Q345（Q355）、Q390、Q420 和 Q460 钢取 b 类；

2. 无对称轴且剪心和形心不重合的截面，其截面分类可按有对称轴的类似截面确定，如不等边角钢采用等边角钢的类别；当无类似截面时，可取 c 类。

轴心受压构件的截面分类（板厚 $t \geqslant 40mm$） 表 3.21-2

截面形式		对 x 轴	对 y 轴
轧制工字形或H形截面	$t < 80mm$	b 类	c 类
	$t \geqslant 80mm$	c 类	d 类

续表

截面形式		对 x 轴	对 y 轴
焊接工字形截面	翼缘为焰切边	b 类	b 类
焊接工字形截面	翼缘为轧制或剪切边	c 类	d 类
焊接箱形截面	板件宽厚比＞20	b 类	b 类
焊接箱形截面	板件宽厚比≤20	c 类	c 类

3.22 部分城市冬季室外空气调节计算温度

部分城市冬季室外空气调节计算温度见表 3.22-1。

部分城市冬季室外空气调节计算温度 T（℃）   表 3.22-1

省/自治区/直辖市	北京	天津	河北		山西	内蒙古
城市	北京	天津	唐山	石家庄	太原	呼和浩特
T	−9.9	−9.6	−11.6	−8.8	−12.8	−20.3
省/自治区/直辖市	辽宁	吉林		黑龙江		上海
城市	沈阳	吉林	长春	齐齐哈尔	哈尔滨	上海
T	−20.7	−27.5	−24.3	−27.2	−27.1	−2.2
省/自治区/直辖市	山东			浙江		
城市	烟台	济南	青岛	杭州	宁波	温州
T	−8.1	−7.7	−7.2	−2.4	−1.5	1.4
省/自治区/直辖市	江苏		安徽		福建	
城市	连云港	南州南京	蚌埠	合肥	福州	厦门
T	−6.4	−4.1	−5.0	−4.2	4.4	6.6
省/自治区/直辖市	江西		河南		湖北	湖南
城市	九江	南昌	洛阳	郑州	武汉	长沙
T	−2.3	−1.5	−5.1	−6.0	−2.6	−1.9
省/自治区/直辖市	广东			广西		
城市	汕头	广州	湛江	桂林	南宁	北海
T	7.1	5.2	7.5	1.1	5.7	6.2
省/自治区/直辖市	海南	四川		贵州	云南	西藏
城市	海口	成都	重庆	贵阳	昆明	拉萨
T	10.3	1.0	2.2	−2.5	0.9	−7.6
省/自治区/直辖市	陕西	甘肃	青海	宁夏	新疆	
城市	西安	兰州	西宁	银川	乌鲁木齐	吐鲁番
T	−5.7	−11.5	−13.6	−17.3	−23.7	−17.1

3.23 全国部分城市的极端最高气温和极端最低气温

全国部分城市的极端最高气温和极端最低气温见表 3.23-1。

全国部分城市的极端最高气温（℃）和极端最低气温（℃）　　　表 3.23-1

省/自治区/直辖市	城市	最高气温	最低气温	省/自治区/直辖市	城市	最高气温	最低气温
北京	北京	41.9	−18.3	河南	郑州	42.3	−17.9
天津	天津	40.5	−17.8		开封	42.5	−16.0
河北	石家庄	41.5	−19.3		洛阳	41.7	−15.0
	唐山	39.6	−22.7		安阳	41.5	−17.3
	保定	41.6	−19.6		许昌	41.9	−19.6
	张家口	39.2	−24.6		南阳	41.4	−17.5
	承德	43.3	−24.2	湖北	武汉	39.3	−18.1
	沧州	40.5	−19.5		宜昌	40.4	−9.8
山西	太原	37.4	−22.7		十堰	41.4	−17.6
	大同	37.2	−27.2		咸宁	39.4	−12.0
内蒙古	呼和浩特	38.5	−30.5		恩施	40.3	−12.3
	包头	39.2	−31.4	湖南	长沙	39.7	−11.3
辽宁	沈阳	36.1	−29.4		岳阳	39.3	−11.4
	大连	35.3	−18.8		衡阳	40.0	−7.9
	鞍山	36.5	−26.9		张家界	40.7	−10.2
	抚顺	37.7	−35.9		永州	39.7	−7
	朝阳	43.3	−34.4	广东	广州	38.1	0.0
	锦州	41.8	−22.8		深圳	38.7	1.7
吉林	长春	35.7	−33.0		韶关	40.3	−4.3
	吉林	35.7	−40.3		汕头	38.6	0.3
	通化	35.6	−33.1		肇庆	38.7	1
	白城	38.6	−38.1		湛江	38.1	2.8
黑龙江	哈尔滨	36.7	−37.7	广西	南宁	39.0	−1.9
	齐齐哈尔	40.1	−36.4		柳州	39.1	−1.3
	伊春	36.3	−41.2		桂林	38.5	−3.6
	牡丹江	38.4	−35.1		梧州	39.7	−1.5
	漠河	38.0	−49.6		北海	37.1	2
上海	上海	39.4	−10.1		百色	42.2	0.1
江苏	南京	39.7	−13.1	海南	海口	38.7	4.9
	徐州	40.6	−15.8		三亚	35.9	5.1

续表

省/自治区/直辖市	城市	最高气温	最低气温	省/自治区/直辖市	城市	最高气温	最低气温
江苏	南通	38.5	−9.6	重庆	重庆	40.2	−1.8
	连云港	38.7	−13.8	四川	成都	36.7	−5.9
	常州	39.4	−12.8		甘孜州	29.4	−14.1
	淮安	38.2	−14.2		宜宾	39.5	−1.7
	盐城	37.7	−12.3		凉山州	36.6	−3.8
	扬州	38.2	−11.5		遂宁	39.5	−3.8
	苏州	38.8	−8.3		乐山	36.8	−2.9
浙江	杭州	39.9	−8.6		泸州	39.8	−1.9
	宁波	39.5	−8.5		绵阳	37.2	−7.3
	温州	39.6	−3.9		达州	41.2	−4.5
	绍兴	40.3	−9.6		雅安	35.4	−3.9
	金华	40.5	−9.6		阿坝州	34.5	−16
	丽水	41.3	−7.5	贵州	贵阳	35.1	−7.3
	舟山	38.6	−5.5		遵义	37.4	−7.1
	嘉兴	38.4	−10.6		毕节	39.7	−11.3
安徽	合肥	39.1	−13.5		铜仁	40.1	−9.2
	安庆	39.5	−9.0	云南	昆明	30.4	−7.8
	宣城	41.1	−15.9		丽江	32.3	−10.3
	芜湖	39.5	−10.1		西双版纳	41.1	1.9
	黄山	27.6	−22.7		玉溪	32.6	−5.5
	亳州	41.3	−17.5		大理	31.6	−4.2
	蚌埠	40.3	−13.0	西藏	拉萨	29.9	−16.5
福建	福州	39.9	−1.7	陕西	西安	41.8	−12.8
	厦门	38.5	1.5		延安	38.3	−23.0
	龙岩	39.0	−3.0		宝鸡	41.6	−16.1
江西	南昌	40.1	−9.7		榆林	38.6	−30.0
	景德镇	40.4	−9.6		咸阳	40.4	−19.4
	九江	40.3	−7.0	甘肃	兰州	39.8	−19.7
	上饶	40.7	−9.5		酒泉	36.6	−29.8
	吉安	40.3	−8.0		天水	38.2	−17.4
山东	济南	40.5	−14.9		张掖	38.6	−28.2
	青岛	37.4	−14.3	青海	西宁	36.5	−24.9
	淄博	40.7	−23.0	宁夏	银川	38.7	−27.7
	泰安	38.1	−20.7	新疆	乌鲁木齐	42.1	−32.8
	临沂	38.4	−14.3		克拉玛依	42.7	−34.3

续表

省/自治区/直辖市	城市	最高气温	最低气温	省/自治区/直辖市	城市	最高气温	最低气温
山东	潍坊	40.7	−17.9	新疆	吐鲁番	47.7	−25.2
	烟台	38.0	−12.8		哈密	43.2	−28.6
	德州	39.4	−20.1		和田	41.1	−20.1

注：数据摘自《民用建筑供暖通风与空气调节设计规范》GB 50736—2012 的附录 A。

3.24 常用钢材的焊接材料选用匹配推荐表

常用钢材的焊接材料选用匹配推荐表见表 3.24-1。

常用钢材的焊接材料选用匹配推荐表　　　　　　　表 3.24-1

母材				焊接材料			
GB/T 700 GB/T 1591 标准钢材	GB/T 19879 标准钢材	GB/T 4171 标准钢材	GB/T 7659 标准钢材	焊条电弧焊 SMAW	实心焊丝气 体保护焊 GMAW	药芯焊丝 气体保护焊 FCAW	埋弧焊 SAW
Q235	Q235GJ	Q235NH Q295NH Q295GNH	ZG270-480H	GB/T 5117： E43XX E50XX E50XX-X	GB/T 8110： ER49-X ER50-X	GB/T 10045： E43XTX-X E50XTX-X GB/T 17493： E43XTX-X E49XTX-X	GB/T 5293： F4XX-H08A GB/T 12470： F48XX-H08MnA
Q355 Q390	Q345GJ Q390GJ	Q355NH Q345GNH Q345GNHL Q390GNH	—	GB/T 5117： E50XX E5015、16-X	GB/T 8110： ER50-X ER55-X	GB/T 10045： E50XTX-X GB/T 17493： E50XTX-X	GB/T 5293： F5XX-H08MnA F5XX-H10Mn2 GB/T 12470： F48XX-H08MnA F48XX-H10Mn2 F48XX-H10Mn2A
Q420	Q420GJ	Q415NH	—	GB/T 5117： E5515、16-X	GB/T 8110： ER55-X	GB/T 17493： E55XTX-X	GB/T 12470： F55XX-H10Mn2A F55XX-H08MnMoA
Q460	Q460GJ	Q460NH	—	GB/T 5117： E5515、16-X	GB/T 8110： ER55-X	GB/T 17493： E55XTX-X E60XTX-X	GB/T 12470： F55XX-H08MnMoA F55XX-H08Mn2MoVA

注：1. 被焊母材有冲击要求时，熔敷金属的冲击功不应低于母材规定；
　　2. 焊接接头板厚不小于 25mm 时，宜采用低氢型焊接材料；
　　3. 表中 X 为对应焊材标准中的焊材类别。

3.25 钢材的设计用强度指标

钢材的设计用强度指标见表 3.25-1。

钢材的设计用强度指标 　　　　　　　表 3.25-1

钢材牌号		厚度或直径（mm）	钢材强度		钢材强度设计值		
钢种	牌号		抗拉强度最小值 f_u (N/mm²)	屈服强度最小值 f_y (N/mm²)	抗拉、抗压和抗弯 f (N/mm²)	抗剪 f_v (N/mm²)	端面承压（刨平顶紧） f_{ce} (N/mm²)
碳素结构钢（GB/T 700）	Q235	≤16	370	235	215	125	320
		>16,≤40		225	205	120	
		>40,≤100		215	200	115	
低合金高强度结构钢（GB/T 1591）	Q355	≤16	470	355	305	175	400
		>16,≤40		345	295	170	
		>40,≤63		335	290	165	
		>63,≤80		325	280	160	
		>80,≤100		315	270	155	
	Q390	≤16	490	390	345	200	415
		>16,≤40		380	330	190	
		>40,≤63		360	310	180	
		>63,≤100		340	295	170	
	Q420	≤16	520	420	375	215	440
		>16,≤40		410	355	205	
		>40,≤63		390	320	185	
		>63,≤100		370	305	175	
	Q460	≤16	550	460	410	235	470
		>16,≤40		450	390	225	
		>40,≤63		430	355	205	
		>63,≤100		410	340	195	
建筑结构用钢板（GB/T 19879）	Q345GJ	>16,≤50	490	345	325	190	415
		>50,≤100		335	300	175	

注：表中直径指实心棒材，厚度系指计算点的钢材厚度或钢管厚度，对轴心受拉和受压杆件系指截面中较厚板件的厚度。

3.26 防腐蚀设计年限

1. 防腐蚀设计使用年限的规定（表 3.26-1）

防腐蚀设计使用年限应根据腐蚀性等级、工作环境和维修养护条件综合确定。

防腐蚀设计使用年限分为低使用年限、中使用年限、长使用年限和超长使用年限。

防腐蚀设计使用年限的划分与防腐蚀设计年限之间的对应关系　　　　表 3.26-1

序号	防腐蚀设计年限划分	防腐蚀设计年限(年)
1	低使用年限	2～5
2	中使用年限	6～10
3	长使用年限	11～15
4	超长使用年限	＞15

2. 防腐蚀设计年限与结构设计年限的对应关系（表 3.26-2）

防腐蚀设计年限与结构设计年限的对应关系（建议值）　　　　表 3.26-2

类型	设计使用年限(年)	防腐蚀设计年限(年)	
		易维护	不易维护
钢结构	25、50、100	15	25
建筑金属制品构件	25、50	15	25

注：1. 不易维护指使用期间不能重新油漆的结构部位。

　　2. 易维护指除不易维护的结构部位外的所有部位。

3.27 大气环境腐蚀性分类

大气腐蚀性等级分为以下六级：

（1）C1，很低的腐蚀性：在干燥、无污染的大气环境中，金属材料的腐蚀速率非常缓慢，一般不会产生明显的腐蚀损害。

（2）C2，低的腐蚀性：在城市、工业区等有轻微污染或腐蚀性的大气环境中，金属材料的腐蚀速率较慢，但是长期暴露在这种环境中，金属材料仍然会受到一定程度的腐蚀损害。这种环境下，金属材料需要定期进行维护保养。

（3）C3，中等的腐蚀性：在海岸地区、城市工业区等有中等污染或腐蚀性的大气环境中，金属材料的腐蚀速率较快，会受到明显的腐蚀损害。这种情况下，金属材料需要采取一些措施，如涂层、防腐处理等，以延长其使用寿命。

（4）C4，高的腐蚀性：在海洋、化工厂等有严重污染或腐蚀性的大气环境中，金属材料的腐蚀速率非常快，会受到严重的腐蚀损害。这种环境下，金属材料需要采取严格的措施，如使用高强度的防腐涂料、采用不锈钢等特殊材料。

（5）C5，很高的腐蚀性：在工业区、海洋等有极度污染或腐蚀性的大气环境中，金属材料的腐蚀速率非常快，会受到极度严重的腐蚀损害。这种环境下，金属材料需要采取最严格的防腐措施，如使用高强度的不锈钢、采用特殊的防腐涂料等。

（6）CX，极高的腐蚀性：在特殊环境下，如酸雨、高温度等极端环境中，金属材料会受到极度严重的腐蚀损害。这种环境下，金属材料需要采取特殊的防腐措施，如使用特殊的防腐涂料、采用特殊的材料等。

大气腐蚀性等级和典型环境示例见表 3.27-1。

大气腐蚀性等级和典型环境示例　　　　　表 3.27-1

腐蚀性等级	单位面积上质量/厚度损失（经过第一年暴露后）				温和气候下的典型环境示例（仅供参考）	
	低碳钢		锌			
	质量损失（g/m²）	厚度损失（μm）	质量损失（g/m²）	厚度损失（μm）	外部	内部
C1 很低	≤10	≤1.3	≤0.7	≤0.1	—	加热的建筑物内部,空气清洁,如办公室、商店、学校和宾馆等
C2 低	>10且≤200	>1.3且≤25	>0.7且≤5	>0.1且≤0.7	低污染水平的大气,大部分是乡村地带	冷凝有可能发生的未加热的建筑如库房、体育馆等
C3 中等	>200且≤400	>25且≤50	>5且≤15	>0.7且≤2.1	城市和工业大气,中等的二氧化硫污染以及低盐度沿海区域	高湿度和有些空气污染的生产厂房内,如食品加工厂、洗衣厂、酒精厂、乳制品厂等

腐蚀性等级	单位面积上质量/厚度损失(经过第一年暴露后)				温和气候下的典型环境示例(仅供参考)	
	低碳钢		锌		外部	内部
	质量损失 (g/m²)	厚度损失 (μm)	质量损失 (g/m²)	厚度损失 (μm)		
C4 高	>400 且≤650	>50 且≤80	>15 且≤30	>2.1 且≤4.2	中等含盐度的工业区和沿海区域	化工厂、游泳池、沿海船舶和造船厂等
C5 很高	>650 且≤1500	>80 且≤200	>30 且≤60	>4.2 且≤8.4	高湿度和恶劣大气的工业区域和高含盐度的沿海区域	冷凝和高污染持续发生和存在的建筑和区域
CX 极高	>1500 且≤5500	>200 且≤700	>60 且≤180	>8.4 且≤25	具有高含盐度的海上区域以及具有极高湿度和侵蚀性大气的热带亚热带工业区域	具有极高湿度和侵蚀性大气的工业区域

3.28　腐蚀性等级

1. 气态介质腐蚀性等级

常温下，气态介质对钢材的腐蚀以单位面积质量损失或厚度损失值作为腐蚀条件时，腐蚀性等级可按表 3.28-1 确定。

气态介质对钢材的腐蚀性等级　　　　　　　　　　　　表 3.28-1

无保护的钢材在气态介质中暴露 1 年后的损失值		介质对钢材的腐蚀性等级
质量损失（g/m^2）	厚度损失（μm）	
>650～≤1500	>80～≤200	强腐蚀
>400～≤650	>50～≤80	中腐蚀
>200～≤400	>25～≤50	弱腐蚀
≤200	≤25	微腐蚀

2. 海洋环境腐蚀性等级

海滨盐雾环境对钢材的腐蚀是很严重的，设计时应注意三个方面：

（1）材料选择上应采用耐候钢，其耐大气腐蚀性能为普通钢的 2～8 倍，抗锈蚀能力是一般钢材的 3～4 倍。海岸环境、游泳馆等属于盐雾腐蚀性较高的环境，应选用耐候结构钢。

（2）构件截面选择上应采用封闭形圆管截面或矩形管截面，保证涂料与钢材的长期紧密结合度。

（3）应按滨海环境确定腐蚀性等级。

海洋性大气环境对钢材的腐蚀性等级可按表 3.28-2 确定。

海洋性大气环境对钢材的腐蚀性等级　　　　　　　　表 3.28-2

年平均相对湿度（%）	距涨潮海岸线（km）	腐蚀性等级
>75	0～5	强
	>5	中
60～75	0～3	强
	>3～5	中
	>5	弱

3.29 除锈方法和除锈等级

除锈方法和除锈等级应符合表 3.29-1 的规定。

除锈方法和除锈等级　　　　　　　　　　表 3.29-1

除锈方法	除锈等级	除锈程度	质量要求
喷射和抛射除锈	Sa1	轻度除锈	只除去疏松轧制氧化皮、锈和附着物。
	Sa2	彻底除锈	轧制氧化皮、锈和附着物几乎都被除去,至少有 2/3 面积无任何可见残留物。
	Sa2 $\frac{1}{2}$	非常彻底除锈	轧制氧化皮、锈和附着物残留在钢材表面的痕迹已是点状或轻微污痕,至少有 95% 面积无任何可见残留物。
	Sa3	使钢板表观洁净的除锈	表面上轧制氧化皮、锈和附着物都完全除去,具有均匀多点光泽。
手工和动力工具除锈	St2	彻底除锈	无可见油脂和污垢,无附着不牢的氧化皮、铁锈和油漆涂层等附着物。
	St3	非常彻底除锈	无可见油脂和污垢,无附着不牢的氧化皮、铁锈和油漆涂层等附着物。除锈比 St2 更为彻底,底材显露部分的表面应具有金属光泽。
化学除锈	Be	非常彻底除锈	钢材表面应无可见的油脂和污垢,酸洗未尽的氧化皮、铁锈和旧涂层的个别残留点允许用于手工或机械方法除去,最终该表面应显露金属原貌,无再度锈蚀。

3.30 涂料与除锈等级

各种涂料品种对应的钢材表面最低除锈等级应符合表 3.30-1 的规定。

各种涂料品种对应的钢材表面最低除锈等级 表 3.30-1

涂料品种	最低除锈等级
富锌底涂料、乙烯磷化底涂料	$Sa2\frac{1}{2}$
环氧或乙烯基酯玻璃鳞片底涂料	Sa2
氟碳、聚硅氧烷、聚氨酯、环氧、醇酸、丙烯酸环氧、丙烯酸聚氨酯等底涂料	Sa2 或 St3
喷铝及其合金	Sa3
喷锌及其合金	$Sa2\frac{1}{2}$
热浸镀锌	Be

3.31 钢结构表面防腐蚀涂层厚度

室内工程防腐蚀涂层最小厚度应符合表 3.31-1 的规定。

钢结构表面防腐蚀涂层厚度 表 3.31-1

防腐蚀涂层最小厚度（μm）			防护层使用年限（年）
强腐蚀	中腐蚀	弱腐蚀	
320	280	240	＞15
280	240	200	11～15
240	200	160	6～10
200	160	120	2～5

注：1. 防腐蚀涂料的品种与配套见《钢结构防腐蚀涂装技术规程》CECS 343：2013 附录 A 的规定。

2. 涂层厚度指涂料层的厚度或金属层与涂料层复合的厚度。

3. 采用喷锌、铝及其合金时，金属层厚度不宜小于 120μm；采用热镀浸锌时，锌的厚度不宜小于 85μm。

4. 室外工程的涂层厚度宜增加 20～40μm。

5. 当有防火涂料时，取消面漆，但底漆和中间漆的漆膜最小总厚度应满足表中要求。

3.32 钢结构常用防腐涂料及涂层配套

基层材料为钢材时，部分常用的表面防腐涂层配套见表 3.32-1。

钢材表面涂层配套 表 3.32-1

涂层名称	除锈等级	底层			中间层			面层			涂层总厚度(μm)	涂层使用年限(a)		
		涂料名称	遍数	厚度(μm)	涂料名称	遍数	厚度(μm)	涂料名称	遍数	厚度(μm)		强腐蚀	中腐蚀	弱腐蚀
环氧涂层	不低于 Sa2 或 St3	环氧铁红底涂料	2	60	—	—	—	环氧面涂料	2	60	120	—	—	2~5
			2	60					3	100	160	—	2~5	6~10
			3	100					3	100	200	2~5	6~10	11~15
			2	60	环氧云铁中间涂料	1	80		2	60	200	2~5	6~10	11~15
			2	60		1	80		3	100	240	6~10	11~15	>15
	Sa2 1/2	环氧富锌底涂料	2	70		1	70		2	60	200	2~5	6~10	11~15
			2	70		1	70		3	100	240	6~10	11~15	>15
			2	70		2	110		3	100	280	11~15	>15	>15
			2	70		2	150		3	100	320	>15	>15	>15

3.33 不同耐火等级建筑相应构件的燃烧性能和耐火极限

民用建筑不同耐火等级建筑相应构件的燃烧性能和耐火极限不应低于表 3.33-1 的规定。

不同耐火等级建筑相应构件的燃烧性能和耐火极限 (h)　　表 3.33-1

构件名称		耐火等级			
		一级	二级	三级	四级
墙	防火墙	不燃性 3.00	不燃性 3.00	不燃性 3.00	不燃性 3.00
	承重墙	不燃性 3.00	不燃性 2.50	不燃性 2.00	难燃性 0.50
	非承重外墙	不燃性 1.00	不燃性 1.00	不燃性 0.50	可燃性
	楼梯间和前室的墙； 电梯井的墙； 住宅建筑单元之间的墙和分户墙	不燃性 2.00	不燃性 2.00	不燃性 1.50	难燃性 0.50
	疏散走道两侧的隔墙	不燃性 1.00	不燃性 1.00	不燃性 0.50	难燃性 0.25
	房间隔墙	不燃性 0.75	不燃性 0.50	不燃性 0.50	难燃性 0.25
柱		不燃性 3.00	不燃性 2.50	不燃性 2.00	难燃性 0.50
梁		不燃性 2.00	不燃性 1.50	不燃性 1.00	难燃性 0.50
楼板		不燃性 1.50	不燃性 1.00	不燃性 0.50	可燃性
屋顶承重构件		不燃性 1.50	不燃性 1.00	不燃性 0.50	可燃性
疏散楼梯		不燃性 1.50	不燃性 1.00	不燃性 0.50	可燃性
吊顶（包括吊顶搁栅）		不燃性 0.25	不燃性 0.25	不燃性 0.15	可燃性

3.34　钢结构防火涂料的理化性能

1. 室外钢结构防火涂料的理化性能（表 3.34-1）

室外钢结构防火涂料的理化性能　　　　　　　　表 3.34-1

序号	理化性能项目	技术指标		缺陷类别
		膨胀型	非膨胀型	
1	在容器中的状态	经搅拌后呈均匀细腻状态或稠厚流体状态，无结块	经搅拌后呈均匀稠厚流体状态，无结块	C
2	干燥时间（表干）/h	≤12	≤24	C
3	初期干燥抗裂性	不应出现裂纹	允许出现 1～3 条裂纹，其宽度应 ≤0.5mm	C
4	粘结强度/MPa	≥0.15	≥0.04	A
5	抗压强度/MPa	—	≥0.5	C
6	干密度/(kg/m³)	—	≤650	C
7	隔热效率偏差	±15%	±15%	—
8	pH 值	≥7	≥7	C
9	耐曝热性	720h 试验后，涂层应无起层、脱落、空鼓、开裂现象，且隔热效率衰减量应 ≤35%	720h 试验后，涂层应无起层、脱落、空鼓、开裂现象，且隔热效率衰减量应 ≤35%	B
10	耐湿热性	504h 试验后，涂层应无起层、脱落现象，且隔热效率衰减量应≤35%	504h 试验后，涂层应无起层、脱落现象，且隔热效率衰减量应 ≤35%	B
11	耐冻融循环性	15 次试验后，涂层应无开裂、脱落、起泡现象，且隔热效率衰减量应≤35%	15 次试验后，涂层应无开裂、脱落、起泡现象，且隔热效率衰减量应≤35%	B
12	耐酸性	360h 试验后，涂层应无起层、脱落、开裂现象，且隔热效率衰减量应≤35%	360h 试验后，涂层应无起层、脱落、开裂现象，且隔热效率衰减量应≤35%	B
13	耐碱性	360 h 试验后，涂层应无起层、脱落、开裂现象，且隔热效率衰减量应≤35%	360h 试验后，涂层应无起层、脱落、开裂现象，且隔热效率衰减量应≤35%	B
14	耐盐雾腐蚀性	30 次试验后，涂层应无起泡，明显的变质、软化现象，且隔热效率衰减量应≤35%	30 次试验后，涂层应无起泡，明显的变质、软化现象，且隔热效率衰减量应≤35%	B
15	耐紫外线辐照性	60 次试验后，涂层应无起层、开裂、粉化现象，且隔热效率衰减量应≤35%	60 次试验后，涂层应无起层、开裂、粉化现象，且隔热效率衰减量应≤35%	B

注：1. A 为致命缺陷，B 为严重缺陷，C 为轻缺陷；"—"表示无要求。

　　2. 隔热效率偏差只作为出厂检验项目。

　　3. pH 值只适用于水基性的钢结构防火涂料。

2. 室内钢结构防火涂料的理化性能（表3.34-2）

室内钢结构防火涂料的理化性能　　　　　　　　　　　　表 3.34-2

序号	理化性能项目	技术指标		缺陷类别
		膨胀型	非膨胀型	
1	在容器中的状态	经搅拌后呈均匀细腻状态或稠厚流体状态，无结块	经搅拌后呈均匀稠厚流体状态，无结块	C
2	干燥时间（表干）/h	≤12	≤24	C
3	初期干燥抗裂性	不应出现裂纹	允许出现 1～3 条裂纹，其宽度应≤0.5mm	C
4	粘结强度/MPa	≥0.15	≥0.04	A
5	抗压强度/MPa	—	≥0.3	C
6	干密度/(kg/m³)	—	≤500	C
7	隔热效率偏差	±15%	±15%	—
8	pH 值	≥7	≥7	C
9	耐水性	24h试验后,涂层应无起层、发泡、脱落现象,且隔热效率衰减量应≤35%	24h试验后,涂层应无起层、发泡、脱落现象,且隔热效率衰减量应≤35%	A
10	耐冷热循环性	15 次试验后,涂层应无开裂、剥落.起泡现象,且隔热效率衰减量应≤35%	15 次试验后,涂层应无开裂、剥落.起泡现象,且隔热效率衰减量应≤35%	B

注：1. A 为致命缺陷，B 为严重缺陷，C 为轻缺陷；"—"表示无要求。

2. 隔热效率偏差只作为出厂检验项目。

3. pH 值只适用于水基性钢结构防火涂料。

3.35 钢结构防火涂料及涂层厚度

钢结构防火涂料分为薄涂型防火涂料（膨胀型钢结构防火涂料）和厚涂型防火涂料（非膨胀型钢结构防火涂料）。其中，厚涂型又有喷涂型与涂敷型。防火涂料产品应通过国家检测机构检测合格，方可选用。

不能在防腐面层漆上涂防火涂料。

薄涂型钢结构防火涂料（表 3.35-1），厚度一般为 1～7mm，耐火极限可达 0.5～2.0h。

薄涂型钢结构防火涂料性能   表 3.35-1

项目		指标		
粘结强度（MPa）		≥0.15		
初期干燥抗裂性		不应出现裂纹		
pH 值		≥7		
耐水性（h）		≥24		
耐冷热循环性（次）		≥15		
耐火极限	涂层厚度（mm）	3	5.5	7
	耐火时间不低于（h）	0.5	1.0	1.5

厚涂型钢结构防火涂料（表 3.35-2），厚度一般为 7～50mm，耐火极限可达 0.5～3.0h，甚至 3.0h 以上。

厚涂型钢结构防火涂料性能   表 3.35-2

项目		指标				
粘结强度（MPa）		≥0.04				
抗压强度（MPa）		≥0.3				
干密度（kg/m³）		≤500				
初期干燥抗裂性		允许出现 1～3 条裂纹,其宽度应≤0.5mm				
pH 值		≥7				
耐水性（h）		≥24				
耐冷热循环性（次）		≥15				
耐火极限	涂层厚度（mm）	15	20	30	40	50
	耐火时间不低于（h）	1.0	1.5	2.0	2.5	3.0

注：有的厂家给出的涂层厚度小于上表数值,在使用上必须保证其防火涂料产品有国家检测机构检测合格的证书。

参考文献

[1] 住房和城乡建设部. 钢结构设计标准：GB 50017—2017［S］. 北京：中国建筑工业出版社，2018.

[2] 住房和城乡建设部. 高层民用建筑钢结构技术规程：JGJ 99—2015［S］. 北京：中国建筑工业出版社，2016.

[3] 住房和城乡建设部. 门式刚架轻型房屋钢结构技术规范：GB 51022—2015［S］. 北京：中国建筑工业出版社，2016.

[4] 住房和城乡建设部. 高耸结构设计标准：GB 50135—2019. 北京：中国计划出版社，2019.

[5] 住房和城乡建设部. 组合结构设计规范：JGJ 138—2016［S］. 北京：中国建筑工业出版社，2016.

[6] 住房和城乡建设部. 钢结构焊接规范：GB 50661—2011［S］. 北京：中国建筑工业出版社，2012.

[7] 住房和城乡建设部. 钢结构高强度螺栓连接技术规程：JGJ 82—2011［S］. 北京：中国建筑工业出版社，2011.

[8] 住房和城乡建设部. 钢结构工程施工质量验收标准：GB 50205—2020［S］. 北京：中国计划出版社，2020.

[9] 住房和城乡建设部. 工业建筑防腐蚀设计标准：GB/T 50046—2018［S］. 北京：中国计划出版社，2019.

[10] 中国工程建设标准化协会. 钢结构防腐蚀涂装技术规程：CECS 343：2013［S］. 北京：中国建筑工业出版社，2013.

[11] 住房和城乡建设部. 建筑设计防火规范：GB 50016—2014（2018 年版）［S］. 北京：中国计划出版社，2018.

[12] 国家市场监督管理总局. 钢结构防火涂料 GB 14907—2018：［S］.

[13] 住房和城乡建设部. 建筑工程抗震设防分类标准：GB 50223—2008［S］. 北京：中国建筑工业出版社，2008.

[14] 住房和城乡建设部. 建筑结构可靠性设计统一标准：GB 50068—2018［S］. 北京：中国建筑工业出版社，2018.

[15] 住房和城乡建设部. 建筑抗震设计标准：GB/T 50011—2010（2024 年版）［S］. 北京：中国建筑工业出版社，2024.

[16] 住房和城乡建设部. 建筑结构荷载规范：GB 50009—2012［S］. 北京：中国建筑工业出版社，2012.

[17] 住房和城乡建设部. 高层建筑混凝土结构技术规程：JGJ 3—2010［S］. 北京：中国建筑工业出版社，2010.

[18] 住房和城乡建设部. 混凝土结构设计标准：GB/T 50010—2010（2024 年版）［S］. 北京：中国建筑工业出版社，2015.

［19］ 住房和城乡建设部．建筑地基基础设计规范：GB 50007—2011［S］．北京：中国建筑工业出版社，2012.

［20］ 中国工程建设标准化协会．实心与空心钢管混凝土结构技术规程：CECS 254：2012［S］．北京：中国建筑工业出版社，2012.

［21］ 住房和城乡建设部．工程结构通用规范：GB 55001—2021［S］．北京：中国建筑工业出版社，2021.

［22］ 住房和城乡建设部．建筑与市政工程抗震通用规范：GB 55002—2021［S］．北京：中国建筑工业出版社，2021.

［23］ 住房和城乡建设部．钢结构通用规范：GB 55006—2021［S］．北京：中国建筑工业出版社，2021.

［24］ 住房和城乡建设部．建筑防火通用规范：GB 55037—2022［S］．北京：中国计划出版社，2021.

［25］ 但泽义．钢结构设计手册［M］．4版．北京：中国建筑工业出版社，2019.

［26］ 罗永峰．钢结构制作安装手册［M］．3版．北京：中国建筑工业出版社，2022.

［27］ 周观根，姚谏．建筑钢结构制作工艺学［M］．北京：中国建筑工业出版社，2011.

［28］ 陈绍蕃．钢结构设计原理［M］．4版．北京：科学出版社，2016.

［29］ 陈绍蕃．钢结构稳定设计指南［M］．3版．北京：中国建筑工业出版社，2013.

［30］ 中国建筑标准设计研究院．钢结构设计图实例—多、高层房屋：05CG02［S］．2005.

［31］ 中国建筑标准设计研究院．多、高层民用建筑钢结构节点构造详图：16G519［S］．北京：中国计划出版社，2016.

［32］ 陈文渊，刘梅梅．钢结构设计精讲精读［M］．北京：中国建筑工业出版社，2022.

［33］ 陈文渊．钢结构强制性条文和关键性条文精讲精读［M］．北京：中国建筑工业出版社，2024.